浙江省普通本科高校"十四五"重点立项建设教材
高等学校土木类专业应用型本科系列教材

建筑环境测试与控制

（新形态教材）

主　编　刘学应　常乐　王洪梅

中国水利水电出版社
www.waterpub.com.cn
·北京·

内 容 提 要

本书分为两部分：第1~10章为测试仪表部分，介绍了测试技术的基本知识，以及温度、湿度、压力、气液的流量及流速、热环境、污染物、声、光、辐射等建筑环境参数所涉及的测试原理和常用仪表，同时介绍了建筑测试的典型方案。图文并茂，优选了市场上常见的仪表类型进行举例。第11~15章为建筑自控部分。这部分基于前面介绍的测试仪表，扩展到整个建筑自控系统，详细阐述了水系统和风系统的典型控制策略和布点图，介绍了医院、办公楼、机房等环境控制案例，最后介绍了人工智能参与室内环境监控的原理和案例。

本书适用于建筑环境与能源应用工程专业以及能源动力类专业的大学生。同时也为建筑行业和能源动力领域的工程师，以及对建筑环境测试与自控系统感兴趣的跨学科专业人士提供了宝贵的学习资源。从基础测试技术到成熟的建筑设备自控策略，本书旨在培养读者全面掌握建筑环境参数的测试方法与自控系统设计，适用于课堂学习、专业进修及实际工程项目，是连接理论与实践的桥梁，助力每位读者在建筑环境与能源应用工程领域取得卓越成就。

图书在版编目（CIP）数据

建筑环境测试与控制 / 刘学应, 常乐, 王洪梅主编. 北京 : 中国水利水电出版社, 2025. 5. -- （浙江省普通本科高校"十四五"重点立项建设教材）（高等学校土木类专业应用型本科系列教材）. -- ISBN 978-7-5226-3160-8

I . TU-856

中国国家版本馆CIP数据核字第202583MX08号

书　　名	浙江省普通本科高校"十四五"重点立项建设教材 高等学校土木类专业应用型本科系列教材 **建筑环境测试与控制（新形态教材）** JIANZHU HUANJING CESHI YU KONGZHI
作　　者	主编　刘学应　常　乐　王洪梅
出版发行	中国水利水电出版社 （北京市海淀区玉渊潭南路1号D座　100038） 网址：www.waterpub.com.cn E-mail：sales@mwr.gov.cn 电话：（010）68545888（营销中心）
经　　售	北京科水图书销售有限公司 电话：（010）68545874、63202643 全国各地新华书店和相关出版物销售网点
排　　版	中国水利水电出版社微机排版中心
印　　刷	北京印匠彩色印刷有限公司
规　　格	184mm×260mm　16开本　15.25印张　371千字
版　　次	2025年5月第1版　2025年5月第1次印刷
印　　数	0001—2000 册
定　　价	**65.00元**

凡购买我社图书，如有缺页、倒页、脱页的，本社营销中心负责调换

版权所有·侵权必究

前　言

在习近平新时代中国特色社会主义思想的引领下，建筑环境与能源应用工程学科正经历着一场深刻的科技革命和产业变革，特别是在建筑环境测试与控制领域，科技创新已成为推动行业发展的核心动力。基于这一时代背景，我们精心编撰了这部面向建筑环境与能源应用工程专业本科生的教材《建筑环境测试与控制》，旨在培养具有国际视野、创新精神和社会责任感的高素质工程技术人才。

本书不仅深入剖析了基础测试仪器仪表的精髓，更紧密贴合市场需求，精选了当前市场上广泛应用的先进仪器类型，通过丰富的插图与实际应用场景实例，帮助学生直观理解并掌握各类测试设备的功能与操作技巧。同时，我们果断淘汰了过时或低使用频率的仪器内容，确保教材内容紧跟时代步伐，满足行业发展的实际需求。

尤为重要的是，本书在全面覆盖建筑环境测试技术的基础上，创新性地拓展至自控设计领域，强调理论与实践的深度融合。利用现代测试技术并将其能灵活应用于自控系统设计中，是实现建筑环境舒适度提升与能效优化的关键。因此，书中特别增设了水系统与风系统的自控设计章节，通过具体案例深入剖析，引导学生掌握利用先进测试技术优化建筑环境控制的能力。

为了进一步提升学生的综合素质与实践能力，本书还精心选取了智慧农业、现代化医院、工业生产车间及办公楼等多样化的典型建筑环境，深入分析其内部环境控制系统的设计挑战与创新实践，通过案例研究展示自控技术如何在不同应用场景中发挥其独特价值。

值得一提的是，本书前瞻性地融入了人工智能技术在建筑运行控制中的革命性应用，系统介绍了人工智能算法与技术如何赋能建筑环境监控、节能控制等领域，旨在培养学生的创新思维与未来技能，使他们能够在新时代的智能建筑浪潮中乘风破浪，成为推动行业进步与技术创新的中坚力量。

综上所述，《建筑环境测试与控制》一书致力于构建一个从基础理论到实践应用、从单一测试技术到综合自控设计的完整知识体系，旨在为我国建筑环境与能源应用工程领域培养更多掌握专业技能和前沿科技、能够引领行业发展的高素质人才。

本书由刘学应教授拟定全书提纲并编写第 1 章，王洪梅负责第 9 章和第 15 章的编写，常乐负责其他章节的编写。全书由常乐统稿，最后由刘学应对全书进行了技术审核。本书编写过程中得到了同济大学张旭教授的指导，在此表示感谢。

限于编者的水平，书中难免有错漏之处，恳请读者及时批评与指正。我们诚挚邀请广大师生共同参与教材的学习与反馈，携手推动我国建筑环境与能源应用教育事业迈向新的高度，为实现中华民族伟大复兴的中国梦贡献力量。

编者

2025 年 1 月

目 录

前言

第1章 测试技术的基本知识 ·········· 1
  1.1 建筑环境测试概述 ·········· 1
  1.2 仪表的量程与精度 ·········· 5
  1.3 仪表的特性和稳定性 ·········· 8
  1.4 误差与不确定度 ·········· 11
  课后思考与任务 ·········· 13
  参考文献 ·········· 13

第2章 温度测量 ·········· 14
  2.1 温度测量的基础知识 ·········· 14
  2.2 液体膨胀式温度计 ·········· 15
  2.3 双金属温度计 ·········· 18
  2.4 热电偶 ·········· 19
  2.5 热电阻 ·········· 27
  2.6 红外测温仪和热成像仪 ·········· 30
  课后思考与任务 ·········· 33
  参考文献 ·········· 33

第3章 湿度测量 ·········· 35
  3.1 湿度测量的基础知识 ·········· 35
  3.2 干湿球湿度计 ·········· 36
  3.3 电阻式与电容式湿度传感器 ·········· 38
  3.4 冷镜露点仪 ·········· 41
  课后思考与任务 ·········· 43
  参考文献 ·········· 43

第4章 压力测量 ·········· 44
  4.1 压力测量的基础知识 ·········· 44
  4.2 液柱式和弹性式压力计 ·········· 46

4.3　压阻式压力传感器…………………………………………………………… 47
　　4.4　电容式压力传感器…………………………………………………………… 51
　课后思考与任务…………………………………………………………………… 53
　参考文献…………………………………………………………………………… 53

第5章　气体流速和流量测量………………………………………………………… 55
　　5.1　气体流速和流量测量的基础知识…………………………………………… 55
　　5.2　毕托管………………………………………………………………………… 57
　　5.3　热敏风速仪…………………………………………………………………… 59
　　5.4　叶轮风速仪…………………………………………………………………… 61
　　5.5　风量罩测风口风量…………………………………………………………… 62
　　5.6　测量管道风量………………………………………………………………… 64
　　5.7　小流量气体的测量…………………………………………………………… 66
　课后思考与任务…………………………………………………………………… 70
　参考文献…………………………………………………………………………… 71

第6章　液体流量测量………………………………………………………………… 72
　　6.1　液体流量测量的基础知识…………………………………………………… 72
　　6.2　差压式流量计………………………………………………………………… 74
　　6.3　巴类流量计…………………………………………………………………… 80
　　6.4　液体涡轮流量计……………………………………………………………… 84
　　6.5　电磁流量计…………………………………………………………………… 86
　　6.6　超声波流量计………………………………………………………………… 89
　　6.7　小流量液体测量……………………………………………………………… 92
　课后思考与任务…………………………………………………………………… 96
　参考文献…………………………………………………………………………… 96

第7章　热环境其他测量……………………………………………………………… 97
　　7.1　热流密度测量………………………………………………………………… 97
　　7.2　热能（冷能）表……………………………………………………………… 99
　　7.3　WBGT 指数与黑球温度计…………………………………………………… 102
　　7.4　人体存在传感器……………………………………………………………… 104
　课后思考与任务…………………………………………………………………… 105
　参考文献…………………………………………………………………………… 105

第8章　室内污染物测量……………………………………………………………… 106
　　8.1　室内污染与空气质量………………………………………………………… 106
　　8.2　分光光度法…………………………………………………………………… 107
　　8.3　不分光红外分析法…………………………………………………………… 110
　　8.4　色谱法………………………………………………………………………… 113
　　8.5　PID 和 FID 在线监测 VOCs ………………………………………………… 116

8.6　电化学传感器 ·· 122
　　8.7　MEMS 气体传感器 ·· 123
　　8.8　称量法和激光散射法测颗粒物 ··· 126
　　8.9　臭氧浓度监测 ··· 130
　　课后思考与任务 ·· 131
　　参考文献 ··· 132

第 9 章　声、光、辐射测量 ·· 133
　　9.1　噪声测量 ·· 133
　　9.2　室内光环境测量 ·· 137
　　9.3　太阳辐射测量 ··· 143
　　9.4　电离辐射测量 ··· 145
　　课后任务与思考 ·· 149
　　参考文献 ··· 149

第 10 章　建筑环境测试方案 ··· 150
　　10.1　公共建筑室内热环境测试 ··· 150
　　10.2　围护结构传热系数现场测试 ·· 152
　　10.3　冷热源性能检测 ··· 153
　　10.4　室内新风量的检测 ·· 156
　　10.5　洁净室颗粒物检测 ·· 158
　　10.6　室内空气质量测试 ·· 160
　　课后思考与任务 ·· 164
　　参考文献 ··· 164

第 11 章　建筑自控系统 ··· 165
　　11.1　自控系统的核心概念 ·· 165
　　11.2　模拟与数字通道 ··· 168
　　11.3　建筑自控系统基础 ·· 170
　　11.4　控制器的介绍 ·· 172
　　11.5　自控系统架构与协议 ·· 174
　　课后思考与任务 ·· 177
　　参考文献 ··· 177

第 12 章　空调水系统自控 ·· 178
　　12.1　冷水机组的监控 ··· 178
　　12.2　冷却水系统的监控 ·· 180
　　12.3　冷冻水系统的监控 ·· 185
　　课后思考与任务 ·· 194
　　参考文献 ··· 194

第 13 章　空气处理设备的监测与控制 195
13.1　新风机组的自控 195
13.2　一次回风空调机组的自控 198
13.3　变风量系统的自控 203
课后思考与任务 205
参考文献 206

第 14 章　建筑环境自控案例 207
14.1　负压病房与正压手术室 207
14.2　办公楼的应用案例 212
14.3　数据机房的应用案例 216
14.4　智慧农业应用案例 219

第 15 章　人工智能与建筑环境 222
15.1　机器学习预测空调负荷 222
15.2　机器视觉调控室内环境 224
15.3　人工智能优化调度综合能源 228
15.4　人工智能与物联网的融合 231
参考文献 233

第1章 测试技术的基本知识

建筑环境测试技术是现代建筑学与工程技术交叉融合的重要领域，它不仅关系建筑物的使用功能和能源效率，还直接影响人们的健康与舒适体验。随着"绿水青山就是金山银山"绿色发展理念深入人心，建筑环境测试技术的发展趋势应聚焦于促进绿色建筑和低碳城市建设。这意味着测试技术需更加重视能源效率的评估、室内环境质量的优化，以及建筑材料与结构的环保性能验证，为实现碳达峰碳中和目标提供技术支持。

本章将深入探讨建筑环境测试技术的基本知识，包括其概念、分类、发展趋势以及测量的基本原理和方法，旨在为读者提供一个全面的技术视角，以理解和掌握这一关键技术，进而推动建筑行业的创新与发展。

1.1 建筑环境测试概述

1.1.1 建筑环境的范围

建筑环境测试技术属于建筑环境与能源应用工程领域中的一门实用技术，是实践性很强的技术理论基础。建筑环境领域的研究几乎都离不开测试技术，建筑工程从施工到验收，始终都会用到测试技术。建筑环境测试旨在获取和评估建筑内外环境的物理、化学参数和人体感受的相关指标，以确保建筑空间内的环境质量满足使用者的舒适度需求、健康标准和节能效率的要求。内容通常涵盖以下几个方面：

(1) 室内热湿环境：包括温度、相对湿度、黑球温度、有效温度、露点温度等，通过接触式或非接触式的温度计、湿度计、热流计等设备进行测量。

(2) 气流组织：如室内风速、风向、换气效率等，使用热线风速仪、超声波风速仪、多点风速测量系统等工具进行测定。

(3) 建筑声环境：指室内的噪声水平、混响时间、声压级等，需要用到声级计、声学照相机等声学测量仪器。

(4) 建筑光环境：包括光照强度、色温、眩光指数等指标，采用光照度计、色彩分析仪等设备进行量化分析。

(5) 室内空气质量：如二氧化碳浓度、甲醛含量、总挥发性有机化合物（total volatile organic compounds，TVOC）水平、$PM_{2.5}$ 颗粒物浓度等，需使用空气质量检测仪进行检测。

(6) 围护结构特性：对建筑外围护结构（墙体、屋面、门窗等）的热工性能、气密性及耐久性等关键指标进行科学测量与评估，确保其符合设计规范与节能标准。

（7）建筑设备监控：对暖通空调（heating, ventilation and air conditioning, HVAC）系统及其他建筑环境控制系统中的各种运行参数进行实时监测与控制，确保系统高效稳定运行，提升建筑内部环境的舒适性和安全性。

（8）建筑外环境：如室外气象参数（气温、风速、太阳辐射）、建筑外围护结构的热性能参数等。

"建筑环境测试技术"课程的任务是培养学生掌握有关建筑环境中常用参数的测试理论、测试方法和测试技能，使学生具备本专业中测试系统方案设计、实验装置设计的基本能力。这门课程涉及学科较广，包括物理学、传热学、流体力学、电子技术、制冷技术、自动控制等多门学科。与其他专业基础课相比又有所差别，如"传热学""流体力学"等课程系统性较强，重点解决与专业相关的理论基础和工程方法，而"建筑环境测试技术"则是把多个学科的原理结合在仪器仪表之中，从多方面伸展到实际的科学应用和工业应用中去（如本专业常用的测试系统就包含传感器、计算机、通信系统和网络等），在使用它们时要考虑合理布局、节省资源、减少误差、避免干扰，以保证系统的正常运行。这门课程要求学生考虑实际问题的复杂性，使学生完善自己的认知结构，能正确地设计和运用本专业常用的测试系统。

1.1.2　测量的基本概念

测量是借助特殊的工具和方法，通过实验手段将被测量与同性质的标准量进行比较，确定二者的比值，从而得到被测量的量值。因此，测量过程就是确定一个未知量的过程，其目的是准确地获取被测对象特征的某些参数的定量信息。

为使测量结果有意义，测量必须满足以下要求：①用来进行比较的标准量应该是国际或国家所公认的，且性能稳定；②进行比较所用的方法和仪器必须经过验证。

在测量过程中，通常将被测对象的物理量称为被测参数或被测量。例如，在建筑环境测量中，常见的被测参数有温度、压力、湿度、噪声、有害物浓度等。

按被测参数随时间变化的特点，建筑环境测试将其分为两大类：

（1）稳态参数。稳态参数是指在一定时间段内，其数值保持相对稳定的特性，不随时间显著变化。例如，建筑围护结构的导热系数、建筑构件的传热性能、某些固定设施设备的性能参数（如空调设备的额定能效比）等。

（2）动态参数。动态参数是指随时间变化而发生变化的特性，这类参数往往受到外界环境、建筑使用状况和建筑内设备运行状态的影响。例如，室内环境参数：温度、湿度、光照强度、噪声水平、空气质量（CO_2浓度、$PM_{2.5}$浓度等）随一天中不同时间和季节的变化。能源消耗参数：建筑的电、水、燃气等能源消耗量随时间和使用模式的变化。空调系统运行状态参数：送风温度、回风温度、风速、风机转速等参数在系统启动、运行、调节和停止过程中随时间的动态变化。

1.1.3　基本测量方法

根据不同的测量原理和应用场景，测量方法可分为直接测量、间接测量和组合测量，以及接触与非接触测量、在线与离线测量、静态与动态测量等。这些方法各有特点，适用于不同的测量需求。下面将对比介绍这四组测量方法的定义、特点及典型应用。

直接测量、间接测量和组合测量

直接测量（direct measurement）是指通过测量仪器直接读取被测量值的过程，无须进行任何中间计算或转换。例如，使用尺子测量物体长度、温度计测量温度、电子秤测量物体重量等。

间接测量（indirect measurement）是指无法直接获取被测量值，需要先测量与被测量有确定函数关系的其他物理量，然后通过已知的物理定律或公式计算出被测量值的过程。例如，测量一个封闭容器内的气体压力、体积和温度，通过理想气体定律 $PV=nRT$ 间接计算出气体的摩尔数 n；又如，通过测量物体在重力场中的下落时间，间接计算物体的重力加速度。

组合测量（composite measurement）是指当一个物理量不能直接或间接单独测量出来时，需要通过同时测量多个相关物理量，然后根据这些物理量之间的关系列方程组求解，以获得被测量值。例如，测量一个三维物体的体积时，可能需要测量三个互相垂直方向的尺寸，然后将这三个尺寸相乘得出体积；又或是测量一个复杂系统的能量损耗，可能需要分别测量多个耗能单元的能耗，再进行综合计算。

在实际应用中，根据待测量的特性、现有测量设备的功能和实验条件，可能需要结合使用直接测量、间接测量和组合测量的方法来获取准确可靠的测量结果。

接触测量和非接触测量

接触测量（contact measurement）是指测量器具的传感器直接与被测物体接触以获取数据的过程。例如，使用卡尺测量物体的长度、电子秤通过承载平台接触物体以测量其重量等。这种测量方式通常适用于静态或近似静态的对象，以及动态中允许直接接触测量的场合，比如管道中的气液流动。

非接触测量（non-contact measurement）则不需要直接接触被测物体，而是通过光、声、电、磁等物理场的作用，间接获取物体的属性信息。例如，使用激光测距仪测量距离、雷达测量物体的距离和速度、红外热像仪测量物体表面温度、超声波测厚仪测量材料厚度、机器视觉技术分析图像以确定尺寸或位置等。非接触测量的优点在于避免了对被测物体造成磨损、不影响其原有状态，特别适用于高速运动物体、高温高压环境或不易接触的物体表面测量。不过，非接触测量可能受到环境因素（如电磁干扰、反射、散射等）的影响，需要更为复杂的信号处理技术以保证测量精度。

在线测量和离线测量

在线测量（on-line measurement）是指仪表在系统运行或生产过程中实时进行测量，仪表与被测系统保持不间断的连接和交互。例如，在化工生产线上，安装在管道内的流量计持续不断地测量并显示流体的流量，这种情况下，仪表的测量结果能够实时反映生产过程的状态，并可能作为实时控制系统的反馈信号。在线测量的优点是能够及时反映系统动态变化，实现过程控制和优化，但要求仪表具备较高的可靠性和稳定性，以适应连续工作环境。

离线测量（off-line measurement）是指在生产或系统运行中断开的情况下进行的测量，或者是将待测物件从生产线上取下后，在专门的实验室或测量环境中使用仪表进行的测量。例如，定期将工厂使用的压力表拆下来，送到校准实验室进行校准和测试，或者对发动机缸体的磨损情况使用便携式测量设备进行检查，或者对气体液体用采样袋采样然后送到实验室分析浓度。离线测量的优点是能够进行更为精细、准确和全面的测量，不受生产环境的实时干扰，但其结果不能实时反馈到生产过程，且需要停机或取样，可能影响生产的连续性和效率。

静态测量和动态测量

静态测量（static measurement）通常是指在被测对象保持相对静止或变化极其缓慢的情况下进行的测量。例如，在建筑行业中，使用水准仪对建筑物沉降情况进行长期监测，或在实验室里用天平测量物体静止时的质量。静态测量的目标是对一个或多个固定状态下的参数进行精确、详细的记录和分析。

动态测量（dynamic measurement）则是在被测对象随时间快速变化或处于运动状态时进行的测量。比如汽车使用速度传感器实时监测车辆行驶速度，或者在飞机机舱中使用温湿度传感器实时监测空间内热环境参数，这些都是动态测量的典型场景。动态测量要求测量系统能够快速响应并捕捉到被测参数的变化，通常涉及快速采样、信号处理和实时分析技术。

总结来说，静态测量注重稳定状态下的精确度和重复性，而动态测量更关注快速响应和数据的实时性。在实际应用中，选择静态测量还是动态测量取决于被测量对象的性质、测量需求和具体应用场景。

1.1.4 建筑环境测试技术发展趋势

建筑环境测试技术正处于一个由传统向现代、由单一向综合、由静态向动态、由定性向定量转变的历史进程中，其发展趋势充分体现了科技创新对于提升建筑环境品质、促进可持续发展和社会进步的关键作用。

智能化和数字化转型

在万物互联的大背景下，建筑环境测试技术正在向全面智能化迈进，基于物联网、大数据和云计算技术的智能传感器网络能够实时、连续地采集、传输和分析建筑环境的各项参数，形成精细化、动态化的环境监测和调控机制。

数字孪生技术的应用则使得建筑环境可以在虚拟世界中实现全生命周期的模拟与优化，从设计阶段即预见并解决问题，极大提升了建筑环境性能的预测精度和可控性。

绿色化和可持续发展

面对严峻的环境挑战，建筑环境测试技术正与绿色建筑理念深度融合，从材料性能、施工过程到运营阶段，均致力于降低能耗、减少污染、提高资源利用率。对建筑全寿命周期内环境影响的评估和监测，已成为技术发展的重要导向。

碳中和愿景下，低碳与零碳建筑环境测试技术得到快速发展，包括精准的能耗监测、高效的能源管理系统和新型低碳材料性能测试等，旨在实现建筑行业的减排目标。

人本主义和舒适度提升

建筑环境测试技术更加注重以人为本，通过科学的方法和技术手段，量化并优化室内的热舒适度、空气质量、声光环境等因素，实现个性化的舒适体验和健康保障。

同时，心理和行为因素也被纳入测试范畴，通过生物信号监测和主观感知调查，深入理解人在建筑环境中的感受，以创建真正符合人性化需求的空间环境。

实时在线检测是主攻方向

检测的目的是实时、准确地获取信息。随着自动化的发展和普及，大量的实时在线检测问题需要解决，以提供建筑环境控制的依据和相关产品的质量参数。这方面需要解决的主要问题是实时采样、在线检测，以及测试仪表的环境适应性和可靠性。

1.2 仪表的量程与精度

1.2.1 仪表的量程

仪表在保证规定精确度的前提下所能测量的最大输入量与最小输入量之间的范围称为仪表的测量范围，又称量程，在英语中通常使用"range"或者"scale"。仪表所能测量的被测量的最大值、最小值分别称为仪表测量范围的上限和下限，又称仪表的满量程值和零位。仪表的量程则是测量范围上限与下限的差。例如，某温度计的测量范围为−100～900℃，那么该表的测量上限为900℃，下限为−100℃，而量程为1000℃。满量程值（full scale）通常表示为"FS"，在后续讨论仪表误差时，会使用类似于"1％FS"的表达方式。

在选用仪表时，首先测量者应对被测量的大小有一个初步估计，务必使被测量的值都落在仪表的量程之内。否则，当被测量的值超过仪表的量程，会导致仪表的损坏，或者不能进行测量。当被测量值难以估计时，应先选用较大量程的仪表，再逐步减小量程直到合适为止。较理想的仪表量程是使被测量在其满量值的2/3左右，这样能有效地提高测量精度。

1.2.2 仪表的精度

精度（accuracy）是一种通俗且在工业界广泛采用的说法，但精度最初更规范的表达是精确度［《工业过程测量和控制仪表精确度等级》（GB/T 13283—2008）］，有时又称为准确度［《测量方法与结果的准确度（正确度与精密度）第1部分：总则与定义》（GB/T 6379.1—2004）］，但近年来各种仪表的国家标准及商品说明书都逐渐统一采用"精度"这一说法。无论是精度还是精确度，都是指测量仪表的读数或测量结果与被测量真值相一致的程度。精度高，表明误差小；精度低，表明误差大。因此，精度不仅用来评价测量仪器的性能，也是评定测量结果最主要、最基本的指标。

精度反映了测量结果中系统误差和随机误差对测量值的综合影响程度，只有系统误差和随机误差都较小，才具有较高的精确度。因此为了提高测量的精确度，必须设法消除系统误差并采取多次重复测量的方法来减小随机误差的影响，以求出测量结果的最可信赖值。

其实还有两个与精度相关的概念，一个是正确度（tureness），一个是精密度（precision）。正确度是指大量测试结果平均值与真值的一致程度，也许单次测试结果之间差异非常大，但是非常多次测量后，正确度评价的是平均值与真值的差异。精密度是指在规定条件下，独立测试结果间的一致程度。精密度只管多次测量结果是否一致，不管结果是否接近真值（哪怕所有结果都偏大或偏小，只要数值接近就算精密度高）。有些工业领域对精密度要求很严格，如数控机床重复定位精密度需达±0.005mm。正确度和精密度的关系如图1.2.1所示，中间的靶心才是真值，因此只有精密度和正确度都提高，精度才能提高。

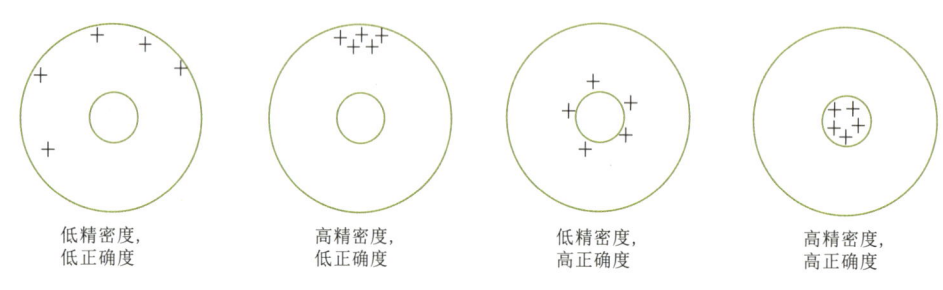

低精密度，低正确度　　高精密度，低正确度　　低精密度，高正确度　　高精密度，高正确度

图 1.2.1　精密度和正确度的关系

精度、正确度和精密度三者关系的更多解读，推荐扫描二维码进一步了解。

链接 1.1
精度、正确度
与精密度

精度的表现形式

精度的表现形式主要有以下几种：

（1）绝对误差：绝对误差是测量值与真实值之间的差值，直接反映了测量结果偏离真值的程度。计算公式为

$$绝对误差 = 测量值 - 真实值$$

（2）相对误差：相对误差是绝对误差与真实值或约定真值的比值，用于衡量误差相对于真实值的大小。计算公式为

$$相对误差 = (测量值 - 真实值)/真实值$$

（3）百分误差：百分误差是相对误差的一种表达方式，即将相对误差乘以100%，以百分比的形式表示。计算公式为

$$百分误差 = (测量值 - 真实值)/真实值 \times 100\%$$

（4）允许误差：允许误差指的是在某个测量或制造过程中可以接受的最大误差。它定义了实际值与理论值之间的可接受偏差范围。例如，天平的允许误差是±0.5g，如果该天平称量物品的测试值是10g，那么实际的质量可以在9.5～10.5g之间，都视为在允许的误差范围内。

（5）标准偏差：标准偏差是衡量数据集中每个数据点与平均值之间离散程度的指标，通常用希腊字母σ表示。它通过计算每个数据点与均值的差值平方的平均值，再取其平方根得到。标准偏差越小，数据点越集中，精度越高；反之，数据点越分散，精度越低。

（6）不确定度：不确定度是指测量结果中由于各种因素（如仪器误差、环境条

件、人为操作等）导致的不可靠性或误差范围。它用于量化测量结果的分散性，通常以标准偏差的倍数表示。不确定度越小，测量结果越接近真值，精度越高；反之，精度越低。不确定度的评估有助于判断测量结果的可靠性和可信度。

仪器精度的标注

一个仪器的精度通常以其测量误差、允许误差、分辨率或不确定度的形式进行标注。具体的标注方式取决于仪器类型和测量参数，以下是一些常见的标注方法：

显示值

标注为"±数值"，表示测量结果可能偏离真值的最大范围。例如，测温仪表精度标注为"±0.1℃"，表示测量结果可能偏离真值最大为±0.1℃。

显示值的 $X\%$

标注为"±数值%"，在电子显示仪表中应用，表示当前显示值的 $X\%$ 为当前的误差范围。例如，测温仪表精度标注为"±1%"且目前测试的显示值为100℃，表示温度测量精度为±1℃。要注意，这种标注方法说明仪器的偏离绝对值是随着测试值增大同比变大的。

rdg

"reading"的缩写，即读数的意思，也就是上述的显示值。所以当表述为"rdg 1%"时，它通常指的是显示值的1%。

精度等级

工业仪表如压力表、温度计、流量计等的精度等级通常以百分比的形式表示，如0.1%、0.5%、1.0%等。这里的百分比是指测量误差占满量程的比例。例如，一个精度等级为0.5%的仪表，在其量程的任意点上，测量值与真实值的最大允许误差为该点满量程值的0.5%。

同时0.1%、0.5%、1.0%也可以标记为0.1级、0.5级、1.0级。常见的精度等级有0.1级、0.2级、0.5级、1.0级、1.5级、2.5级。

±$X\%$ FS

"FS"代表full scale，意为满量程。"±0.1% FS"表示测量误差的最大允许值是满量程值的±0.1%。举例说明，如果一个压力传感器的测量范围是0～1000Pa，标注精度为"±0.1% FS"，就意味着当该传感器在测量任何介于0～1000Pa之间的压力值时，其显示或输出的测量结果与真实压力值的最大误差不会超过±1Pa（即满量程1000Pa的0.1%）。

不确定度

通常以标准不确定度 u 或扩展不确定度 U 的形式给出，它包含了随机和系统的误差源对测量结果的影响。例如，"$U=0.005$mm，$k=2$"表示测量结果的标准不确定度为0.0025mm，置信水平为95%，$k=2$时，扩展不确定度为0.005mm。

分段量程标注精度

有些仪器的量程较宽，在不同的测量区间内，其精度可能不同，因此将整个量程分段进行精度标注，称为分段量程标注。假设某款万用表的电压测量范围为0～1000V，但在不同区间内的精度不同：0～10V区间，精度为±0.1%；10～100V区间，精度为±0.2%；100~1000V 区间，精度为±0.5%。这种分段量程标注方式可以更准确地反映仪器在不同测量范围内的性能。使用分段量程标注精度的仪器时，一定要选择好合适的量程区间，并认真地查看该区间的误差计算。

1.3 仪表的特性和稳定性

1.3.1 仪表的静态特性

在稳定状态下，仪表的输出量（如显示值）与输入量之间的函数关系，称为仪表的静态特性。其具体性能指标有灵敏度、分辨率、线性度、漂移等。

灵敏度

灵敏度性能指标反映的是测量仪表对被测量变化的灵敏程度。在稳定的情况下，仪表输出量的变化量与引起此变化的输入量的变化量之比称为灵敏度。例如，某温度传感器在温度每变化 1℃ 时，其输出电压变化 1mV，则该传感器的灵敏度为 1mV/℃。

高灵敏度通常是提高测量精度的前提之一，因为它可以使测量系统更容易捕捉到微小的输入变化。然而，仅有高灵敏度并不能保证高精度，因为高灵敏度可能导致对噪声或干扰信号的放大，从而影响测量结果的准确性。因此，在实际应用中，除了要求传感器具有足够的灵敏度外，还需要通过减小系统误差、抑制噪声、提高稳定性等手段来提高精度。换句话说，高灵敏度是测量精度的一个有利条件，但要实现高精度测量还需考虑诸多其他因素。

分辨率

分辨率是仪表能够识别的最小输入变化，或者说是输出指示器能够显示的最小刻度间隔。例如一款电子秤，其显示屏最小可显示的质量增量为 0.1g，那么这款秤的分辨率就是 0.1g。

线性度

线性度是指仪表输出的实际特性曲线偏离理想特性直线的程度。理论上具有线性输入—输出特性曲线的测量仪表往往会由于各种因素的影响，其实际特性曲线偏离了理论上的线性，它们之间的最大偏差 Δy_{max} 与满量程输出值 y_{max} 之比称为线性度，如图 1.3.1 所示。

图 1.3.1 中曲线为仪表实际特性曲线，直线为理想特性曲线，Δy_{max} 就是实际特性曲线偏离理想特性曲线的最大值，y_{max} 就是仪表的满量程输出值。

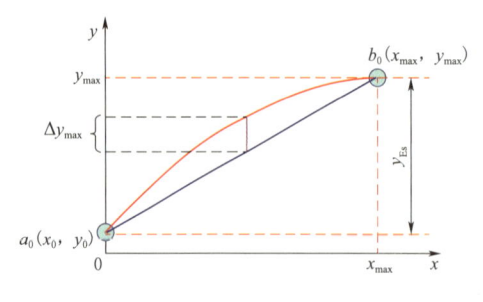

图 1.3.1 线性度示意图

假设有一个温度传感器，理论上其输出电压应该与温度呈线性关系，每升高 1℃，输出电压增加 1mV。若在实际测试中，当温度从 0 到 100℃ 时，输出电压并不是完全按此规律线性增加，而是在某个区间出现了超出理论直线的偏差，如在50～75℃之间，每增加1℃，输出电压增加略大于1mV，这就说明该传感器在该区间的线性度较差。

漂移

仪表的漂移现象普遍存在于各种测量仪表和传感器中，它反映了仪表性能随时间的退化或者在特定环境下性能的不稳定。

温度漂移：很多电子元器件和传感器的性能都会受到温度变化的影响，即便是在恒定的温度下，长时间工作后，由于内部发热、元器件老化等原因，仪表的输出也会发生偏移。例如，电子电路中的晶体管、电阻等元件的阻值或放大倍数可能因温度上升而发生变化，导致输出信号产生偏差。

零点漂移：对于一些需要归零的测量仪表，如电子秤、电位计等，在没有任何外部输入信号（如真实质量为0或电压为0）时，其输出信号却偏离了应有的零点，这种现象称为零点漂移。

时间漂移：某些仪表在长期运行后，由于内部元件磨损、老化，或介质（如油、气等）泄漏、损耗等，导致测量值随时间逐渐偏离初始状态。例如，一些精密的电化学传感器，如浓度传感器、pH传感器等，在长时间使用后，其测量结果可能会出现持续的偏移。

1.3.2 仪表的动态特性

动态特性是指当被测量发生变化时，仪表的显示值随时间变化的特性响应。动态特性好的仪表，其输出量随时间变化的曲线与被测量随同一时间变化的曲线一致或者相近。仪表在动态下输出量（读数）和它在同一瞬间的相应的真实值之间的差值称为仪表的动态误差。因此，对于测量仪表来说，动态误差越小，其动态特性越好。

响应时间

仪表的响应时间是指仪表在接收到输入信号变化后，其输出值达到并稳定在新值（通常是最终稳态值的95%）所需的时间。以下举两个具体例子。

温度传感器响应时间：假设有一个用于监测冰箱内部温度的温度传感器，当冰箱门打开导致内部温度突然上升时，传感器检测到温度变化。响应时间是指从温度变化开始，到传感器显示的温度读数稳定在新温度值的95%左右所需的时间。如果传感器的响应时间为10s，那么在冰箱门打开10s后，传感器显示的温度读数应当已经接近新温度的95%。

压力变送器响应时间：在一个工业自动化控制系统中，压力变送器负责实时监测管道中的压力变化。当阀门开启，管道压力瞬间从10bar升至15bar，若压力变送器的响应时间为3s，则在阀门开启3s后，变送器的输出信号（如4～20mA电流信号或0～10V电压信号）应基本稳定在反映15bar压力的新值上。

时间常数

在仪表或传感器中，时间常数表示在受到阶跃输入变化后，其输出值达到最终变化值63.2%所需的时间，反映了仪表对输入信号变化的响应速度。例如，一个温度传感器放置在20℃的环境中，突然将其放置在50℃的环境中，时间常数是传感器输出值变化到最终稳定值的63.2%所需的时间。时间常数越大，仪表对快速变化信号的响应就越慢；反之，时间常数越小，仪表响应速度就越快。

采样频率

仪表的采样频率又称采样率或采样速率，指的是仪表或测量系统在单位时间内对信号进行采样的次数，通常以赫兹（Hz）为单位。例如，一个仪表的采样频率是100Hz，那么意味着该仪表每秒钟会对信号进行100次采样。在实际应用中，仪表的采样频率会影响到测量数据的准确性和实时性，特别是在需要监控快速变化信号或者高频信号的情况下，选择合适的采样频率至关重要。例如，快速加热的工艺环节，温度传感器可能需要高采样频率来精确捕捉温度的快速变化，而监控较平稳的室内环境温度则不需要那么高的采样频率。

显示频率

仪表的显示频率通常是指仪表更新其显示数据的速率，即仪表每秒钟更新显示内容的次数。这个概念在数字化仪表、显示器和数据采集系统中较为常见。如果一个温度计的显示频率为1Hz，那么它每秒钟将会刷新一次显示，将最新的温度读数呈现给用户。高显示频率的仪表更能实时反映被测参数的变化情况，有助于快速响应和决策。然而，对于某些不需要极高实时性的应用，适度的显示频率即可满足需求，过高反而可能造成资源浪费。

采样频率关注的是数据采集系统捕捉信号细节的能力，而显示频率则关注数据在显示设备上呈现的速度和流畅度。两个频率需要搭配合理，以实现最佳的数据采集和可视化效果。一般采样频率会高于显示频率，以确保即使在高速变化的信号中也能捕捉到足够的信息，然后再通过适当的处理和筛选，将必要的数据以合适的显示频率呈现给用户。

1.3.3 仪表的稳定性

仪表的稳定性是指在规定的使用条件下，仪表的测量结果保持恒定的能力，即仪表的输出在一定时间范围内，不受外部环境变化、内部元件老化和其他因素影响而保持稳定。仪表的稳定性是评价仪表性能优劣的一项重要指标，它直接关系到测量数据的可靠性、准确性以及测量系统的稳定性。仪表的稳定性可以细分为以下几种表现形式。

长期稳定性：仪表在长时间（如数小时、数天乃至数年）使用过程中，其测量结果与初始校准值的偏差程度，也称为长期漂移。

短期稳定性：仪表在短时间内（如几分钟、几小时）内，多次重复测量同一输入信号时，输出结果的重复性和一致性。

温度稳定性：仪表在工作温度范围内，温度变化对其测量结果稳定性的影响。

环境稳定性：仪表在湿度、压力、电磁干扰等环境因素变化时，保持测量结果稳定的能力。

重复误差：是指在相同测量条件下，对同一被测量值进行多次重复测量时，仪表测量结果之间的差异。它是衡量仪表在相同测量条件下输出一致性的重要指标。具体

来说，如果一个仪表在短时间内对同一输入值进行了多次测量，每次测量结果理论上应该完全相同，但由于仪表内部的不稳定性、噪声以及外界微小扰动等因素，测量结果可能会有些微差别。重复误差就是这些多次测量结果的差异程度，通常用标准偏差或最大偏差来表示。例如，一个重量计在短时间间隔内，对同一重量物品进行多次称量，如果每次测量结果有轻微波动，这些波动的最大值或平均波动值就构成了重复误差。一个好的仪表应具有较小的重复误差，以确保在相同条件下测量结果的可靠性与一致性。

良好的仪表稳定性要求在各种条件下，仪表都能维持较高的测量精度和一致性，这对于确保测量结果的有效性和可靠性至关重要。为了提高仪表的稳定性，通常会采用高品质的元器件、合理的电路设计、完善的温度补偿技术以及周期性的校准维护等方法。

1.4 误差与不确定度

1.4.1 误差

误差的分类

误差在测量过程中一般分为以下几类。

系统误差（systematic error）：是指在测量过程中，由于某种固定的原因而产生的恒定偏向或规律性的偏离真实值的误差。例如，在使用未校准准确的尺子测量物体长度时，如果尺子的实际单位长度比标称长度短 0.1mm，则无论测量多少次，测量结果都将一致地偏小 0.1mm。

随机误差（random error）：是由于难以控制的偶然因素引起的误差，每次测量结果都在一定范围内随机变化，无固定倾向。例如，在用秒表测量节拍器周期的时间时，按下开始和停止按钮的瞬间可能存在微小的时间差异，这种差异在多次测量中呈现随机分布。

过失误差（blunder error/gross error）：是指由于操作错误、记录错误、设备故障等原因造成的明显偏离实际值的异常误差。例如，读取温度计数值时看错了最小刻度，或者电子天平没有正确归零就开始称重。

粗大误差（outlier）：有时也被认为是一种特殊的过失误差，指的是那些明显超出正常测量范围的数据点，它们可能是由于极端偶然事件或明显的人为错误所造成。例如，在一系列稳定的重量测量中，突然出现了一个远远超出预期范围的结果，这可能是因为称量时不小心碰到了秤盘。

减少误差的方法

系统误差

校准仪器：定期对测量工具或设备进行校准，确保其精度符合要求。

改进测量方法：设计更合理的测量方案。例如，选择更精密的测量仪器，改进测量过程中的操作步骤，减少或补偿已知的系统影响因素。

修正算法：对于已知的系统误差，可以在数据处理阶段应用相应的修正公式或补偿算法。

随机误差

增加测量次数：通过多次测量取平均值可以降低随机误差的影响，因为随机误差在多次测量中倾向于相互抵消。

统计处理：利用统计学方法（如贝塞尔公式、t 分布等）估计标准偏差，从而得到包含随机误差的不确定度范围。

改善环境条件：尽可能保持测量环境稳定，减少环境波动带来的随机误差。

过失误差/粗大误差

严格操作规程：制定详细的测量操作流程和检查制度，减少人为操作错误。

数据质量控制：在数据采集阶段就进行实时监控和质量控制，一旦发现异常数据立即重新测量或排除。

事后处理：在数据分析阶段，运用诸如格拉布斯准则、狄克逊检验等方法识别并剔除明显的离群值（即粗大误差）。

虽然无法完全消除所有误差，但通过以上方法可以显著减小误差对测量结果的影响，提高数据的准确性和可靠性。同时，合理地评估和报告测量不确定度也是科学研究和工程实践中的重要环节。

1.4.2 不确定度

不确定度的介绍

不确定度是表征测量结果质量的一个关键参数，反映了测量结果的可靠性和稳定性。在进行物理测量、实验数据分析或任何需要量化结果的过程中，由于各种因素的影响，无法得到完全精确的测量值，此时就需要引入不确定度来描述测量结果的分散程度。

不确定度分为 A 类不确定度和 B 类不确定度。测量结果的总不确定度通过对各项不确定度分量进行合成得到，称为合成不确定度。不确定度通常表示为测量值的一个区间范围，表达形式为"测量值±不确定度"。

A 类不确定度又称随机不确定度，源自随机变量的影响，如环境波动、读数误差、统计涨落等，这类不确定度在多次测量中呈现随机分布的特性。可以通过下式计算 A 类不确定度。

$$u_A = \frac{s}{\sqrt{n}} \tag{1.4.1}$$

式中：u_A 为 A 类不确定度；s 为样本标准偏差，即多次测量值的标准偏差，可以通过计算各测量值与平均值之差的平方的平均数，再开方得到；n 为测量次数。

如果要求的是扩展不确定度（k 倍标准不确定度），则将上式中样本标准偏差乘以包含因子 k（如对于 95% 置信水平，$k=2$）。

B 类不确定度又称系统不确定度，来源于已知或未知的恒定效应，如测量仪器的刻度误差、方法理论的局限性等，这些因素导致的测量结果偏差具有一定的重复性和可预见性。

计算 B 类不确定度通常不直接依赖测量数据，而是基于其他信息源，如查阅相关资料确定仪器、方法或者修正项带来的不确定度。若有必要，可能需要考虑多个 B 类不确定度分量，并转换到相同自由度或相同的置信水平。

合成不确定度

当存在多个不确定度分量时，需将 A 类和 B 类不确定度分量进行合成以得到总体的测量不确定度。常见的合成方法是方和根（root sum of squares，RSS）法，即将各个不确定度分量的标准偏差（或其平方）相加后取平方根。举例来说，若只有一个 A 类不确定度分量和一个 B 类不确定度分量，总不确定度 u 可以通过下式计算。

$$u = \sqrt{u_A^2 + u_B^2} \tag{1.4.2}$$

式中：u_A 为 A 类不确定度；u_B 为 B 类不确定度；u 为总不确定度。

假设在实验室中使用一支精度等级为 0.1℃ 的电子温度计，对室温进行 10 次测量，得到以下数据：23.0℃、23.0℃、23.1℃、22.9℃、23.0℃、23.1℃、22.9℃、23.0℃、23.1℃、23.0℃。代入式（1.4.1）计算，A 类不确定度约为 0.05℃。B 类不确定度来自温度计的精度，已知为 0.1℃。根据式（1.4.2）计算合成不确定度为 0.112℃。最终报告的测量结果是，实验室的温度约为 (23.0 ± 0.112)℃。这意味着在多次重复测量中，实验室的真实温度有较大可能性位于 22.888~23.112℃ 之间。若取置信概率 95%，则包含因子 $k=2$，扩展不确定度为 $U = ku = 0.224$℃。此时实验室温度结果可表示为 (23.0 ± 0.224)℃，$k=2$。

课后思考与任务

1. 探讨在建筑设备监控中，如何通过实时在线检测技术优化暖通空调（HVAC）系统的运行效率。

2. 结合建筑环境测试技术的分类，请列举并描述一个稳态参数的测量实例，并对比一个动态参数的测量实例。

3. 现有两种 $PM_{2.5}$ 监测方案，第一种采用分布式固定传感器网络，第二种采用巡检式移动检测设备。请从测试技术发展趋势角度比较优劣。

4. 某环境舱需要监测 -20~50℃ 的温度波动，现有两款温度计：A 款量程 -50~100℃（精度 ±1%FS），B 款量程 -100~100℃（精度 ±0.5℃）。从量程选择原则和精度标注方式角度，分析哪款更合适？

参考文献

[1] 郑洁. 建筑环境测试技术 [M]. 重庆：重庆大学出版社，2007.
[2] 董惠，邹高万. 建筑环境测试技术 [M]. 2版. 北京：化学工业出版社，2009.
[3] 方修睦. 建筑环境测试技术 [M]. 2版. 北京：中国建筑工业出版社，2008.
[4] 赵文宣. 电子测量与仪器应用 [M]. 北京：电子工业出版社，2012.
[5] 李金海. 误差理论与测量不确定度评定 [M]. 北京：中国计量出版社，2003.
[6] 王中宇，刘智敏，夏新涛. 测量误差与不确定度评定 [M]. 北京：科学出版社，2008.

第2章 温度测量

温度是一个重要的物理量,是国际单位制(SI)中7个基本物理量之一,也是工业生产中主要的工艺参数。本章将介绍测温技术及测温的主要方法。温度是表示物体的冷热程度的物理量。温度高低的准确判断,需要借助某种物质随温度变化的特性(如体积、长度、电阻等)进行测量,由此产生了许多测量温度的传感器和与之对应的温度计。但是,迄今为止,还没有适应整个温度范围的温度计。目前常用的比较适合测量温度的途径是液体的热胀冷缩、金属(或合金)的电阻、热电偶的热电势和物体的热辐射等,这些物质随温度变化的特性都可作为温度测量的依据。

随着生态文明建设的深入推进,测温技术在促进工业绿色发展、节能减排方面扮演着至关重要的角色。通过高精度、低能耗的测温传感器与系统,可以有效监控生产过程中的能耗与排放,支持企业实施精细化管理,减少资源浪费。

2.1 温度测量的基础知识

2.1.1 温标

温标是为了保证温度量值的统一和准确而建立的一个用来衡量温度的标准尺度。可以认为温标就是表示温度值的一种规则或者一种体系。如摄氏温标就规定水的结冰点是0℃,1atm下水的沸点为100℃,在这之间划分为100份,1份为1℃。

国际实用温标是一个国际协议性温标,复现精度高,使用方便。1989年,国际计量委员会通过了国际温标ITS-90。该国际温标同时使用国际开尔文温度T_s和国际摄氏温度t_s,它们的单位分别是"K"和"℃"。T_s与t_s的关系为

$$t_s = T_s - 273.15 \tag{2.1.1}$$

在我国工程和学术上,经常使用的就是国际开尔文温度T_s和国际摄氏温度t_s,它们之间的换算关系需要牢记。比如室温20℃,也可以表示为293.15K;冰水温度0℃,可以表示为273.15K。

温度的概念从古到今是怎么发展的,温度的标准是怎样制定的,请扫描二维码阅读。

链接2.1
温度的历史

2.1.2 温度测量方法

温度测量方法分为接触法和非接触法。

接触法

根据热平衡原理,当两个物体接触,经过足够长的时间达到热平衡后,则它们的

温度必然相等。如果其中之一为温度计，就可以用它对另一个物体实现温度测量，这种测温方式称为接触法。如果某仪表与被测物体接触时断时续，那肯定就测不准。或者测某个带有严重腐蚀性液体，测量过程中，仪表本身都被损坏了，那也测不到温度。因此要稳定持续地和被测物体接触，才能测得准。

但这里也有一个问题，被测物体本来有一个稳定的温度分布，但是当实验员用仪表去接触被测物体时，肯定就干扰了原来的温度分布，影响了这个热环境。因此在测试接触时，一定要注意避免影响被测物体，同时测量时间要足够长，耐心等待新的热平衡建立。

非接触法

利用物体的热辐射能量随温度变化的原理测定物体温度，这种测温方式称为非接触法。它的特点是不与被测物体接触，因此也不会改变被测物体的温度分布。而且这种测量方法可以即时得到温度数据，并且物体温度变化立即反映。也不用担心被测物体会损坏或腐蚀仪器，高速移动和旋转的物体也可以迅速捕捉到。在日常生活中，测温枪测体温就是最常见的非接触式测温方法。

但这种方法误差较大，同时容易受到外界干扰。举个例子，将被测物体放在强烈日光下，由于太阳辐射的存在，整个测量环境都受到了干扰，测量得到的结果中也叠加上了一部分太阳的温度。

接触法与非接触法的对比见表 2.1.1。

表 2.1.1　　　　　　　　　　接触法与非接触法的对比

方法	接触法	非接触法
原理	热平衡，需接触	测辐射，不接触
测量范围	1000℃以下，太热会烧坏仪器	任何高温都可以测，-30℃以下低温测不准
精度	精度等级高，0.5以下	误差大，干扰多
被测物体温度变化的响应	测量数据有延迟，热容较小的热电偶（阻）可以达到20s左右	延迟小，2～3s

2.2　液体膨胀式温度计

2.2.1　工作原理

液体膨胀式温度计是一种基于液体热胀冷缩原理制成的温度测量仪器，最常见的是玻璃液体温度计，它主要由盛有液体的储存器（常称温包）、毛细管和标尺组成，如图 2.2.1 所示。

根据温包内所充填的液体介质不同能够测量不同范围的温度。比如高纯度净化水银，测量范围-50～400℃，98%纯度酒精测量范围-100～80℃，红色有机液测量范围-30～200℃。

图 2.2.1　玻璃液体温度计的温包

玻璃液体温度计采用热胀冷缩效应的测温原理。当温度变化时，玻璃球中的液体体积会发生膨胀或收缩，使进入毛细管中的液柱高度发生变化，从刻度上可指示出温度的变化。在实际测温时，玻璃接触被测物体，玻璃这种材质本身也会热胀冷缩，但是液体膨胀的程度要远大于玻璃膨胀的程度。温度变化所引起的工作液体体积变化为

$$V_{t1} = V_{t0}(a - a')t_1 \tag{2.2.1}$$

式中：V_{t0}、V_{t1} 分别为工作液体在 0℃ 和温度为 t_1 时的体积；a、a' 分别为工作液体和玻璃的体膨胀系数。

工作液体的体膨胀系数 a 越大，引起液体膨胀的体积也就越大，温度计的灵敏度就越高，测温精度也越高。

2.2.2 测温特点与分类

玻璃液体温度计的优点是直观、测量准确、结构简单、造价低廉，因此被广泛应用于工业、实验室和医院等各个领域及日常生活中。但其缺点是不能自动记录、不能远传、易碎、测温有一定延迟。请注意，液体温度计一般只用于人眼读数或人工观察，不能接入自控系统参与自动控制和监测。

温度计的分度值是指温度计上相邻两个刻度之间的数值差异，可以理解为温度计的最小可分辨单位，即最小的温度变化量。精密温度计的分度值一般是 0.01℃，也有 0.02℃、0.05℃、0.1℃、0.2℃ 等不同规格。工作用温度计的分度值一般是 1℃。

玻璃液体温度计按基本结构形式不同可分为棒式、内标式和外标式三种。

棒式温度计的温包与棒内毛细孔相通，玻璃棒表面蚀刻或者渗透印色标度。由于棒式温度计的温度标尺直接刻印在毛细管的外壁上，标尺与毛细管不会发生相对位移，因此其测量精度较高。大多数标准温度计和实验室用精密温度计都采用此种结构形式，如图 2.2.2 所示。

内标式温度计为套管式，温包与套管内毛细管相互熔接在一起，标尺板是用乳白色玻璃制成的长方形薄片置于毛细管的后面，毛细管与标尺板同装在与囊熔焊在一起的玻璃套管内。内标式温度计的热惯性较棒式大，但是观察方便，如图 2.2.3 所示。

外标式温度计是将毛细管直接固定刻有温度标尺的塑料、木料金属或其他材料所制成的片上。这类温度计的精度较低，虽然观察非常方便清晰，但一般适用于精度要求不高的场合，如图 2.2.4 所示。

玻璃液体温度计在使用过程中，按安装与被测物质接触浸没的程度还可分为全浸式温度计和局部浸式温度计。

全浸式温度计在使用时，要求全浸式温度计整个液柱的温度与温包温度相同，即要求温度计插入被测介质的深度足以使整个液柱完全浸没在被测介质中。为了便于读数，允许液柱高出被测介质表面，但不得大于 15mm。一般标准水银温度计均为全浸式温度计，全浸式温度计受环境温度影响小，测量精度高。

2.2 液体膨胀式温度计

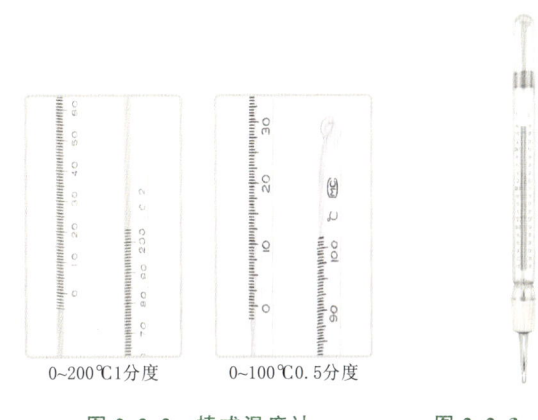

图 2.2.2 棒式温度计（0~200℃1分度、0~100℃0.5分度）

图 2.2.3 内标式温度计

图 2.2.4 外标式温度计

局部浸式温度计在日常和工业测量场合更为常见。普通工作温度计多为局部浸式温度计。在使用时，要求将局部浸式温度计插入到其本身所标示的固定浸没位置（图 2.2.5）。由于其浸没深度固定不变，而且相当一部分液体露出在被测介质之外，因此受环境温度影响比较大，在一定程度上降低了测温精度。

2.2.3 管道安装方法

（1）温度取源部件的安装位置应选在介质温度变化灵敏和具有代表性的地方，不应选在阀门等阻力部件的附近和介质流束呈死角处以及振动较大的地方。

（2）温度取源部件在工艺管道上的安装应符合下列规定。

1）与工艺管道垂直安装时，取源部件中心线应与工艺管道轴线垂直相交。

2）在工艺管道的拐弯处安装时，应逆着介质流向，取源部件中心线应与工艺管道中心线相重合。

3）与工艺管道成45°斜安装时，应逆着介质流向，取源部件中心线应与工艺管道中心线相交。

安装示意图如图 2.2.6 所示。

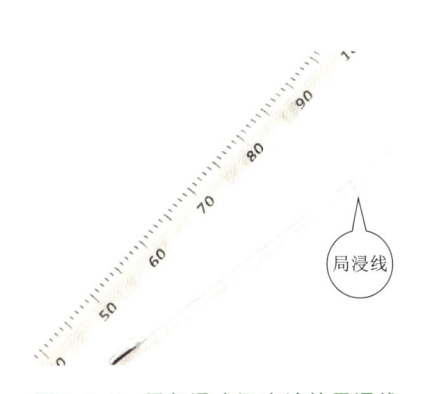

图 2.2.5 局部浸式温度计的局浸线

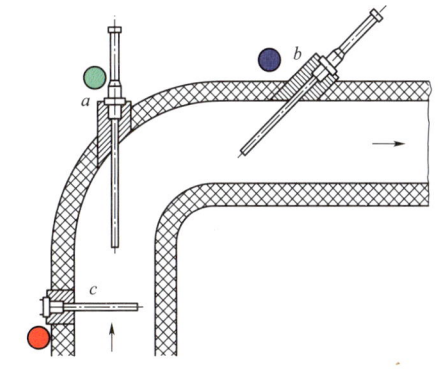

图 2.2.6 玻璃液体温度计管道安装示意图

（3）玻璃液体温度计适合在DN50以上的管道上安装，如管径小于DN50，应该安装一段扩大管道，再将玻璃液体温度计设置其中测量。

仪表举例

产品名称：金属套温度计（金属套内为内标式温度计）（图2.2.7）

产品款式：直型/角型

产品材质：不锈钢＋玻璃

螺纹规格：4分/6分

测温范围：0～50℃/0～100℃/0～150℃，分度值：1℃

产品用途：测量管道内液体温度，测量风管内温度，测量锅炉或设备温度等

更多该仪表的图片，请扫描二维码阅读。

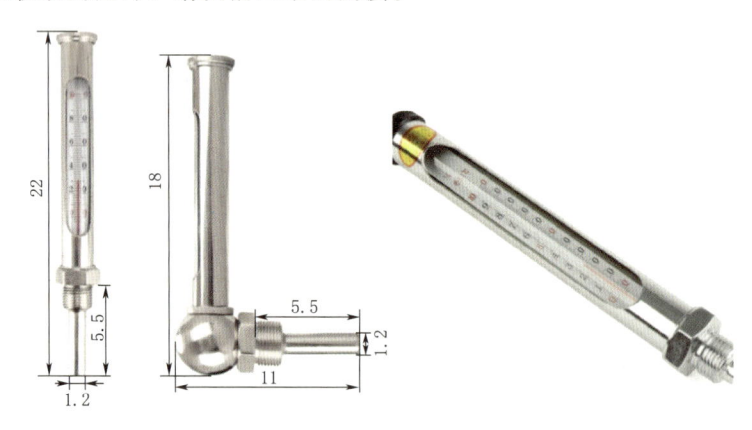

链接2.2 液体温度计

图2.2.7　金属套玻璃温度计（直型/角型）（单位：cm）

2.3　双金属温度计

双金属温度计把两种线膨胀系数不同的金属组合在一起，一端固定，当温度变化时，两种金属热膨胀不同，带动指针偏转以指示温度，如图2.3.1所示。

双金属温度计的最大优点是其抗震性能好且结构坚固，精度相对较低（通常为1～2.5级），主要应用于工业领域。意味着当量程为0～100℃时，其误差绝对值可达到1.0～2.5℃。

双金属温度计适用于中低温现场检测，一般为－50～500℃，可直接测量气体、蒸汽和液体温度，示值清楚，机械强度较好。

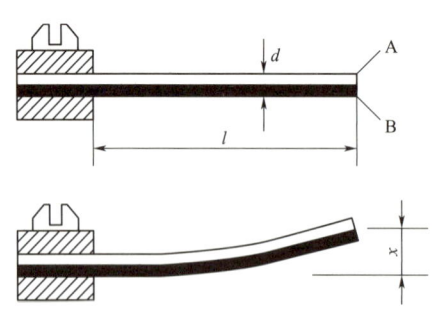

图2.3.1　两种金属同时膨胀偏转

按双金属温度计指针盘与保护管的连接方向可以把双金属温度计分成轴向型、径向型和万向型三种，如图2.3.2所示。

双金属片作为一种感温元件可用于温度自动控制。

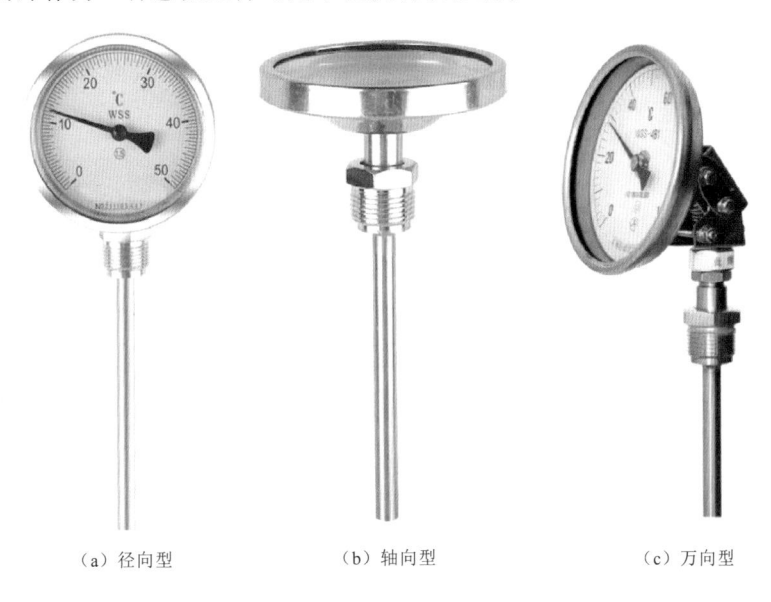

（a）径向型　　　　（b）轴向型　　　　（c）万向型

图 2.3.2　双金属温度计

仪表举例

规格型号：耐震双金属温度计

表盘直径：100mm、150mm（可定做直径 60mm 等）

测温杆直径：10mm（可定做其他管径）

接口大小：M27×2（活动螺纹）（可定做固定螺纹内螺纹及非标规格）

测量范围：−40～600℃；精度：1.5级

安装形式：径向，轴向

探温杆材质：不锈钢；热响应时间：<40s；防护等级：IP55

更多该仪表的图片，请扫描二维码阅读。

链接 2.3
双金属温度计

2.4　热电偶

2.4.1　工作原理

热电偶（thermocouple）是温度测量仪表中常用的测温元件，它直接测量温度，并把温度信号转换成热电势信号，通过电气仪表（二次仪表）转换成被测介质的温度。各种热电偶的外形常因需要而极不相同，通常和显示仪表、记录仪表及电子调节器配套使用，常见的热电温度计就是以热电偶作为测温元件。

热电偶可以测量−200～1300℃范围内的温度。在特殊情况下，可测至2800℃的高温。热电偶和热电阻温度计在日常和各种工业场合中应用最普遍，用量也最大。

测量原理：两种不同成分的导体（称为热电偶丝材或热电极）两端接合成回路，如图 2.4.1 和图 2.4.2 所示。当两个接合点的温度不同时，在回路中就会产生电动势，这种现象称为热电效应，而这种电动势称为热电势。热电偶就是利用这种原理进行温度测量的，其中，直接用作测量介质温度的一端叫作工作端（也称为测量端），另一端称为冷端（也称为补偿端或参考端）；冷端与显示仪表或配套仪表连接，显示仪表会指出热电偶所产生的热电势。

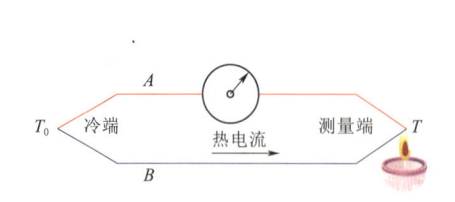

图 2.4.1　热电偶的测量原理图 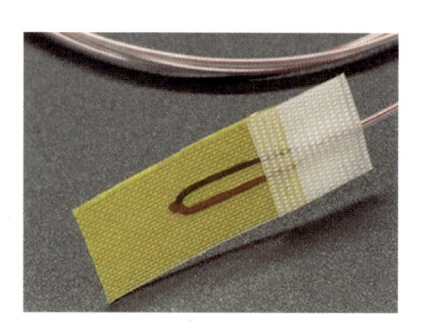　　　图 2.4.2　测量端的两种导体联结

热电偶实际上是一种能量转换器，它将温度场转换为电能，所产生的热电势指示温度。这里要注意几个问题：

（1）两种不同性质的导体材料才可以制成热电偶。经过长期实践，已经形成了很多固定的配对组合，如铜-康铜、镍铬-镍硅等。

（2）热电偶所产生的热电势，在热电极材料一定的情况下与热电极的形状和尺寸无关，仅决定于测量端和冷端的温度。

（3）为了准确测量，热电偶冷端温度必须保持恒定。

2.4.2　热电偶分度号

刚才提到，热电偶由两种不同性质的导体组成，那么标准化的热电偶就有固定搭配组合的两种导体。标准化的热电偶具有统一的分度号，即固定的导体搭配，可互换并有配套的显示仪表供使用。

分度号有 S、R、B、N、K、E、J、T、WRe、WFT 等，每一种分度号热电偶都由两种特定的金属或合金组成，其中 S、R、B 属于贵金属热电偶。主要介绍以下几种：

S 型热电偶（铂铑 10 -铂）

偶丝直径规定为 0.5mm，允许偏差 0.015mm。其正极的成分为铂铑合金（铂铑10），含铑10%，含铂90%；负极为纯铂。长期使用测温上限可到 1400℃，短期可测到 1600℃。

R 型热电偶（铂铑 13 -铂）

直径如上，其正极的成分为铂铑合金（铂铑13），含铑13%，含铂87%；负极为纯铂。长期最高使用温度为 1300℃，短期最高使用温度为 1600℃。

B 型热电偶（铂铑 30 -铂铑 6）

直径如上，其正极成分为铂铑合金，含铑30%，含铂70%；负极为铂铑合金，含铑6%，故俗称双铂铑热电偶。该热电偶长期最高使用温度为 1600℃，短期最高使用温度为 1800℃。

K 型热电偶（镍铬-镍硅）

该热电偶是目前用量最大的廉价金属热电偶，其用量为其他热电偶的总和。K 型热电偶丝直径一般为 0.3～3.2mm。正极的成分为：Ni：Cr＝90：10，负极的成分为：Ni：Si＝97：3，其使用温度为－200～1300℃。

K 型热电偶具有线性度好、热电势较大、灵敏度高、稳定性和均匀性较好、抗氧化性能强、价格便宜等优点，能用于氧化性气氛和惰性气氛中，广泛为用户所采用。K 型热电偶不能直接在高温下用于含硫气体、还原性气氛或还原氧化交替的气氛中和真空中，也不推荐用于弱氧化气氛。

T 型热电偶（铜-铜镍）

又称铜-康铜热电偶，也是一种极佳的测量非高温的廉价金属热电偶。热电偶丝直径一般为 0.2～1.6mm，它的正极是纯铜，负极为铜镍合金，又称康铜。测量范围－200～350℃。

T 型热电偶具有线性度好、热电势较大、灵敏度较高、温度近似线性、重复性好、传热快、稳定性和均匀性较好、价格便宜等优点。T 型热电偶的正极铜在高温下抗氧化性能差，故使用温度上限受到限制。

J 型热电偶（铁-铜镍）

也是一种价格低廉的廉价金属热电偶，它的正极为纯铁，负极为铜镍合金，铁-铜镍（康铜）热电偶的覆盖测量温区为－200～1200℃，但通常使用的温度范围为 0～750℃。

J 型热电偶具有线性度好、热电势较大、灵敏度较高、稳定性和均匀性较好、价格便宜等优点。J 型热电偶可用于真空、氧化、还原和惰性气氛中，但正极铁在高温下氧化较快，故使用温度受到限制，也不能直接无保护地在高温下用于硫化气氛中。

2.4.3 热电偶的精度与适用范围

热电偶的测温精度常见的为一级、二级，一级为精密级，二级为普通级。表 2.4.1 中列有各种分度号的一级精度和二级精度热电偶在不同测温区间的最大误差。如果测量房间温度，使用普通级 K 型热电偶，在－40～333℃区间，其误差最大为 2.5℃。比如房间真实温度 26℃，用普通级 K 型热电偶测出 28.5℃，这虽然在允许范围内，但对室温调控不利。如果用精密级 T 型热电偶测量室温，在－40～125℃区间，其误差最大也就 0.5℃，因此特别适合测量室温。所以挑选合适的热电偶型号和精度尤为重要。

表 2.4.1 常用热电偶在不同测温区间的最大误差（IEC 标准误差限 IEC 60584‐3）

分度号	一级精度		二级精度	
	测温区间	最大误差	测温区间	最大误差
K	－40～375℃	±1.5℃	－40～333℃	±2.5℃
	375～1000℃	±0.004$|t|$	333～1200℃	±0.0075$|t|$
T	－40～125℃	±0.5℃	－40～133℃	±1.0℃
	125～350℃	±0.004$|t|$	133～350℃	±0.0075$|t|$
J	－40～375℃	±1.5℃	－40～333℃	±2.5℃
	375～750℃	±0.004$|t|$	333～750℃	±0.0075$|t|$

续表

分度号	一级精度		二级精度	
	测温区间	最大误差	测温区间	最大误差
N	−40~375℃	±1.5℃	−40~333℃	±2.5℃
	375~1000℃	±0.004$\|t\|$	333~1200℃	±0.0075$\|t\|$
E	−40~375℃	±1.5℃	−40~333℃	±2.5℃
	375~800℃	±0.004$\|t\|$	333~900℃	±0.0075$\|t\|$
R	0~1100℃	±1.0℃	0~600℃	2.5℃
	1100~1600℃	±[1+0.003(t−1100)]	600~1600℃	±0.0025$\|t\|$
S	0~1100℃	±1.0℃	0~600℃	2.5℃
	1100~1600℃	±[1+0.003(t−1100)]	600~1600℃	±0.0025$\|t\|$

热电偶所产生的热电势只有毫伏级，因此一点点的干扰就会对测量造成很大的影响。影响热电偶测量精度的干扰源主要有三种：

(1) 裸露的热电偶的测量端结点接地，实际上是指热电偶接头处如果没有任何绝缘材料，其导体裸露在外，不小心与大地接触，那么产生的微弱热电势也就消失了。

(2) 正负极导线绝缘层破裂，导致正负极接触短路。这种情况经常发生在导线被弯折碾压后，因此利用金属编织网和护套增加线材的整体强度很重要。

(3) 在热电偶及其补偿导线经过处，有功率较大的交流电源、较强的磁场和旋转设备（如泵和风机），也会在热电偶导体内产生干扰电流。解决方法就是避免穿过强磁场，同时线路外增加屏蔽层。

各种热电偶也有长期最高使用温度的限制，根据线材规格不同，其耐受的温度也不同，见表2.4.2。超过了长期使用温度，极易出现测量失灵或线材损毁的情况。

表2.4.2　　　　　常用热电偶的最高使用温度

装配式热电偶	分度号	电极材料（绝缘层着色）	100℃的热电势/mV	热电偶使用温度/℃		
				线径/mm	长期	短期
铂铑10-铂热电偶	S	正极铂铑10（白）负极铂（白）	0.646	0.5	1300	1600
铂铑13-铂热电偶	R	正极铂铑13（白）负极铂（白）	0.647	0.5	1300	1600
铂铑30-铂铑6热电偶	B	正极铂铑30（白）负极铂铑6（白）	0.033	0.5	1600	1800
镍铬-镍硅热电偶	K	正极镍铬（黑褐）负极镍硅（绿黑）	4.096	0.3	700	800
				0.5	800	900
				0.8、1.0	900	1000
				1.2、1.6	1000	1100
				2.0、2.5	1100	1200
				3.2	1200	1300

续表

装配式热电偶	分度号	电极材料 (绝缘层着色)	100℃的 热电势/mV	线径/mm	热电偶使用温度/℃ 长期	热电偶使用温度/℃ 短期
镍铬-铜镍热电偶	E	正极镍铬（黑褐） 负极铜镍（稍白）	6.319	0.3、0.5	350	450
				0.8、1.0、1.2	450	550
				1.6、2.0	550	650
				2.5	650	750
				3.2	750	900
铁-铜镍热电偶	J	正极纯铁（褐） 负极铜镍（稍白）	5.269	0.3、0.5	300	400
				0.8、1.0、1.2	400	500
				1.6、2.0	500	600
				2.5、3.2	600	750
铜-铜镍热电偶	T	正极纯铜（红） 负极铜镍（稍白）	4.279	0.2	150	200
				0.3、0.5	200	250
				1.0	250	300
				1.6	350	400

2.4.4 热电偶补偿导线与参考端

热电偶本身的长度一般做得很短。测量点布置好热电偶后，距离显示仪表或数据采集器还有一定距离，这个距离有的几米有的长达几十米，如数据采集器在另外一个房间。如果把两种金属的热电偶做成几十米那么长，成本就太昂贵了，尤其对于含有铂铑的热电偶。因此可以采用补偿导线，或者称为引线，将热电偶与仪表或采集器连接起来。补偿导线的结构和布置如图2.4.3所示。补偿导线价格便宜，长度也可以自由设置。

补偿导线一般由绝缘层、护套、屏蔽层三部分组成。绝缘层的目的是防止正极和负极的补偿导线接触短路。在长距离引线时，如果绝缘层破损，正负极短路，那么数据就会失效。护套是为了提高整体导线的强度。有时候测量环境非常恶劣，护套是为了防止外力折断或挤压破损。屏蔽层是为了防止外界电磁信号干扰，防止外界磁场在导线内产生干扰电流，因此屏蔽层都使用金属网。要求更高的场合，屏蔽层金属网还需要接地。

目前市面的产品，绝缘层是最内部贴紧线芯，有些产品会把屏蔽层放在最外层，有些会把护套放在最外层。如图2.4.4（a）所示的精密级热电偶补偿导线，其内部的绝缘层为玻璃纤维，外部的屏蔽层使用了不锈钢编织网，也就兼有了护套的功能。当然如果环境不恶劣，可以使用铁佛龙（聚四氟乙烯）作为内部绝缘层，如图2.4.4（b）所示，其外部也是不锈钢编织屏蔽层。有些极端环境，会在不锈钢屏蔽层外，再增加一个不锈钢管作为护套。当然如果测量环境更好，没有电磁干扰，也可以不加屏蔽层，直接使用特氟龙做个护套就可以了。

在挑选补偿导线的材质时，也需要根据热电偶的分度号进行搭配，比如热电偶选

(a) 补偿导线的结构

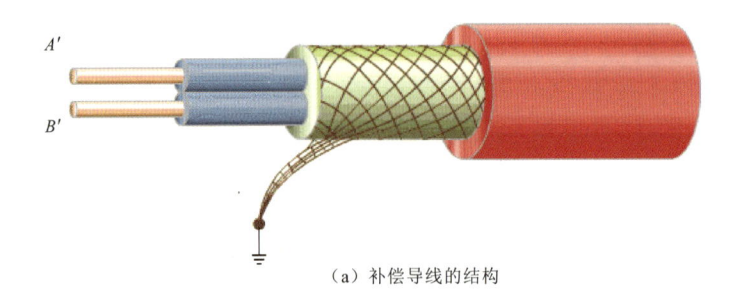

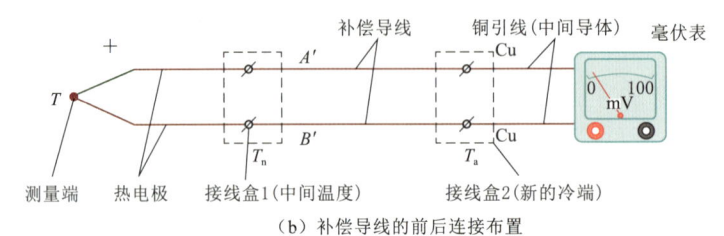

(b) 补偿导线的前后连接布置

图 2.4.3　补偿导线的结构和布置

(a) 绝缘层玻璃纤维，外部不锈钢编织网　　(b) 绝缘层聚四氟乙烯，外部不锈钢编织网

图 2.4.4　精密级热电偶补偿导线

用的是 S 型热电偶，即铂铑 10-铂，那么根据表 2.4.3，适合搭配的补偿导线应该选用 SC 型，即正极用铜，负极为铜镍，绝缘层着色正极为红色，负极为绿色。再观察一下图 2.4.4（b）中的绝缘层着色其实并非随机，而是标志着正负极和导线合金材质。

表 2.4.3　　　　　常 用 补 偿 导 线

补偿导线型号	配用热电偶分度号	补偿导线合金丝 正极	补偿导线合金丝 负极	绝缘层着色 正极	绝缘层着色 负极	100℃时允差/℃ 普通级	100℃时允差/℃ 精密级
SC	S	SPC（铜）	SNC（铜镍）	红	绿	±5.0	±3.0
KC	K	KPC（铜）	KNC（铜镍）	红	蓝	±2.5	±1.5
KX	K	KPX（镍铬）	KNX（镍硅）	红	黑	±2.5	±1.5
EX	E	EPX（镍铬）	ENX（铜镍）	红	棕	±2.5	±1.5
JX	J	JPX（铁）	INX（铜镍）	红	紫	±2.5	±1.5
TX	T	TPX（铜）	TNX（铜镍）	红	白	±2.5	±1.5

普通热电偶补偿导线使用温度在 0~100℃；耐高温补偿导线使用温度在 0~200℃。比如 S 型热电偶补偿导线 SC 导线，在各类补偿导线中精度最低，在 0~60℃ 环境中使用误差较小，在 0~150℃ 环境中使用有较大误差。所以一般补偿型热电偶补偿导线使用环境温度不超过 100℃，高温型热电偶补偿导线使用可达 200℃。

根据热电偶的测温原理，只有当冷端温度固定时，热电偶的输出电势才只和测量端温度有关。在使用时，往往由于现场条件等原因，冷端温度不能维持在恒定值，因此使热电偶输出的电势值产生误差。为了避免这种误差，常用的处理冷端的方法有如下三种。

(1) 冷端恒温法。比如把冷端引至冰水混合物中做冰浴，或者用恒温箱把冷端控制在某固定温度，还有的用补偿导线把冷端延伸到一个温度稳定的房间中。但这些方法非常不方便，除了实验室和教学中，基本已不再使用。

(2) 补偿电桥法。利用不平衡电桥产生的电势来补偿热电偶冷端温度变化所引起的热电势变化值。冷端补偿电桥可以单独制成补偿器通过外线与热电偶和后续仪表连接，但已较少单独使用，而更多是集成到自动仪表中。

(3) 数据采集仪表内部自动补偿法。

不管是早期的电子电位差计，还是现在的显示仪表、微型彩色无纸记录仪、相关的 DCS 板卡和自动数据采集器等，都无一例外采取自动补偿法，有采用铜电阻补偿的，有采用补偿电桥的，有采用三极管 PN 结随着温度的变化其结电压也发生变化来补偿的。

数据采集仪表内部自动补偿法基本已成为主流，因此参考端的恒温处理已经不再是需要考虑的问题。

2.4.5 铠装热电偶

铠装，字面意思就是铠甲一样武装，其实就是在热电偶最外面加装一层金属保护，以免内部的效用层在安装和测量时受到损坏。如图 2.4.5 所示，热电偶就设置在长杆的最左侧顶端，该长杆可以插入到管道流体中或者高温热炉中，进行长时间的测量。在图 2.4.5 球形壳里隐藏有接线端，可以在其中连接补偿导线至数据采集仪表。当然铠装形式并不唯一，还有探针式和螺钉式热电偶（图 2.4.6）。

图 2.4.5　铠装热电偶

探针式热电偶也是铠装热电偶的一种，前端为探针可插入被测空间或设备内部，热电偶测量端被保护在其中，后面为高温屏蔽线，引至数据采集仪表中。其尾部的红蓝两个插头，即为补偿导线的正负极，可以接入数据采集仪表或变送器中。螺钉式热

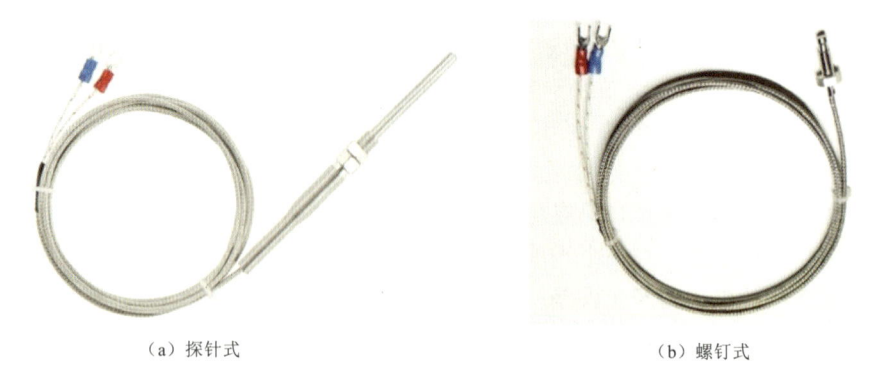

(a) 探针式　　　　　　　　　　　(b) 螺钉式

图 2.4.6　探针式热电偶与螺钉式热电偶

电偶也只是测量端做了变形，制作成了可以固定在设备壁或管壁的螺钉，不易脱落，其内部有热电偶导体。

铠装热电偶还有各种各样变形，如图 2.4.7 所示。其长度、直径、适用规格都可以根据实际测试条件进行定制，但其内部依旧只是两种不同材质的热电偶丝。

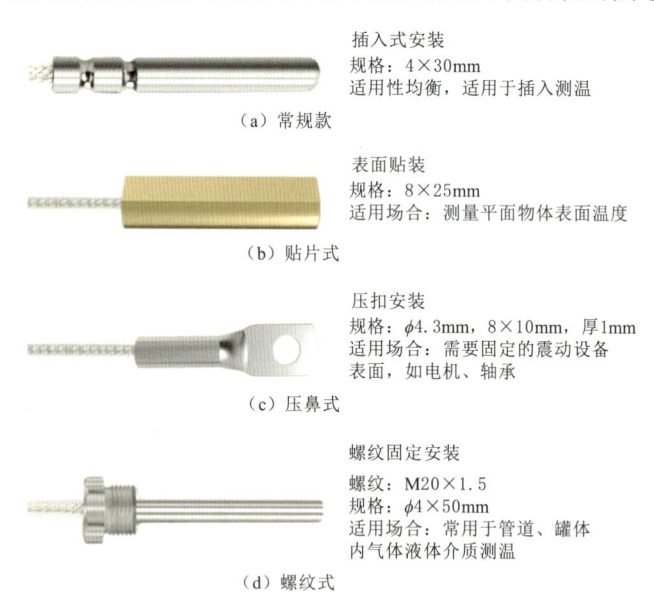

(a) 常规款
插入式安装
规格：4×30mm
适用性均衡，适用于插入测温

(b) 贴片式
表面贴装
规格：8×25mm
适用场合：测量平面物体表面温度

(c) 压鼻式
压扣安装
规格：ϕ4.3mm，8×10mm，厚1mm
适用场合：需要固定的震动设备表面，如电机、轴承

(d) 螺纹式
螺纹固定安装
螺纹：M20×1.5
规格：ϕ4×50mm
适用场合：常用于管道、罐体内气体液体介质测温

图 2.4.7　各种形式的铠装热电偶测量端

链接 2.4
热电偶

更多热电偶的图片，请扫描二维码阅读。

2.4.6　热电偶数据采集与变送

热电偶只是一个测温元件，其产生的微弱热电势其实并不能直接在仪表上显示。其测出的电势需要通过转换电路变换成标准信号 4～20mA、0～5V 信号后，才能进入自控电路和显示设备。这里介绍两种设备。

第一种是热电偶数据自动采集记录仪，其背面配备多个成对的接线端口，可以将热电偶的正负导线接入其中。其自身具有变换信号、自动补偿、显示和记录数据的功

2.5 热电阻

图 2.4.8 数据自动采集记录仪

能。这种仪器非常方便，仅需要在面板上设置热电偶分度号就可以实现自动监控和记录。

第二种是小巧的变送器，如图 2.4.9 所示，它可以将热电偶的热电势转换为标准信号（如 4～20mA，参见 11.2.2 节模拟与数字信号标准），再传送到通用显示仪表中。如果使用了这种变送器小盒子，后面还需要另配通用的显示仪表、24V 电源和其他自控组件。这种变送器中一般也集成了补偿电桥。

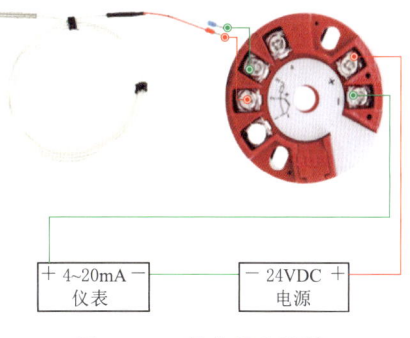

图 2.4.9 热电偶变送器

2.5 热电阻

2.5.1 工作原理

热电阻（thermal resistor）是中低温区最常用的一种温度检测器。热电阻测温是基于金属导体的电阻值随温度的增加而增加这一特性来进行温度测量的。

导体或半导体的电阻率与温度有关，金属导体的电阻一般随温度升高而增大，金属导体有铂、铜、镍、铁、铑、铁合金等。半导体电阻一般随温度升高而减小，半导体有锗、硅、碳及其他金属氧化物等。通过确定的函数可以描述热电阻材料的电阻与温度之间的关系，因此利用这种特性，可以制成电阻温度感温元件，它与测量电阻阻值的仪表配套组成电阻温度计。

在中低温区域（通常指 500℃ 以下），热电偶由于输出热电势较小，对二次仪表的抗干扰能力要求较高，且冷端温度变化会引入显著误差，因此难以实现高精度测量。相比之下，热电阻在中低温区具有测量精度高、性能稳定的特点，更适合此类场景。例如，铂热电阻在 0～500℃ 范围内精度高、稳定性好，广泛应用于工业测温和高精度需求领域。因此，在中低温区域，优先选择热电阻作为测温元件更为合适。

在日常和工业中，最常用的就是 Pt100 热电阻，其余材质的热电阻已不再常用，这里不再介绍。

2.5.2 Pt100 铂热电阻

Pt100 铂热电阻中 "Pt" 代表铂（Platinum），"100" 表示其在 0℃时的电阻值为 100 Ω，通常简称为 Pt100。Pt100 在测量区间内，电阻随着温度上升而匀速增长，具有高精度、稳定性好、线性度高等优点，广泛应用于中低温区域的温度测量。当然还有 Pt1000 热电阻和 Pt10 热电阻，但都不如 Pt100 常用。

Pt100 感温元件有线绕式和薄膜式两种形式。线绕式是由铂丝分别绕在骨架上（陶瓷骨架、玻璃骨架或云母骨架）再经过复杂的工艺加工而成。薄膜式是用真空沉积的薄膜技术把铂溅射在陶瓷基片上，如图 2.5.1 所示。由于线绕式成本较高，因此已经被薄膜式逐渐取代。表 2.5.1 为两种形式的 Pt100 在不同温度区间的允许误差情况。

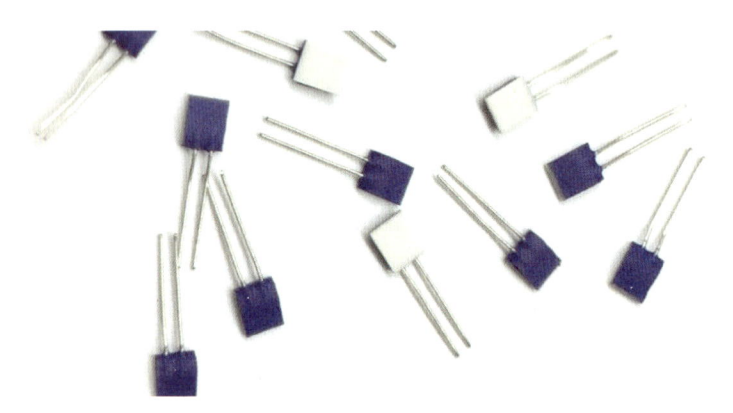

图 2.5.1　薄膜式热电阻 2mm×2mm×1.3mm

表 2.5.1　Pt100 允许误差等级 [《工业铂热电阻及铂感温元件》(GB/T 30121—2013)]

允许误差等级	有效温度范围/℃ 线绕式	有效温度范围/℃ 薄膜式	允许误差值/℃
AA	−50～250	0～150	$\pm(0.1+0.001|t|)$
A	−100～450	−30～300	$\pm(0.15+0.002|t|)$
B	−196～600	−50～500	$\pm(0.3+0.005|t|)$
C	−196～600	−50～600	$\pm(0.6+0.01|t|)$

热电阻的引线方式有二线制、三线制和四线制三种，主要由使用的二次仪表来决定。二级制和三线制比较常见，如图 2.5.2 所示。二线制，在热电阻的两端各连接一根导线，这种方式简单，但引线电阻会影响测量结果，因为热电阻的总阻值将包括热电阻本身的阻值和引线的阻值，适用于对精度要求不高的场合。一般显示仪表提供三线接法，Pt100 一端出一根线，另一端出两根线，通常与电桥电路一起使用，其中一根引线用于补偿另一侧的引线电阻，从而减少引线电阻对测量的影响，是工业应用中最常见的引线方式，能提供较高的测量精度。四线制，在热电阻的根部两端各连接两根导线，其中两根用于激励热电阻，即提供恒定电流，另外两根用于测量电压，从而

计算出电阻值，这种方式可以完全消除引线电阻的影响，适用于需要极高测量精度的应用。

四线制精确度最高，三线制也比较精确，两线制最低。具体用法要考虑精度要求和成本，但在工业中，三线制最常用。这里要和热电偶区别开，热电偶的接线端正负极只有两根线，而热电阻三线制常用的有三条线 A、B、C。热电阻接线法如图 2.5.2 所示。

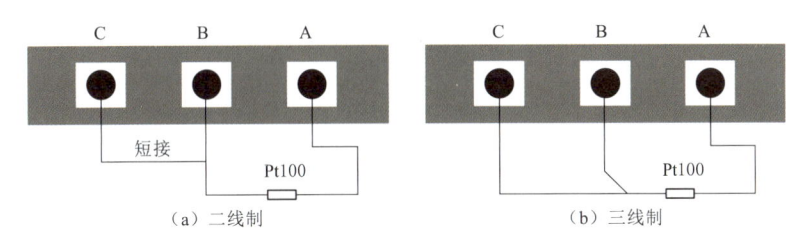

图 2.5.2　热电阻接线法

2.5.3　热电阻数据采集与变送

热电阻的相关传感器与热电偶非常相像，如 2.4.5 节铠装热电偶中的图 2.4.5～图 2.4.7，这些铠装方式也完全适用于热电阻，它们的外观也一样，也有插入式、探针式、贴片式等，都是把薄膜热电阻小片放置在测量端内部，外部的金属壳根据测试需求制作成不同形状。

不同于热电偶的接线只有正负两极，常用的三线制热电阻，有 A、B、C 三个接线端，如图 2.5.3 所示，这种探针性的 A 级 Pt100 热电阻，有三个接线端。与热电偶一样，热电阻也需要变送器或者数据采集仪，才能真正地接入显示和自控系统中，可以选用图 2.5.3 中这种小的变送器装置，转换为标准信号（4～20mA 信号），再传送到通用显示仪表中。如果使用了这种变送器小盒

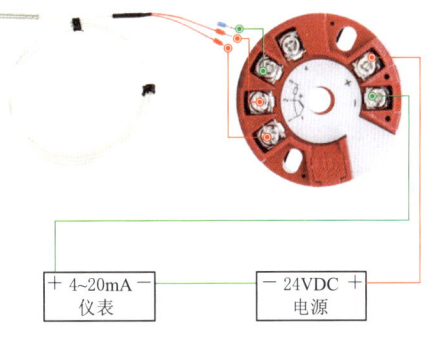

图 2.5.3　探针式热电阻与变送器

子，后面还需要另配通用的显示仪表、24V 电源和其他自控组件。也可以选用图 2.4.8 中的数据自动采集记录仪，将三线接入采集仪的通道中，该采集仪提供电源，自动显示并记录数据。

由于热电阻在中低温度区域测量准确度高，性能稳定，小巧且成本不高，因此也将显示屏、变送器、储存器等集成在一起，制作成数显电子温度计，如图 2.5.4（a）所示。很多家用或商用的壁挂温度计或桌面温度计就是这种，内部自带锂电池或者纽扣电池供电。有的还集成了存储数据装置，可以导出一段时间的自动采集数据。图 2.5.4（b）是一款管道温度传感器，其集成了热电阻、显示屏、变送器和通信接口，直接现场安装后供电，即可显示温度，如需通信和采集数据，从接线端可以直接连接到控制器中。

（a）电子温度计　　　　　　　　（b）管道温度传感器

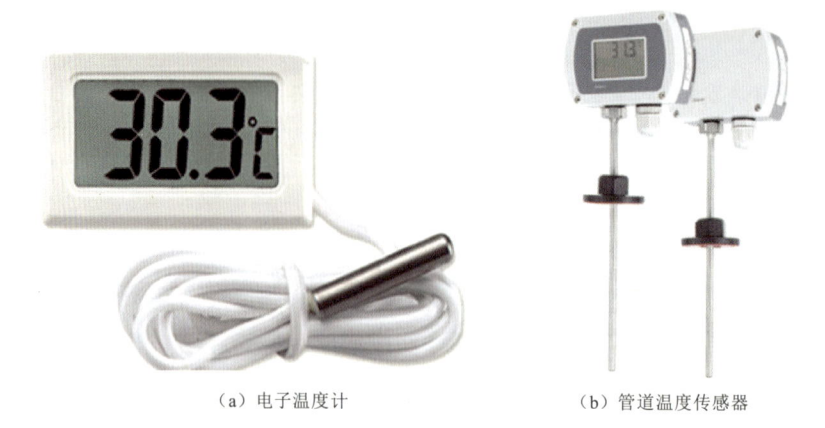

图 2.5.4　电子温度计和管道温度传感器

更多热电阻相关图片，请扫描二维码阅读。

2.6　红外测温仪和热成像仪

2.6.1　红外测温原理和特点

在医院常常有医护人员拿着便携式设备对着人的额头、脖子或者耳内测温，这就是典型的非接触测温。其所用的仪器即红外测温仪或红外温度计。

红外温度计和热成像仪是根据普朗克定律进行温度测量的。任何物体只要其温度高于绝对零度都会因为分子的热运动而辐射红外线，物体发出红外辐射能量与物体绝对温度的四次方成正比，温度越高，发射的红外辐射能量越强。

红外测温仪由光学系统、光电探测器、电子放大器及信号处理、显示输出等部分组成。通过红外探测器将物体辐射的功率信号转换成电信号后，该信号经过放大器和信号处理电路按照仪器内部的算法和目标辐射率校正后转变为被测目标的温度值，如图 2.6.1 所示。

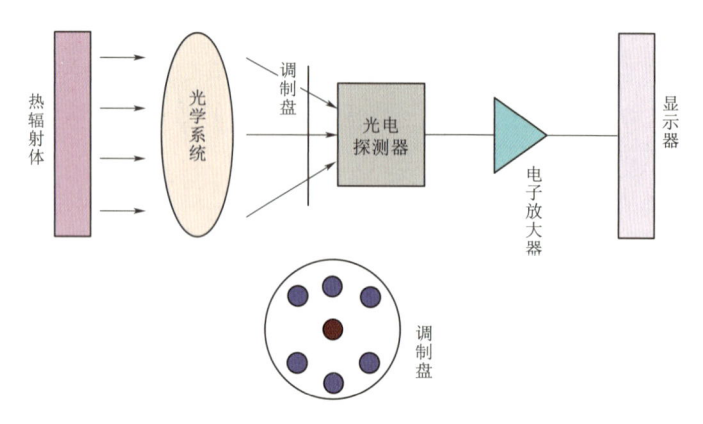

图 2.6.1　红外测温仪的原理

红外测温的优点：不需要接触被测温度场的内部或表面，不会干扰被测温度场的状态，测温仪本身也不受温度场的损伤。测量范围广，一般情况下可测量低温负几十摄氏度到高温 3000 多摄氏度。响应时间快，只要接收到目标的红外辐射即可在短时间内定温。只要物体温度有微小变化，辐射能量就有较大改变，易于测出。

红外测温的缺点：易受环境因素影响（环境温度、空气中的灰尘等），对于光亮或者抛光的金属表面的测温读数影响较大，只限于测量物体外部温度，不方便测量物体内部和存在障碍物时的温度。

影响红外测温精度的因素有以下几种。

(1) 测量角度：为了保证测量准确，仪器在测量时应尽量沿着被测物体表面的法线方向（垂直于被测目标表面）进行测量。如果不能保证在法线方向上，也应当在与法线方向 45°内进行测量，否则仪器显示值会偏低。

(2) 环境温度：手持式测温仪从一个环境拿到另一个环境温度相差较大的环境中使用时，将导致仪器精度的暂时降低。为得到理想的测量结果，应将仪器在工作现场放置一段时间（建议最少 30min），使仪器温度与环境温度达到平衡后再使用。

(3) 空气洁净：烟雾、灰尘和空气中的其他污染物以及不清洁的透镜会使仪器不能接收到满足测量精度的足够红外能量，仪器的测量误差将增大。

(4) 电磁干扰：仪器要尽可能远离潜在的电干扰源，如负荷变化大的电动设备。在线式仪器的输出和输入连接使用屏蔽线并确保屏蔽线良好接地。

(5) 环境辐射：当被测目标周围有其他温度较高的物体、光源或太阳辐射时，这些辐射会直接或间接地进入测量光路，造成测量误差。为了克服环境辐射的影响，首先要避免环境辐射直接进入光路，应该尽量使被测目标充满仪器视场。对于环境辐射的间接干扰，可采用遮挡的方法消除。

(6) 视场与目标大小：要确保目标进入仪器测量视场。目标越小，则应离得越近。在实际测量时，为了减小误差，最好能使目标的大小为视场光斑的两倍以上。

发射率的设置

这里还应该注意一点，物体表面的发射率是红外测温中的一个关键参数，它对测温的准确性有着直接且显著的影响。当红外测温仪设置的发射率与被测物体的实际发射率不符时，测得的温度会出现偏差。例如，如果测温仪假设发射率为 0.95，而实际上正在测量的金属表面的发射率仅为 0.1，那么测温仪将过高地估计物体的温度，因为它会认为接收到的红外辐射全部来自于物体自身的发射，而没有考虑反射和透射的贡献。为了提高红外测温的准确性，操作者必须根据被测物体的材质、表面状况（如光滑度、氧化程度）、温度范围等因素，正确设置测温仪的发射率参数。例如，金属材料的发射率通常较低，并且可能随着温度的变化而变化；大多数有机材料和涂有油漆或氧化的表面具有 0.95 的发射率，所以一般红外测温仪的发射率都设置为 0.95。

测量发亮的金属表面，如果还设置为 0.95 的发射率，可能会造成读数不准确，可用不透光胶纸或平面黑涂料将待测表面盖住，等待一段时间让胶纸或涂料达到与其所覆盖的表面相同的温度，然后测量胶纸或涂料表面的温度，或者可以查找资料得到该表面的辐射特性数据，再设置红外测温仪的发射率。

2.6.2 红外测温仪表

如图 2.6.2 所示红外测温仪，测量范围为 −50～900℃，分辨率为 0.1℃，测量允许误差为读数的 ±1.5% 或 1.5℃（二者取大值），响应时间小于 0.5s。比如测量某热物体表面，其真实温度为 400℃，那么测出的值大概率在 394～406℃之间。

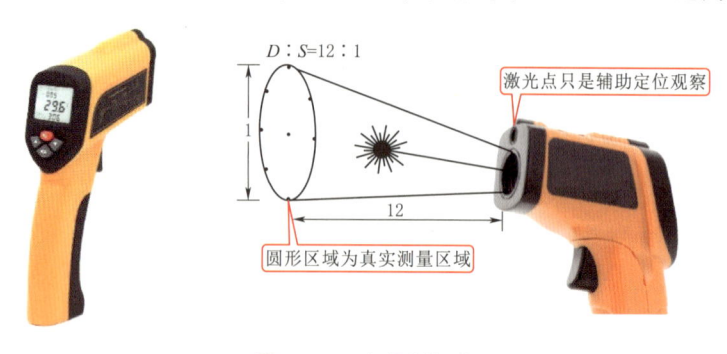

图 2.6.2　红外测温仪

在图 2.6.2 中，有个关键参数 $D:S$，即距离与光斑尺寸之比（distance‐to‐spot ratio），是描述红外测温仪光学分辨率的一个重要参数。这里的 D 代表测温仪与被测物体之间的距离，而 S 代表测温仪测量时在被测物体表面上形成的光斑（或称测量区域）的直径。图中这款仪器的 $D:S=12:1$，这意味着在 12m 的距离上，测温仪测量的将是直径约为 1m 的区域的平均温度。同样，如果距离缩短到 1m，则测量的光斑直径大约为 83mm（1/12m）

这实际上限定了测量物体时，手持测温仪正对物体的最大范围。比如墙上挂了一幅画，尺寸为 0.5m×0.4m，那么当手持测温仪正对画的中心点时，一定保证距离小于 0.4m 的 12 倍即 4.8m。如果距离太远，那么就可能测量到其他外界物体的表面，而非目标物体。

医用级别的耳温枪或额温枪也是红外测温仪，一般要求距离额头不能超过 3cm，其量程也很窄，为 34～42℃，分辨率 0.1℃，允许误差为 ±0.2℃。也就是说，如果真实额头温度为 36.8℃，如果测到 37.0℃，那请不要紧张，再测一次，有可能就是 36.6℃，这都是允许的。同时请注意，前文提到的影响红外测温精度的因素，如果在室外环境下测量体表温度，干扰因素就非常多了，这也是有时候感觉测温枪不是特别准的原因。

2.6.3　热成像仪

通俗地讲热成像仪就是将物体发出的不可见红外能量转变为可见的热图像。热图像上不同颜色代表被测物体的不同温度。主要用于研发或工业检测与设备维护，在防火、夜视和安防中也有广泛应用。热成像仪外观如图 2.6.3 所示。

图 2.6.3　热成像仪

热成像仪的市场价格差别非常大，便宜的 1000 多元就可以买到，贵的可以到十几万元。其价格之所以存在巨大差距，最主要的原因在于分辨率的高低。分辨率是指热成像仪探测器的像素。更高的分辨率意味着每张图像包含更多的信息、更多的像素和更多的细节，因此可以更准确地测量温度。如图 2.6.4 所示，分辨率越高的热成像仪，显示的图像越清晰，温度分布呈现越精细。选择红外热成像仪时，取决于应用场景。当可以接近目标时，可以选择分辨率较低的设备。只能从远处测量较小目标时，需要更高的分辨率。

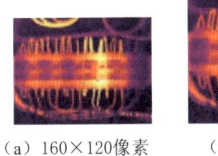

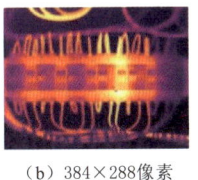

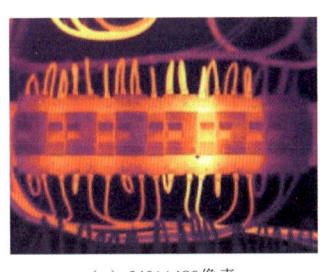

（a）160×120 像素　　（b）384×288 像素　　（c）640×480 像素　　（d）热成像仪屏幕

图 2.6.4　热成像仪分辨率的区别

除此之外，还有一些重要的指标。热灵敏度代表热成像仪可以分辨的最小温差，空间分辨率指红外热成像仪能够识别的两个相邻地物的最小距离，光谱范围指热像仪中传感器检测到的波长范围，等等。如一款千元级别的热成像仪，其分辨率为 250×200 像素，最小成像距离为 0.3m，测温范围为 −20～350℃，精度为 ±2℃ 或读数的 ±2%（取较大值）。

更多热成像仪相关的资料，请扫描二维码阅读。

链接 2.6
热成像的应用

课后思考与任务

1. 请在购物网站搜索玻璃温度计、双金属温度计、热电偶、热电阻、红外测温仪和热成像仪，了解其在市场的价格区间和普及程度。每种仪器各找出一两款，总结其测量特点和参数，形成一份常见温度测量仪器的学习小报告。

2. 某实验室需要测量化学反应过程中的温度变化，要求精度 ±0.5℃，该过程温度范围在 0～100℃ 之间。请推荐一款适合的测温仪器，并解释选择理由。

3. 工厂需要对高温炉进行温度监控，炉内温度可达 1200℃。请设计一个温度测量方案，包括选择的测温仪器类型、安装位置、数据记录和处理等。

4. 医院需要对初诊病人进行体温测量，现有的红外耳温枪在某些情况下测量结果不够准确。分析可能的原因，并提出改进措施。

参考文献

[1] 曹才开. 检测技术基础 [M]. 北京：清华大学出版社，2009.

[2] 郑建明,班华. 工程测试技术及应用 [M]. 北京:电子工业出版社,2011.
[3] 张锦霞. 热电偶使用、维修与检定技术问答 [M]. 北京:中国计量出版社,2000.
[4] 刘希民,李聪. 线性测温技术 [M]. 北京:国防工业出版社,2012.
[5] 王健石,朱炳林. 热电偶与热电阻技术手册 [M]. 北京:中国标准出版社,2012.
[6] 杨立,杨桢,等. 红外热成像测温原理与技术 [M]. 北京:科学出版社,2012.

第3章 湿度测量

在通风与空气调节工程中，空气的湿度与温度是两个相关的热工参数，两者具有同等重要性。在工业空调中，空气湿度的高低决定着电子工业中产品的成品率、纺织工业中的纤维强度及印刷工业中的印刷质量等。在日常生活中，湿度作为影响人体健康和舒适度的重要环境因素，其准确测量对于预防疾病、改善居住和工作环境至关重要。例如，在医院、养老院、学校等场所，通过精准控制室内湿度，创造更加健康舒适的居住环境，减少因湿度过高或过低引起的呼吸道疾病和过敏反应，体现以人民为中心的发展思想，致力于满足人民日益增长的美好生活需要。

湿度的测量方法很多，但目前常用的只有两种：一种是不参与自控，可以人工定期读数的干湿球湿度计；另一种是电阻式与电容式湿度传感器。

3.1 湿度测量的基础知识

3.1.1 湿度的表达

湿度表示空气干湿程度，即空气中所含水蒸气多少的物理量。在一定的温度下，一定体积的空气里含有的水越少，则空气越干燥；水越多，则空气越潮湿。在此意义下，常用绝对湿度、相对湿度、比较湿度、混合比、饱和差以及露点等物理量来表示。在工程上，相对湿度是最常用的物理量。

相对湿度可表示为湿空气中水蒸气分压力与相同温度下饱和水蒸气分压力之比，或湿空气的绝对湿度与相同温度下可能达到的最大绝对湿度之比。相对湿度用 RH 表示。温度和压力的变化导致饱和水蒸气压的变化，相对湿度也将随之而变化。

$$RH = \frac{p_1}{p_2} \times 100\% \quad (3.1.1)$$

式中：p_1 为水蒸气分压力，Pa；p_2 为同温度下饱和水蒸气分压力，Pa。

湿度通过影响体表汗液蒸发效率改变人体温度感知。换句话说，在相同的温度下，较高的湿度通常会让人感觉更温暖，而较低的湿度会让人感觉更凉爽。这是因为身体的散热机制是排汗，当空气中的水分更多时，体表的汗就不那么容易蒸发，就会有闷热的感受。高湿度可促进微生物生长，如霉菌，对健康造成潜在威胁，并可能损害家具、书籍等物品。低湿度则可能引起皮肤干燥、木材干裂等问题。因此，维持室内湿度在理想范围（30%～60%）对于保障居住舒适度与健康至关重要。

产品质量或制造流程严重依赖于室内空气湿度。在电子、半导体等行业，高湿度可以减少静电积累，避免静电放电对敏感元件的损害。在纺织、造纸等行业，适当的湿度可以保持纤维的柔韧性和强度，避免因干燥而导致的脆化或因湿度过高引起的膨胀变形。如化学制品制造，控制湿度可以减少有害气体或粉尘的悬浮，保护员工呼吸道健康。

3.1.2 湿度测量方法

湿度测量方法有静态法、露点法、双压法、双温法、干湿球法和电子式传感器法。静态法（如饱和盐法）主要用于湿度计的校准，露点法主要用于精密测量，双压法、双温法主要作为标准计量之用。因此在大多数应用场合湿度测量方案最主要的有干湿球湿度计、电子式湿度传感器两种。

干湿球法采用间接测量方法，通过测量干球、湿球的温度，经过计算得到湿度值，在高温环境下测试不会对传感器造成损坏。干湿球测湿法的维护相当简单，在实际使用中，只需定期给湿球加水及更换湿球纱布即可。与电子式湿度传感器相比，干湿球法不会产生老化、精度下降等问题。所以干湿球测湿法更适合于在高温及恶劣环境的场合使用。

电子式湿度传感器是近 20 年才迅速发展起来的。湿度传感器在产品出厂前都要采用标准湿度发生器来逐支标定，电子式湿度传感器的精度可以达到 2%RH～3%RH。在实际使用中，由于尘土、油污及有害气体的影响，使用时间一长，会产生老化、精度下降，湿度传感器年漂移量在±2%左右。一般情况下，生产厂商会标明仪器标定后的有效使用时间为 1～2 年，到期需重新标定。

电子式湿度传感器的精度水平要结合其长期稳定性去判断。一般说来，电子式湿度传感器的长期稳定性和使用寿命不如干湿球湿度计。同时，电子式湿度传感器采用半导体技术，因此对使用的环境温度有要求，超过其规定的使用温度将对传感器造成损坏。

3.2 干湿球湿度计

3.2.1 工作原理

干湿球湿度计是一种利用水蒸发吸热降温的原理，通过测量干球和湿球的温度差来计算空气相对湿度的仪器。如图 3.2.1 所示，该湿度计采用两支型号相同的温度计组成，因此也经常把这种湿度计称为"干湿球温度计"。其中一支温度计用于测量空气的温度，该温度计叫作干球温度计。另一支温度计用浸水的纱布包裹住温包，使温包保持湿润，该温度计通常叫作湿球温度计。由于纱布中水分蒸发带走热量，使湿球温度计测量得到的温度低于空气温度。湿球温度计温包纱布水分蒸发的快慢与空气中的湿度相关，空气湿度越低，湿球温度计测量得到的温度越低。空气的湿度与测量得

图 3.2.1 干湿球湿度计外观

3.2 干湿球湿度计

到的干球温度和湿球温度存在函数关系。该函数关系较为复杂，可以扫描二维码查看干湿球湿度计的计算。

在实际使用中，在干湿球湿度计上面都有一个换算表或换算转盘，使用户可以方便地查询到不同干球温度和湿球温度下的具体相对湿度，如图3.2.2所示。

在使用时，干湿球湿度计应垂直悬挂或水平放置。应保证水槽内的水位不低于2/3，湿球水槽内的水应洁净，吸水纱布应能自吸水分并使湿球部保持湿润，如图3.2.3所示。读数时先读取干球温度，随后读取湿球温度。随后计算干、湿球温度差，并通过旋转干湿球湿度计中间轴查表即得到环境的相对湿度。干湿球湿度计必须处于通风状态，只有纱布水套、水质、风速都满足一定要求时，才能达到规定的准确度。干湿球湿度计的误差经常达到 $5\%RH \sim 7\%RH$。

链接 3.1 干湿球湿度计的计算

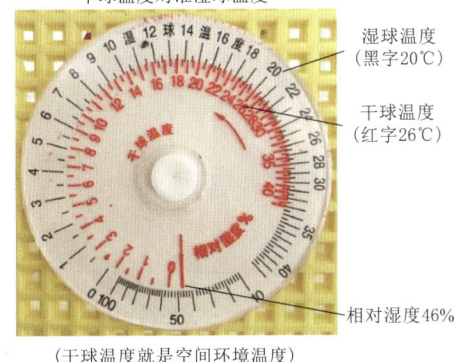

图 3.2.2 干湿球湿度计换算表

图 3.2.3 干湿球湿度水槽

3.2.2 风速与温度的影响

干湿球湿度计的精度高度依赖于适当的风速。风速过低，湿球表面的水分蒸发缓慢，导致测量的湿球温度偏高，从而计算出的湿度偏低。一般推荐的风速范围为 $2.5 \sim 4 m/s$。在这个范围内，湿球表面的水分能够以适度的速度蒸发，保证了湿球温度的快速响应。在实际应用中，可以通过风扇或其他气流发生装置来调节风速，以满足干湿球湿度计的最佳工作条件。

有一种电动通风干湿球湿度计（也称电动通风干湿表），湿度计上部装有微型风机，造成不小于 $2.5 m/s$ 的风速，使湿球的蒸发速率有所保证，因而获得一个恒定干湿球系数，使精度稍稍提高。

干湿球湿度计测量湿度的适合温度范围通常是 $0 \sim 50 ℃$，这是大多数常规干湿球湿度计能够准确测量的环境温度范围。但其实干湿球湿度计不适合在低温下测量湿度，这主要有以下几个原因：

（1）蒸发减缓。在低温条件下，水的蒸发速率显著降低。湿球上的水分蒸发是干湿球湿度计工作原理的关键。当温度非常低时，蒸发几乎停止，这使得湿球与干球之间的温差变小，从而难以准确地根据温差计算出相对湿度。

（2）结冰问题。当环境温度接近或低于冰点时，湿球上的水分可能会冻结。

（3）读数误差影响。玻璃温度计（包括干湿球湿度计中的干球和湿球部分）的读数精度通常为±0.1℃。当计算相对湿度时，干湿球湿度计依赖于干球和湿球之间温差的精确测量。在低温环境下，由于蒸发过程减弱，湿球温度与干球温度之间的差异本就较小，此时若再有±0.1℃的读数误差，相对于已经很小的温差来说，这一误差所占的比例就变得相当大，从而严重影响相对湿度计算的准确性。

3.3 电阻式与电容式湿度传感器

3.3.1 工作原理

电阻式湿度传感器核心元件是湿敏材料，它的电阻值随湿度变化。湿度传感器一般是浸入带有吸湿性物质的绝缘材料中，或通过涂层等工艺制备出一层金属、半导体或聚合物的薄膜，其结构和外观如图 3.3.1 所示。当空气中的水蒸气吸附在感湿膜上时，元件的电阻率和电阻值都发生变化，利用这一特性测量湿度，对较高湿度的环境非常敏感。

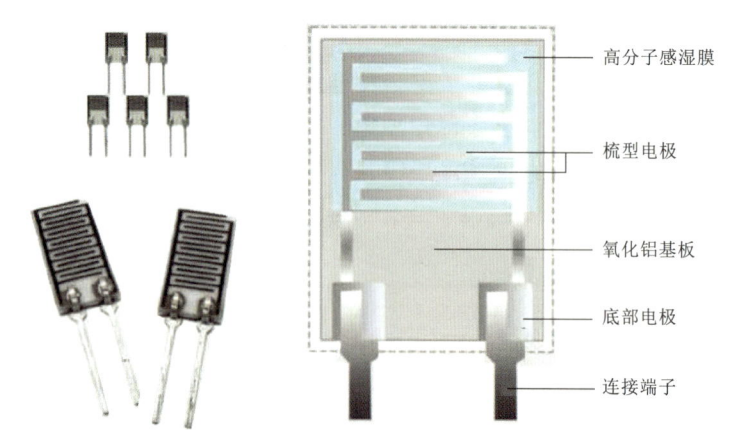

图 3.3.1 电阻式湿度传感器

电容式湿度传感器的原理与电阻式类似，是以金属氧化物、聚合物或有机物湿敏电容为基本湿敏元件。电容式湿度传感器主要由玻璃基板、下电极、湿敏材料和上电极组成，如图 3.3.2 所示。两个下电极与湿敏材料和上电极形成的两个电容串联。湿敏材料是介电常数随环境相对湿度变化的材料，电容式传感器的湿敏材料见表 3.3.1。当环境湿度变化时，湿度传感器的电容随之变化，即相对湿度增加时，湿敏电容增大，反之亦然。传感器的转换电路将湿敏电容变化转换为电压变化，比如对应于相对湿度从 0 到 100% 的变化，传感器的输出电压从 0 到

图 3.3.2 电容式湿度传感器

1V 线性变化。

具体电阻式与电容式常采用的湿敏材料见表 3.3.1。

表 3.3.1　　　　　　　　电阻式与电容式常采用的湿敏材料

湿敏材料分类	具体湿敏材料	湿度传感器类型
电解质	氯化锂聚乙烯醇聚苯乙烯	电阻式
	硫酸化薄膜	电阻式
	硫酸钾膜	电阻式
	LiCl 饱和溶液	电阻式
半导体	Se（Ge 或 Si）气相沉积薄膜	电阻式
	$Si-SiO_2-PAPA$（聚氨基苯乙炔）	电阻式
金属氧化物（陶瓷）	氧化铁胶体涂膜	电阻式
	$Cr_2O_3-Ni_2O_3-Fe_2O_3$	电阻式
	微晶玻璃薄膜	电容式
	$Fe_2O_3-K_2O$ 陶瓷	电阻式
	$ZnO-Li_2O-V_2O_5$ 陶瓷	电阻式
	$Mg-Cr_2O_4$ 型陶瓷	电容式
聚合物	氧化铝环氧树脂	电阻式或电容式
	多乳液树脂膜	电容式
有机材料	赛璐珞碳	电阻式
	丁酸纤维素	电容式
	树脂炭	电阻式

3.3.2　电阻式与电容式湿度传感器的对比

电阻式湿度传感的测量是接触式，简单且直接，因此电阻式湿度传感器的构造与电容式相比更简单，更容易实现批量生产，成本也很容易降下来。而且电阻式湿度器不必像电容式湿度传感器一样要考虑引线间的容量，因此在设计上自由度较大。但电阻式湿度传感在低湿度范围里（20%RH 左右），远称不上灵敏。而且线性化处理比较麻烦，其电阻变化是对数变化，需要对数据进行线性化处理。

电阻式湿度传感器大多采用高分子湿敏材料制成，能实现较好的测量效果，原理与传统电阻式类似。高分子湿敏材料随着湿度的增加，高分子溶胀，内部自由体积增加，载流子增多，同时高分子聚电解质反离子的活化能降低，迁移率提高，材料的阻抗下降。由于吸湿性材料可能受到老化或污染，电阻式湿度传感器可能需要定期校准以确保准确性。虽然电阻式湿度传感器在一些应用中性能优越，但相对于一些其他高精确度的传感器，其精确度可能较低。

电阻式湿度传感器的电阻值变化通常与温度有关，因此在某些情况下，需要考虑温度对湿度测量的影响，仪表需要自带温度补偿功能。相对于一些其他湿度传感器，电阻式湿度传感器的反应时间可能较慢，尤其在快速变化的环境中。

电容式湿度传感线性化程度很高，不需要像电阻式进行对数变化，在低湿范围里有更好的灵敏度（检测范围可以下探至 0% RH），而且因为构造上为了增大电容值，做成了薄膜状，比起电阻式来说响应速度会更快，可以看到现在很多高精度的湿度传感器一般都首选电容式。

随着技术的进步，电容式湿度传感器变得越来越小型化和集成化，这使得它们更容易集成到各种应用中，如移动设备、智能家居设备等。很多电容式湿度传感器可提供数字输出，这使得数据的读取和处理更加方便，并且与微控制器或其他数字系统更容易集成。

当然，更快的检测也意味着对器件的设计要求较高，品质不够好的电容式湿度传感往往会因为微小的电容变化产生巨大的误差。因此可靠性是湿度传感器极为看重的。相对湿度精度漂移是湿度传感保证性能长期一致很重要的指标。市面上电容式传感器通常具有2%左右的精度，漂移通常为每年0.25%～0.5%，而电阻式的漂移通常在每年2%。

综上所述，电阻式湿度传感器，成本低，在高湿度范围内具有一定精度和灵敏度。电容式湿度传感器精度高，但对器件的设计生产品质要求高，能适应低湿度测量需求，长期使用稳定性比电阻式好。

仪表举例

图 3.3.3 是常见的高分子电阻式湿度传感器，是以高分子膜作为湿敏材料，其湿度测量范围为 20%～95%RH，测量精度不大于±3%RH，分辨率 0.1%RH。响应时间小于 20 s，外壳材料 ABS 材质，工作温度 0～50℃，工作电压和频率 $V_{pp} \leqslant$ 5.5V/AC，0.5～2kHz，稳定性不大于 2%RH/a，即年漂移小于 2%RH。

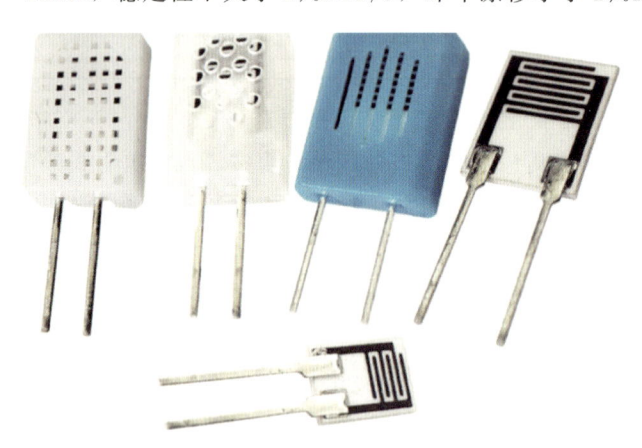

图 3.3.3　高分子电阻式湿度传感器

由于其价格便宜，在高湿度区域灵敏，广泛用于家电行业，如空调、空气清新机等电器；工业，如大气环境检测、工业过程监测；农业，如大棚种植、食品保鲜等；礼品行业，如温湿度计、电子万年历、电波钟（radio controlled clock，RCC）、数码相框、家庭气象站。

图 3.3.4 是常见的电容式湿度传感器，是以固态聚合物作为湿敏材料，高精度 ±2%RH，极好的线性输出，1%RH～99%RH 宽量程，工作温度可达到−40～100℃。

湿度输出受温度影响极小，常温使用无须温度补偿，响应时间5s，抗结露，浸水或结露后10s迅速恢复。抗静电，防灰尘，有效抵抗各种腐蚀性气体物质。具有较好的长期稳定性及可靠性，年漂移量$0.5\%RH$。其适用较高精度的工业过程控制和测量仪表中，在低湿度仓储和生产环境中必须使用电容式湿度传感器进行监控。

图 3.3.4　固态聚合物电容式湿度传感器

在工业和楼宇自控中，经常把温湿度二者集成为温湿度传感器，并且市场中已经较为普及。其外观如图3.3.5所示，为壁挂式，并将探头延伸到被探测区域。其探头也有多种形式（图3.3.6）。

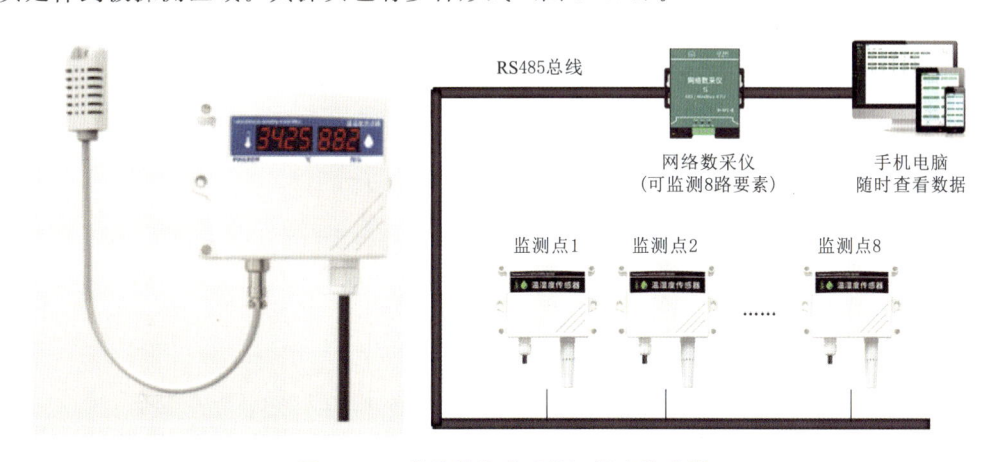

图 3.3.5　常见的集成后的温湿度传感器

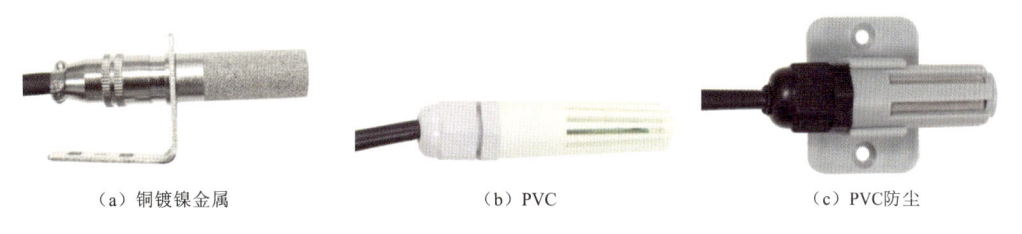

（a）铜镀镍金属　　（b）PVC　　（c）PVC防尘

图 3.3.6　温湿度传感器常见探头

链接 3.2
温湿度传感器

更多该类仪表的图片，请扫描二维码阅读。

3.4　冷镜露点仪

露点或称露点温度T_d，在空气中水蒸气含量不变，保持气压一定的情况下，使空气冷却达到饱和，多余的水蒸气开始凝结，形成露珠，此时的温度称为露点，单位用℃或℉表示。当环境温度低于0℃时，空气中的水蒸气不再凝结成液态水，而是直接凝结成固态冰晶，这一过程称为霜的形成，这时相应的温度被称为霜点。霜点与露点类似，一般情况下，0℃以上的凝结温度点称为露点，0℃以下的凝结温度点称为霜点。

在工业领域，结露会对元器件腐蚀破坏，进而带来短路等问题，对露点温度进行实时监测和控制是保证产品质量和寿命的关键。另外，环境的露点温度越高，物体储存电荷的时间就越短，空气的电导率也随之增加，所以在精密工业领域（如精密半导体产业）的一些超净室及锂电池生产中的干燥间等都对露点检测要求极高。

冷镜露点仪的工作原理非常精妙。利用热电制冷器冷却露点传感器的镜面，使空气中水蒸气在露点传感器的镜面上冷凝为露，再由光电系统自动控制平衡，使镜面上的露与空气中的水蒸气呈相平衡状态，通过铂电阻温度计准确测量镜面上露层的温度，从而获得气体的露点温度。

如图 3.4.1 所示，在测量室内有一光滑的金属镜面，测量光束照射在镜面上，其反射光被探测装置捕捉并记录光强，此刻的光强即为基准点。然后对镜面进行冷却降温，当镜面到达一定温度的时候，表面会出现一层凝露（或凝霜），此时光强发生显著变化，该温度点就可以被仪表记录下来，也就是被测气体的露点值。

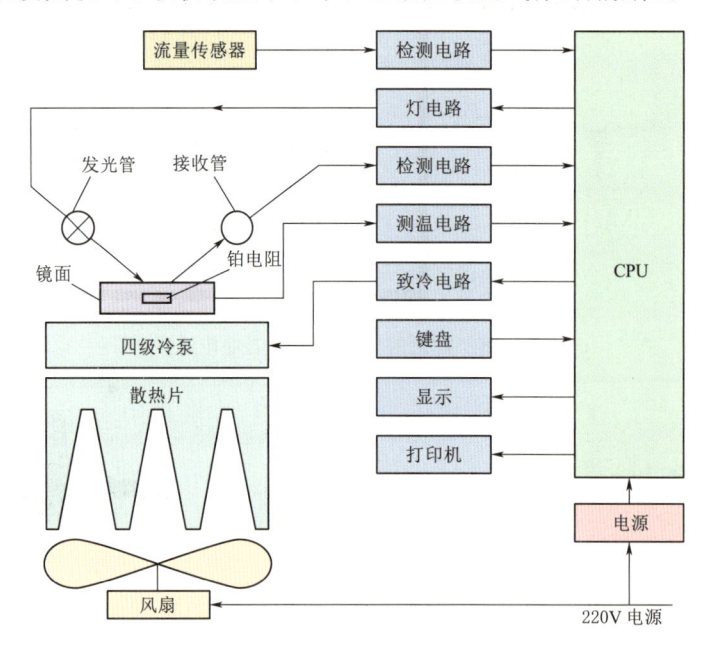

图 3.4.1 冷镜露点仪的原理图

仪器举例

台式冷镜露点仪通常用于实验室或固定安装场合，具有更高的精度和稳定性，适合长时间连续监测，如图 3.4.2（a）所示。手持式露点仪通常便携设计，适合现场测量和移动使用，精度可能略低于台式，如图 3.4.2（b）所示。

图 3.4.2（a）所示台式露点传感器测量范围−90～20℃；露点精度高达±0.1℃；分辨率 0.01℃，重复性±0.05℃。配备长 19.66cm×宽 14.75cm LCD 触摸显示屏，显示直观，内容丰富。露点仪镜面经过镀金处理，光电测量室采用耐腐蚀和耐高低温的材质，确保测量数据准确及适应较苛刻的应用环境。

更多该类仪表的图片，请扫描二维码阅读。

链接 3.3 露点仪

(a) 台式　　　　　　　　　　　　　　(b) 手持式

图 3.4.2　冷镜露点仪外观

课后思考与任务

1. 请从购物网站搜索温湿度传感器,了解其在市场中的价格区间和普及程度。并找出一两款,总结其测量特点和参数。

2. 请根据本章提供的资料自主查阅,探究常见的温湿度传感器是如何接入自控系统的。

3. 干湿球湿度计和电子式湿度传感器在测量精度和使用环境方面有何差异?为什么在某些情况下,干湿球湿度计仍然是一个更好的选择?

4. 图书馆需要长期监控其藏品库房中的湿度,以防止书籍受潮。分析使用电阻式湿度传感器和电容式湿度传感器的优缺点,并提出建议。

参考文献

[1]　张佑春,王海荣. 传感器与检测技术 [M]. 西安:西安电子科技大学出版社,2021.
[2]　陈松. 影响干湿球湿度计在测量中的因素 [J]. 计量与测试技术,2016,43 (2):66.
[3]　韩丹翱,王菲. DHT11 数字式温湿度传感器的应用性研究 [J]. 电子设计工程,2013,21 (13):83 - 85.
[4]　GB/T 15768—1995 电容式湿敏元件与湿度传感器总规范 [S]
[5]　BS 1339 - 3—2004 湿度测量指南 [S]

第 4 章 压力测量

压力是工业生产过程中的重要参数，流体的输送、物理性质的变化均与压力有关。与此同时，压力又是生产设计过程的一个安全指标。任何设备装置只能承受设计所规定的压力，若超过允许的压力范围，可能会使设备损坏，甚至产生爆炸事故，导致巨大的损失。在生物制药、医院、电子厂房、食品车间等，也要维持内部环境相对于外部环境有一定的正压差，从而防止外部的污染气体进入室内的洁净空间。

压力控制与压差管理直接关系生产安全和人员健康，是实现安全生产、保护劳动者生命财产安全的基本要求。在生物制药、医院等关乎人民生命健康的领域，确保压力控制系统的稳定运行，避免超压带来的潜在风险，是践行"生命至上、安全第一"原则的具体体现，符合新时代中国特色社会主义思想中"以人民为中心"的核心理念。

4.1 压力测量的基础知识

4.1.1 压力测量的分类

压力和差压是工业生产过程中常见的过程参数，如锅炉的汽包压力、炉膛压力、烟道压力，化学生产中的反应釜压力、加热炉压力等。此外，还有一些不易直接测量的参数，如液位、流量等参数往往需要通过压力或差压的检测来间接获取。因此，压力和差压的测量在各类工业生产领域中（如石油、电力、化工、冶金、航天航空、环保、轻工等）占有很重要的地位。

测量压力的仪表类型很多，按其转换原理的不同，大致分为下列三类：

（1）液柱式压力计。根据流体静力学原理，把被测压力转换成液柱高度的测量。如 U 形压力计、单管压力计和斜管压力计等，一般用于静态压力测量。

（2）弹性式压力计。根据弹性元件受力变形的原理，将被测压力转换成位移的测量。如弹性压力表，一般用于静态压力测量。

（3）电气式压力计。将被测压力转换成各种电量（如电感、电容、电阻、电位差等），依据电量的大小实现压力的间接测量。如压电式压力传感器、压阻式压力传感器等，可用于静态压力和动态压力测量。

目前市场上常见和工业上广泛应用的是电气式压力计。液柱式压力计和弹性式压力计在一些不需要精密自控，只用来定期人工观察的场合也经常使用。

这里要补充一点，在过去经常要区分"压力传感器"和"压力变送器"的概念，现在已意义不大。这是因为过去的压力传感器只负责将压力信号转换为微弱的电信号，需要进一步处理才能使用；而压力变送器则集成了信号调理电路，将传感器输出的微弱信号放大并转换为标准化的工业信号（如4～20mA），便于远程传输和系统集成。而在科技进步的今天，仪表市场和工业应用中，几乎所有的压力传感器已集成了信号调理电路，能够直接输出标准化的工业信号（如4～20mA、0～10V等），这使得它们的功能与压力变送器几乎无异。所以区分压力传感器和压力变送器的意义不大。用户都更倾向于选择功能集成化、性能优越的设备来满足实际需求。

4.1.2 压力的表达

绝对压力

以绝对真空作为零点压力标准的压力称为绝对压力。

表压力

以大气压作为零点压力标准的压力称为表压力，在工程中，经常简称为表压。在空气环境中，若压力接近大气压，常直接用"压力"指代表压。比如某房间的压力是20Pa，这里实际指的就是表压力。同样，如果某空间的压力低于大气压，那么该空间就称为负压。比如某房间的压力为-20Pa，或称为负压20Pa，都是相对于外界的大气压而言。

流体静压力、动压力和全压

对于静止流体，任何一点的压力与在该点所取的面的方向无关，在所有方向上压力大小相等，这种具有各向同性的压力称为流体静压力。对于运动流体，同样也有静压力，为质点实际承受的压力。动压力是流速的函数 $\frac{1}{2}\rho v^2$，其中 ρ 为流体密度，v 为流体流速。全压为静压力与动压力之和。

压力单位

法定国际压力单位为帕（Pa），常用的单位还有兆帕（MPa）、千帕（kPa）、毫帕（mPa）。惯用的非法定单位有巴（bar）、工程大气压（at）、磅力每平方英寸（PSI）、毫米汞柱（mmHg）、毫米水柱（mmH$_2$O）等。工程上习惯把气体压力用"公斤"描述，这是一种长期沿用的通俗说法，但严格来说并不规范。这里的"公斤"实际指的是"公斤力/平方厘米"（kgf/cm^2）。

气泵、真空泵常用（为方便起见，都取近似值）：

$$1at = 0.1MPa = 98kPa$$

$$1at = 1kgf/cm^2 = 10mH_2O \approx 400inH_2O$$

$$1at = 1000mbar = 1bar$$

水泵、管道常用（为方便起见，都取近似值）：

$$1kgf/cm^2 = 1bar$$

$$1kgf/cm^2 = 0.1MPa$$

$$1kgf/cm^2 = 14.5PSI$$

例如，在工程中，某蒸汽管道标注3公斤（表压），或者标注3at（表压），那么其表压力约为 0.3MPa。某箱体与外界保持着微压差，2mmH$_2$O，那么其表压力则约为 20Pa。表压为 2bar 可以理解为比当前大气压高出 2 倍的标准大气压。

4.2 液柱式和弹性式压力计

4.2.1 液柱式压力计

液柱式压力计是基于液体静力学原理工作的，用于测量小于 200kPa 的压力、负压或压差。常用的液柱式压力计有 U 形压力计和斜管压力计，如图 4.2.1 所示。U 形压力计由于核心组件是一个 U 形管，因此也常被称为 U 形管压力计。斜管压力计一般用于测量较小的压差，因此也被称为倾斜式微压计。

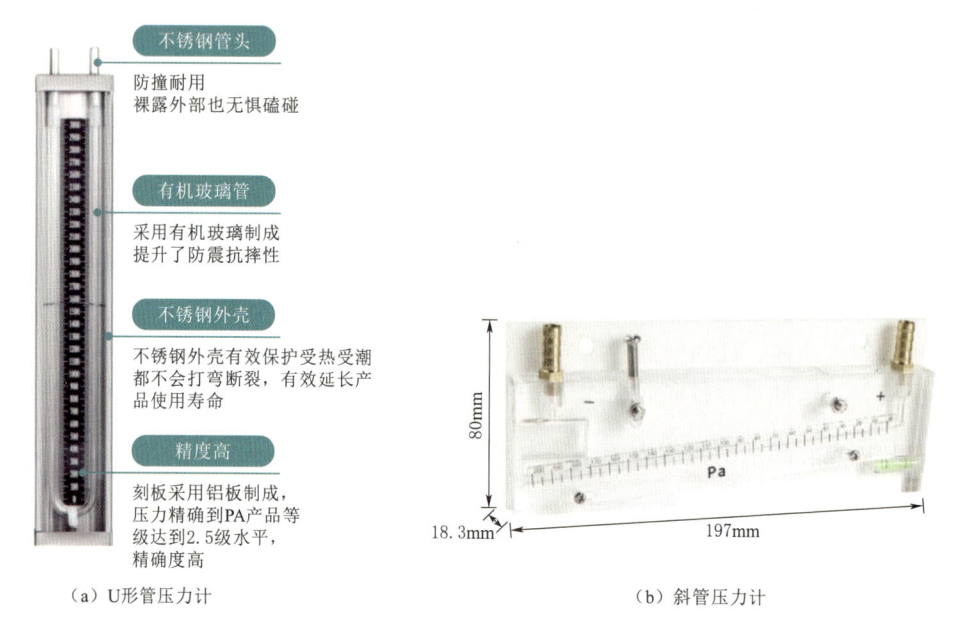

（a）U形管压力计　　　　　　　　　　　　　（b）斜管压力计

图 4.2.1　U 形管压力计和斜管压力计

根据所测压力的范围及使用要求，液柱式压力计一般采用水银、水、酒精、四氯化碳、甘油等为工作液。液柱式压力计既可用于工业测量、实验室仪器，也可作为标准压力计来检验其他压力仪表。

液柱式压力计结构简单，坚固耐用，价格低廉，使用寿命长，若无外力破坏使用寿命极长。读取方便，数据可靠，无需外接电力，无须消耗任何能源。

4.2.2 弹性式压力计

弹性式压力计的工作原理基于弹性元件的变形，其变形程度与所受压力成正比。当作用于弹性元件上的被测压力越大时，弹性元件的变形也越大。常用的弹性式压力表有弹簧管式压力表、膜片式压力表和波纹管式压力表，其中弹簧管式压力表运用最广。

弹性元件的刚度就是指弹性元件变形的难易程度。刚度大的弹簧管受压变形后形变小。用不锈钢、合金钢制作的刚度大，一般用来测量 20MPa 及以上的压力；磷铜、黄铜制作的刚度小，一般测量 20MPa 以下的压力。

弹簧管式压力表一般由弹簧管、连杆、扇形齿轮、游丝、指针和刻度盘等几部分组成，如图 4.2.2 所示。弹簧管式压力表中弹簧管都是由一根弯成 270°圆弧状、截面呈椭圆形的金属管制成。因为椭圆形截面在介质压力的作用下将趋向圆形，使弯成圆弧形的弹簧管随之产生向外挺直扩张的变形，使弹簧管的自由端产生位移，并通过连接带动扇形齿轮进行放大，带动指针转动，指针转动的角度和压力呈线性关系，这样就通过刻度盘读出被测压力的大小。游丝的作用是产生一个反作用力，抵消齿轮间隙，确保指针回零。

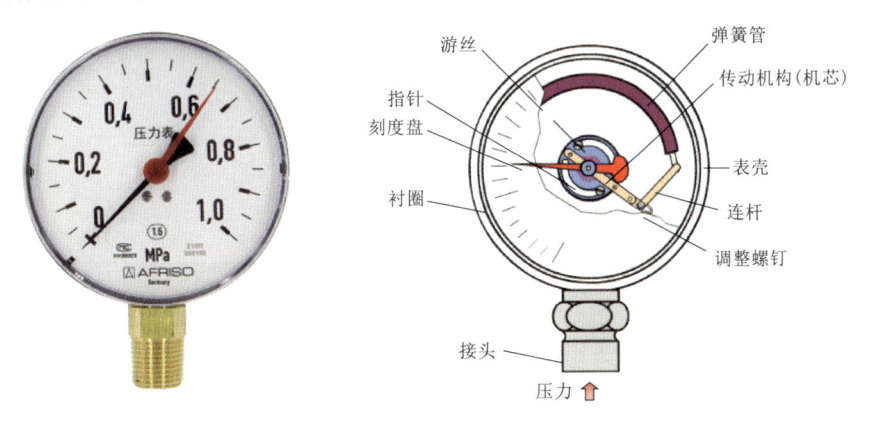

图 4.2.2 弹簧管式压力表及其内部结构

更多该类仪表的图片，请扫描二维码阅读。

选择使用弹性式压力计时，测量稳定压力最大压力值不应超过满量程的 3/4；测量波动压力最大压力值不应超过满量程的 2/3。最低测量压力值不应低于满量程的 1/3。要注意其工作环境，当有持续冲击时，其内部弹性元件会受到损坏，从而变形失效。

与液柱式压力计类似，弹性式压力计具有结构简单、坚固耐用、价格低廉、使用寿命长、无需外接电力及无须消耗任何能源等优点。

链接 4.1 液柱式与弹性式

4.3 压阻式压力传感器

4.3.1 工作原理

压阻式压力传感器主要基于压阻效应。压阻效应是指材料在受到机械应力作用下电阻发生变化。不同于压电效应，压阻效应只产生阻抗变化，并不会产生电荷。

大多数金属材料与半导体材料都被发现具有压阻效应。其中半导体材料中的压阻效应远大于金属。由于硅是现今集成电路的主要原料，以硅制作而成的压阻性元件的应用就变得非常有意义。

压阻式压力传感器一般通过引线接入惠斯通电桥中。平时敏感芯体没有外加压力作用，电桥处于平衡状态（称为零位），当传感器受压后芯片电阻发生变化，电桥将失去平衡，如图 4.3.1 所示。若给电桥加一个恒定电流或电压电源，电桥将输出与压力对应的电压信号，这样传感器的电阻变化通过电桥转换成压力信号输出。电桥检测出电阻变化后，信号放大并转换为电流，该电流信号通过非线性校正环路的补偿，即产生了输入电压成线性对应关系的 4～20mA 的标准输出信号。压力传感器通过温度补偿技术来抑制温度变化对芯体电阻值的影响，从而有效减小零点漂移、保持灵敏度稳定性、改善线性度并提升整体测量精度。

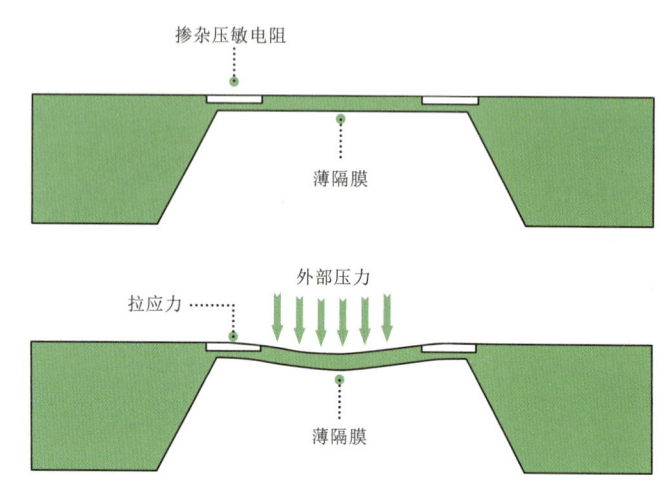

图 4.3.1　压阻式压力传感器原理示意图

4.3.2　扩散硅压力传感器

扩散硅压力传感器是压阻式压力传感器中最常见的一种，其外观有多种多样，大小不一，但都是由三个关键部分组成：

（1）芯体（压力敏感元件）：芯体是传感器的核心部件，通常由扩散硅材料制成，利用压阻效应将压力转换为电信号，如图 4.3.2 所示。当外界压力作用于芯体时，硅片发生微小形变，导致电阻值变化，从而输出电信号。芯体内部结构包括补偿板、钢珠、底座、O 形圈、芯片、陶瓷垫、膜片、压环和硅油等组件。

图 4.3.2　扩散硅压力传感器芯体

（2）测量电路：将芯体的电阻变化转换为标准电信号（如电压或电流），通常包含惠斯通电桥、放大器和温度补偿模块。

（3）过程连接件：确保传感器与被测系统之间密封且稳定的连接。

被测介质的压力直接作用于传感器的膜片上（不锈钢或陶瓷），使膜片产生与介质压力成正比的微位移,传感器的电阻值发生变化,用电子线路检测这一变化,并转换输出一个对应于这一压力的标准测量信号。

优点

扩散硅压力传感器的优点如下:

(1) 适合制作小量程的传感器。硅芯片的压阻效应在零点附近的低量程段无死区,制作压力传感器的量程可小到几千帕。

(2) 输出灵敏度高。硅应变电阻的灵敏因子比金属应变计高50~100倍,故相应的传感器的灵敏度就很高,一般量程输出为100mV左右。因此对接口电路无特殊要求,使用比较方便。

(3) 精度高,线性度好。由于传感器的感受、敏感转换和检测三部分由同一个元件实现,没有中间转换环节,重复性和迟滞误差较小。由于单晶硅本身刚度很大,变形很小,保证了良好的线性。

(4) 由于弹性芯片最大位移在亚微米数量级,因而无磨损,无疲劳,无老化,寿命长,性能稳定,可靠性高。由于硅的优良化学防腐性能,即使是非隔离型的扩散硅压力传感器,也可以适应大多数介质。

(5) 由于芯片采用集成工艺,又无传动部件,因此体积小,重量轻。

注意事项

扩散硅压力传感器有以下几点注意事项:

(1) 温度补偿,扩散硅式压力传感器是半导体,半导体具有很强的温度特性,没有温度补偿,测量误差可能会比较大。

(2) 扩散硅压力传感器传感膜片只有几毫米厚,千万不能触碰,容易损坏膜片。

(3) 供电电压要稳定,传感器内部实际就是一个电桥,供电电压波动会引起桥路输出变化,影响测量精度。同时,要在额定电压内使用,短路和过压会导致传感器损坏。

仪表举例

常见的扩散硅压力传感器如图4.3.3所示,整体小巧,适合安装在压力水管上。

测量介质:液体或气体(与接触材质兼容)

压力量程:小量程,如0~10kPa;大量程,如0~60MPa

压力方式:表压、绝压、负压

输出信号:4~20mA、0~5VDC、RS-485(标准MODBUS-RTU协议)

精度等级:0.5%FS(默认) 0.1%FS(定制) 0.25%FS(定制)

环境温度:−20~85℃

环境湿度:0%~95%RH(无冷凝无结露)

温度补偿:−10~70℃

过载能力:200%满量程

响应频率:模拟信号输出≤500Hz,数字信号输出≤5Hz

稳定性能:±0.1% FS/a

温度漂移:±0.01%FS/℃(温度补偿范围内)

图 4.3.3　扩散硅压力传感器

图 4.3.4 是一款微压差传感器，用来检测滤网两侧的压差，监测其是否堵塞。其量程较小，一般为 0～50Pa、0～100Pa、0～500Pa。还可以用于测量室内外压差，测量时需要将压力接口处的一根管子延伸到室外。

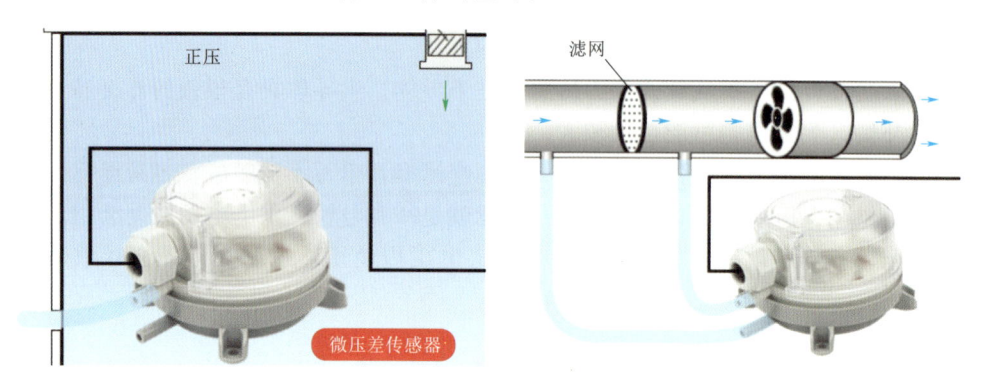

图 4.3.4　扩散硅微压差传感器应用

4.3.3　陶瓷压阻压力传感器

陶瓷压阻压力传感器是采用特种陶瓷材料，经特殊工艺精制而成。陶瓷是一种公认的高弹性、抗腐蚀、抗磨损、抗冲击和振动的材料。陶瓷的热稳定性及厚膜电阻可以使它工作温度范围高达-40～125℃，而且具有测量的高精度、高稳定性。电气绝缘程度高，可承受 2kV 的电压而不发生击穿或漏电，输出信号强，长期稳定性好。

高特性低价格的陶瓷压力传感器将是压力传感器的发展方向，在欧美地区陶瓷传感器有全面替代其他类型传感器的趋势，在中国也有越来越多的用户使用替代扩散硅压力传感器。

陶瓷压阻式压力传感器的芯体主要由瓷环、陶瓷膜片和陶瓷盖板三部分组成，如图 4.3.5 所示。瓷环采用热压铸工艺高温烧制成型，作为传感器的支撑结构，确保传感器的稳定性和刚性。陶瓷膜片作为感力弹性体，其上用厚膜工艺技术形成惠斯通电桥作为传感器的电路，由于电阻的压阻（形变）效应，产生电压信号。陶瓷盖板可防止膜片过载时因过度弯曲而破裂，形成对传感器的抗过载保护。

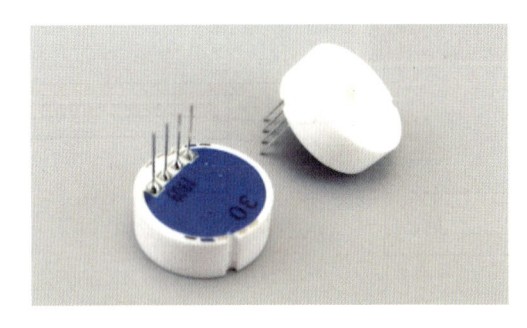

图 4.3.5　陶瓷压阻式压力传感器芯体

厚膜电阻印刷在陶瓷膜片的背面，连接成一个惠斯通电桥（闭桥）。当施加压力于电桥时，膜片产生形变导致电桥的四个电阻阻值发生变化，电桥处于不平衡状态，产生一个与压力成正比的高度线性电压信号。标准的信号根据压力量程的不同标定为 2.0/3.0/3.3mV/V 等。

扩散硅压力传感器和陶瓷压力传感器的外壳外观有多种形式，有的外壳如图 4.3.3 所示，同时也有图 4.3.6 所示的外壳。图 4.3.6 为陶瓷芯体的压差传感器，其测量量程最小可达 0～50Pa，精度可达 0.25%FS。传感器具有很高的温度稳定性和时间稳定性，传感器自带温度补偿 0～70℃，并可以和绝大多数介质直接接触。

图 4.3.6　陶瓷微压差传感器

链接 4.2 压阻式

更多该类仪表的图片，请扫描二维码阅读。

4.4　电容式压力传感器

4.4.1　工作原理

电容式压力传感器通过检测由于隔膜的形变引起的电容变化来测量压力。它有两个电容板、一个隔膜和一个固定在未加压表面上的电极。这些板之间有一定的距离，压力的变化会使这些板之间的间隙变窄，从而改变电容。

典型电容式压力传感器芯体为密封表压结构，由基座和可变形膜片及中空密封腔体三部分组成。承压面为可变形膜片，当芯体承压发生变化时，变形膜承压后发生弯曲，导致基板间距发生变化，引起极板间电容的变化，电容变化通过调理芯片转换为标准输出（如 0～5V 电压输出、4～20mA 电流输出），如图 4.4.1 所示。

4.4.2　陶瓷电容压力传感器

陶瓷电容压力传感器是一种基于陶瓷材料特性和电容变化原理来测量压力的设

(a) 未承压状态 (b) 承压状态

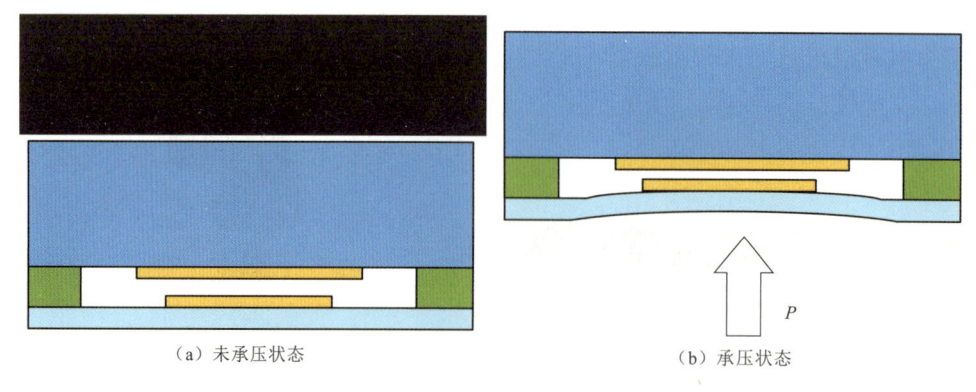

图 4.4.1 电容式压力传感器承压截面图

备。其芯体如图 4.4.2 所示，主要由陶瓷基座、陶瓷膜片和中空密封腔体三部分组成。陶瓷基座是固定部分，陶瓷膜片是核心敏感元件，受力时发生形变。在陶瓷基座和陶瓷膜片的内侧印刷有金属电极，这种中空密封腔体就可形成可变电容结构。芯体中的陶瓷膜片作为压力敏感元件，在受到压力作用时会发生微小形变，这种形变会导致陶瓷膜片与电极之间的距离改变，进而引起电容值的变化。要注意与 4.3.3 节的陶瓷压阻式压力传感器对比，二者的测量原理并不相同。

图 4.4.2 陶瓷电容压力传感器芯体

陶瓷电容压力传感器因其耐腐蚀、抗冲击、无迟滞、介质兼容性强等优势可以广泛应用在水、气、液多种介质的压力检测，尤其适合于汽车系统的恶劣环境，也可以应用在物联网及家电场景。

常见领域陶瓷电容压力传感器典型应用见表 4.4.1。

表 4.4.1 陶瓷电容压力传感器典型应用

应用类型	压力值/MPa	传感器作用	方案优势
汽车空调压力传感器	3.5	为压缩机提供高低压保护，支持风扇可变风量控制与压缩机工作控制	耐腐蚀，冷媒兼容性好，平膜结构，无泄漏风险
无线消防水压传感器	1.0	间歇式测量水路压力，通过无线信号反馈给系统	抗水锤效应，介质兼容性好，支持低功耗及数字输出
压力煲压力传感器	0.2	测量煲内压力，为控制系统提供压力闭环反馈信号	平膜结构，不易堵塞，可长期高温下工作
商用空调压力传感器	3.5	测量并反馈制冷剂压力给控制系统，保护压缩机，提高控制系统效率	精度高，温度特性好，抗冲击，耐腐蚀，无泄漏风险

仪表举例

陶瓷电容压力传感器的外壳多种多样，大小各异，常见的是有 LED 数显、可测量压差的压力传感器，如图 4.4.3 所示。

测量介质：液体、气体、蒸汽，可耐腐蚀

压力量程：小量程，如 0～300Pa；大量程，如 0～1.6MPa

压力方式：表压、绝压、压差

过载能力：额定压力的 3～200 倍

输出信号：4～20mA、0～5VDC、RS-485（标准 MODBUS-RTU 协议）

精度等级：0.5%FS、0.2%FS、0.075%FS（可选）

环境温度：-20～85℃

环境湿度：0%～95%RH（无冷凝无结露）

稳定性能：偏移程度小于±0.1% FS/3a

温度漂移：±0.02% FS/℃

响应时间：≤2ms

更多该类仪表的图片，请扫描二维码阅读。

图 4.4.3　陶瓷电容式压力传感器

链接 4.3 电容式

课后思考与任务

1. 用不同形式的 U 形管测量同一压力，其液柱高度相同吗？请了解一下倾斜式微压计，为什么要做成倾斜式？

2. 请从购物网站搜索扩散硅压力传感器，了解其在市场中的价格区间和普及程度。并找出一两款，总结其测量特点和参数。

3. 请搜索电容式柔性压力传感器，了解这种最新研发的传感器在航空航天、汽车和医疗健康方面的应用。

4. 某化工厂需要监测和控制反应釜内的压力，以确保化学反应的顺利进行。釜内温度可能高达 200℃，压力范围为 0～10MPa。根据这些条件，选择合适的压力传感器，并解释选择理由。

5. 设计一个汽车轮胎压力监测系统，该系统需要实时监测各个轮胎的压力，并在压力异常时发出警报。考虑到轮胎内部的高温和高压环境，以及传感器的尺寸和功耗限制，请查询资料，并选择最合适的压力传感器。

参考文献

[1]　杜水友. 压力测量技术及仪表 [M]. 北京：机械工业出版社，2005.

[2] 辽宁省计量科学研究院组. 压力表使用与维修 [M]. 北京：中国计量出版社，2003.
[3] 孙以材，刘玉岭，孟庆浩. 压力传感器的设计、制造与应用 [M]. 北京：冶金工业出版社，2000.
[4] 孙希任. 压力测量不确定度评定 [M]. 北京：中国质检出版社，2012.
[5] 贺晓辉，张克. 压力计量检测技术与应用 [M]. 北京：机械工业出版社，2022.
[6] GB/T 20522—2006/IEC 60747-14-3：2001 半导体器件 第14-3部分：半导体传感器 压力传感器 [S]

第 5 章 气体流速和流量测量

气体流速是气体通过测量截面的速度，经常是指某截面的平均流速，简称风速。气体体积流量通常是指单位时间内气体通过特定截面的体积，也简称为气体流量或风量。由于气体的可压缩性，决定了它的流量测量比液体复杂，仪表的输出信号除了与输入信号有关，还与气体密度、温度和压力等因素有关。流速的测量方法很多，常用方法有毕托管、热敏风速仪、叶轮风速仪等，在工业管道中毕托管和热敏风速仪用的较多，在商用的空调自控中，热敏风速仪已经比较普及。风量有两种测量办法，一种是风量罩，一种是测平均风速来计算风量。

气体流速与流量的精确测量是确保工业生产安全、高效运行的关键，尤其是在燃气或工业用气等易燃易爆场合，减少因测量误差导致的操作失误，是落实"安全第一、预防为主"方针的直接体现，对维护人民生命财产安全、促进社会和谐稳定具有重要意义。因此本章最后介绍了小流量气体的测量方式，如热式质量流量计、气体涡轮流量计和容积流量计。

5.1 气体流速和流量测量的基础知识

5.1.1 风速和风量

风速常用单位是 m/s，可以用来描述室内和室外的空气流动情况，也可以描述风管内和风口处的送回风情况。对于风量，常用单位为 m^3/h，工程上常写作 CMH，即 cubic meter per hour。工程上，风速单位常用还有 ftm，即 ft/min，英尺每分钟，与之对应的风量单位还有 cfm，即 ft^3/min，立方英尺每分钟。

要注意，风量对于室内环境而言，常常指送入的空气流量或者排出的空气流量。对于管道而言，是指任一截面通过的空气流量。风量是一个描述流量的物理量，而不是形容某个空间内空气体积的物理量。

从能耗、室内噪声、振动三方面要求，对于风管和风口的流速有一定要求。表 5.1.1 是通风、空调系统风管内的风速范围。对于消防中的防排烟管道来说，正压送风和机械排烟的风速应符合下列规定：采用金属风道时，不应大于 20m/s；采用内表面光滑的混凝土等非金属材料风道时，不应大于 15m/s。因此在风管中，极少出现超过 20m/s 的风速，也很少有小于 1.0 m/s 的风速。

表 5.1.1　　　　　　　　　　通风、空调系统风管内的风速范围　　　　　　　　　　单位：m/s

部 位	推 荐 风 速			最 大 风 速		
	居住建筑	公共建筑	工业建筑	居住建筑	公共建筑	工业建筑
风机吸入口	3.5	4.0	5.0	4.5	5.0	7.0
风机出口	5.0~8.0	6.5~10.0	8.0~12.0	8.5	7.5~11.0	8.5~14.0
主风管	3.5~4.5	5.0~6.5	6.0~9.0	4.0~6.0	5.5~8.0	6.5~11.0
支风管	3.0	3.0~4.5	4.0~5.0	3.5~5.0	4.0~6.5	5.0~9.0
从支管上接出的风管	2.5	3.0~3.5	4.0	3.0~4.0	4.0~6.0	5.0~8.0
新风入口	3.5	4.0	4.5	4.0	4.5	5.0
空气过滤器	1.2	1.5	1.75	1.5	1.75	2.0
换热盘管	2.0	2.25	2.5	2.25	2.5	3.0
喷水室		2.5	2.3		3.0	3.0

5.1.2　风速测量仪表分类

按照风速测速原理区分，常用以下几种方法：

（1）旋转式（机械式）风速仪。

原理：利用风力驱动叶片或风杯旋转，叶片的转速与风速成正比。通过电磁感应、光电或机械传动等方式将转速转换为风速读数。

代表仪器：叶轮风速仪（风杯风速计）、螺旋桨风速计。

（2）压差式风速仪。

原理：利用气流通过特定形状的开口（如毕托管、文丘里管）时产生的压力差来测量风速。依据伯努利原理，压差与风速的平方成正比。

代表仪器：毕托管风速计、文丘里管风速计。

（3）热敏式风速仪。

原理：利用气流对热元件（热线、热球）的冷却效果来测量风速。热元件被加热到一定温度，气流经过时带走热量，通过测量温度变化（通常是电阻变化）来计算风速。

代表仪器：热线风速计、热球风速仪。

（4）超声波风速仪。

原理：采用超声波发射与接收的时差或相位差来测量风速。仪器发出的超声波脉冲在空气中传播，风速影响超声波的传播时间或频率，通过计算这些差异得出风速。

代表仪器：超声波风速风向仪。

（5）激光风速仪。

原理：利用激光照射空气中的微粒，通过分析激光的散射光谱（如多普勒频移）来确定风速，适用于高精度测量。

代表仪器：激光多普勒风速计。

5.2 毕托管

5.2.1 工作原理

毕托管又名空速管、风速管，英文是 Pitot tube。毕托管是测量气流总压（也称全压）和静压的差值以确定气流速度的一种管状装置，由法国毕托发明而得名。毕托管搭配压差计可测量管道内气体流动的动压并计算风速与风量，常用于空调和通风系统。要注意，由于翻译不同，也常有人称其为"皮托管"，是同一样仪器。

图 5.2.1 是一种标准型毕托管的结构和用法，又叫 L 型毕托管。它是一个弯成 90°的同心管，主要由感测头（上有总压孔与静压孔）、管身、总压导出管和静压导出管组成。

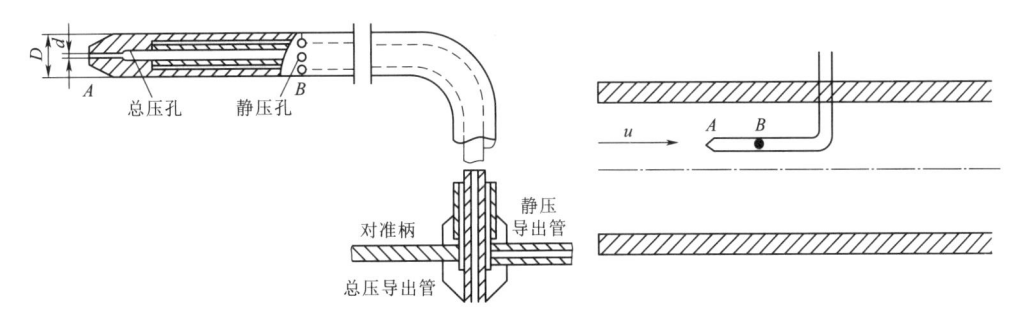

图 5.2.1 标准型毕托管的结构和用法

测头端部呈椭圆形，总压孔位于感测头端部，与内管连通，用来测量总压。在外管表面靠近感测头端部的适当位置有一圈小孔，称为静压孔，是用来测量静压的。测量时，选择气流比较规整的任一断面，把毕托管的管嘴位置放在风管中，正对气流，与气流方向平行；用两根胶皮管把毕托管的"＋""－"号端分别与压差传感器两端相连。

$$v = K\sqrt{\frac{2(p_0 - p)}{p}} \tag{5.2.1}$$

式中：p_0 为全压；p 为静压；K 为毕托管速度校正系数，对于标准型毕托管，$K=0.96$ 左右，对于 S 型毕托管，$K=0.83\sim0.87$。

实际工程中，采用式（5.2.1）计算流速一般可满足要求。

标准型毕托管测量精度较高，使用时不需要再校正，但是由于这种结构的静压孔很小，在测量含尘浓度较高的空气流速时容易被堵塞，因此，标准型毕托管主要用于测量清洁空气的流速。

S 型毕托管又叫防堵毕托管或 Y 型毕托管。S 型毕托管的结构和用法如图 5.2.2 所示，它由两个小管背靠背地焊在一起。迎着来流的压力孔用来测量总压，另一个压力孔用来测量静压。这种测压管对来流方向的变化很敏感。随着流动偏斜角增加，测量所得速度值与实际值的差别就增大。S型毕托管结构简单、制造方便，开口面积大，特别适用于测量含尘量较大的气流和黏度较大的液体。

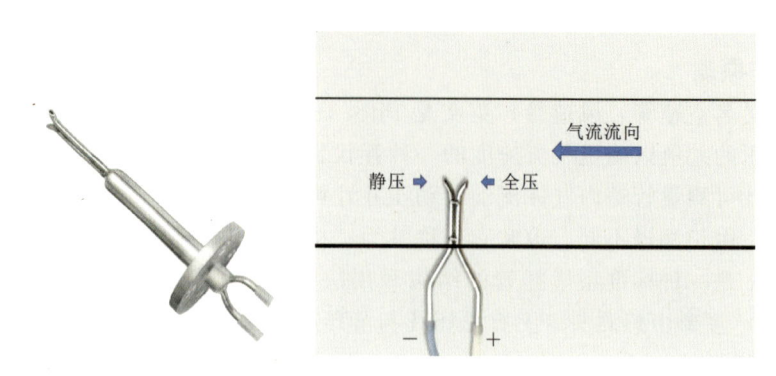

图5.2.2　S型毕托管的结构和用法

5.2.2　使用方法

（1）要正确选择测量点断面，确保测点在气流流动平稳的直管段。为此，测量断面离来流方向的弯头、阀门、变径异形管等局部构件要大于$4D$，D为管道直径，也就是说测量断面的上游直管段的长度要大于4倍管道直径，也可以表达为$L/D>4$。距下游局部弯头或变径结构的距离应大于$2D$。

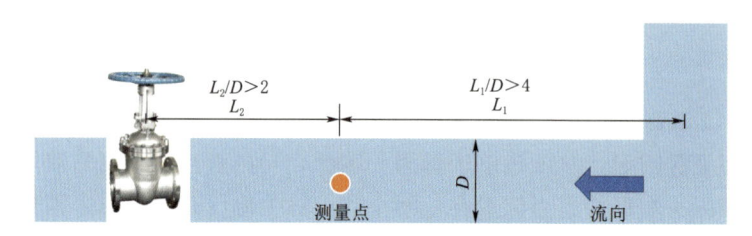

图5.2.3　毕托管前后距离要求

（2）毕托管一般都是应用在测量管道风速，适合于较大风速，一般不推荐使用毕托管测量小于3m/s的风速。为了避免干扰流动并实现测量误差最小，选择毕托管时，毕托管测管管道直径应小于被测管道直径的2%。

（3）L型标准型毕托管测量时应当将总压孔对准气流方向，以指向杆指示，静压孔在气流的垂直方向上。S型防堵毕托管测量时应当将总压孔对准气流方向，静压孔背对气流方向。测压时，毕托管的管嘴要对准气流流动方向，其偏差不大于5°。每次测定反复三次，取平均值。

（4）合理选择测量断面的测点。用毕托管只能测得管道断面上某一点的流速，但计算流量时要用平均流速。由于断面流量分布不均匀，因此该断面上应多测几点，以求取平均值。

仪器举例

图5.2.4中的两款毕托管风速仪特别适用于风速和送风口风速的测量，是建筑

空调供暖通风场合的常用仪器。液晶显示，压力、压差直读分辨率 1Pa，精度 1%FS（满量程），稳定性好，不受仪器位置变化而影响漂移，能适合各种工况状态下使用。

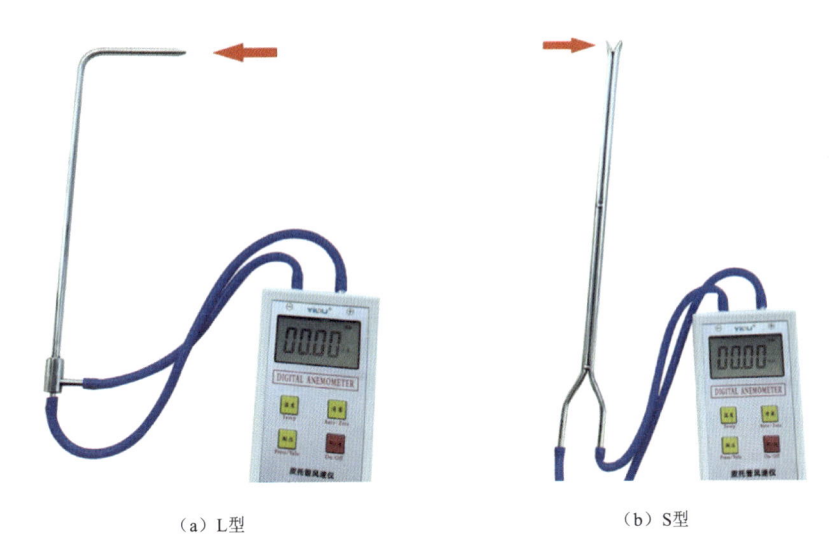

（a）L型　　　　　（b）S型

图 5.2.4　L型和 S型毕托管风速仪（带压差计）

毕托管直径 6mm/8mm，风速量程 1～234m/s，压力分辨率 1Pa，风速分辨率 0.01m/s，过载能力不大于 200% FS（满量程），准确度等级 1%FS。

由于同学们很少接触毕托管及其配套测量装置，建议扫描二维码，进一步阅读毕托管的资料。

链接 5.1
毕托管

5.3　热敏风速仪

热敏风速仪是一种将流速信号转换为电信号的测速仪器。其原理是，将通电的加热元件置于气流中，加热元件在气流中的散热量与流速有关，而散热量导致加热元件温度变化，从而转换成电信号。

热敏风速仪主要有两种工作模式：①恒流式是保持加热元件的电流不变，根据温度变化来测量流速；②恒温式是保持加热元件的温度不变，如保持 150℃，根据所需施加的电流测量流速。

加热元件有多种，有细金属丝（称其为热线），也有球状的，还有膜状的加热元件。由以上不同加热元件构成的热敏风速仪可分别称为热线风速仪、热球风速仪和热膜风速仪。

热线除普通的单线式外，还可以是组合的双线式或三线式，用以测量各个方向的速度分量。特制探头还可用于湍流度和其他湍流参数的测量。热线长度一般在 0.5～2mm 范围，直径在 1～10μm 范围，材料为铂、钨或铂铑合金等，两端焊接在两根不锈钢叉架的叉尖上。通过探头上热线的数量，可以对流场同时进行不同维度的测量，如图 5.3.1 所示。

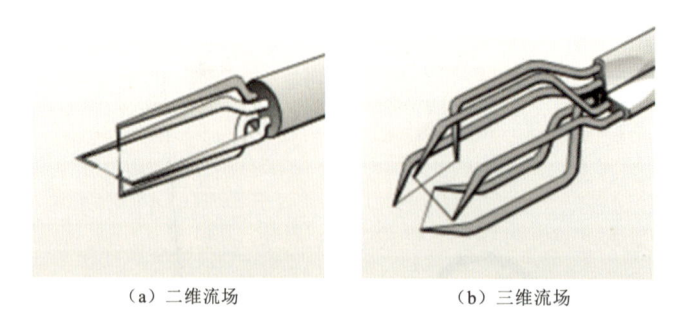

(a) 二维流场　　　　　　(b) 三维流场

图 5.3.1　热敏风速仪探头

热线风速仪与毕托管相比，具有探头体积小、对流场干扰小、响应快、能测量快速动态变化的流速也能测量很低速（如低至 0.3 m/s）等优点。

注意事项如下：

(1) 测头易损坏，且不易修复，禁止用手触摸测头，防止与其他物体发生碰撞；搬运时应防止剧烈振动，仪表应在清洁、没有腐蚀性的环境中测量和保管。

(2) 潮湿易结露环境中，容易失效。湿度 90%RH 以上就不宜测量。

(3) 当在湍流中使用热敏式探头时，来自各个方向的气流同时冲击热元件，数值会非常不稳定，会影响测量结果的准确性。

(4) 由于探头经常被保护，只有一个固定的气流经过的孔道。在使用时，要求风向能正面无偏移地通过探头的流道口。

除了热线风速仪，还有热球风速仪和热膜风速仪。热球风速仪的传感器是 2~3mm 直径的球状，热膜式风速仪则是很薄的一层铂金膜熔焊在石英骨架上。在目前仪表市场上，热膜式风速仪较为常见。其特征为顶端探头并非丝状或球状，而是基于热膜的风速芯片，如图 5.3.2 所示。这种顶端探头为风速芯片的风速仪，其探头较为耐用，与热线风速仪和热球风速仪相比，不易损坏。

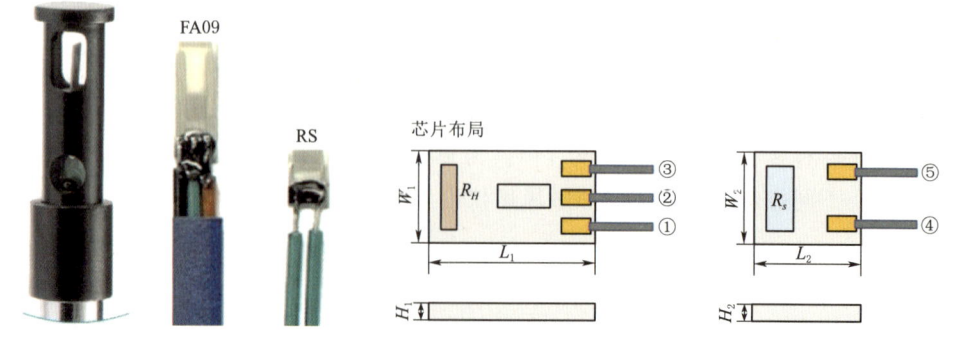

图 5.3.2　热膜式风速仪的探头及其风速芯片

仪表举例

图 5.3.3 是一款典型的热敏风速仪，锂电池充电，探头前端可弯曲设计，可任意方向测量。其量程为 0.3~30m/s，分辨率为 0.01m/s，精度为 5%读数或 1%FS（满量程），工作环境为 0~40℃，湿度不大于 80%RH。

图 5.3.3 热敏风速仪及其探头

链接 5.2 管道用热敏风速传感器

进一步阅读管道用热敏风速传感器的资料，请扫描二维码阅读。

5.4 叶轮风速仪

叶轮风速仪是一种机械式风速仪，是利用气流推动机械装置来显示其流速的仪表。风速仪的敏感元件是一个轻金属（或树脂）制成的翼形叶轮，叶轮的叶片由 8~10 片扭转成一定角度的薄片组成。在动压作用下，叶轮产生回转运动，其转速与气流速度成正比。叶轮的转速可以通过机械传动装置连接指示或计数装置，以显示其所测风速。使用叶轮风速仪可测 0.5~30 m/s 的中等风速，过小的风速基本不能使叶轮正常选择，因此风速应大于 0.5m/s。在通风空调测试中，主要用来测量风口和空调设备的风速。

叶轮风速仪原理比较简单，价格便宜，但测试精度较低，所以不适合微风速的测试和细小风速变化的测试。

除了叶轮这种形式，还有一种常用来测量室外风速的风杯风速传感器，其原理与叶轮风速仪的测量原理相同。采用三杯式感应器，当风杯转动时，带动同轴的多齿截光盘转动，得到与风杯转速成正比的脉冲信号，得出实际风速值。这种风杯风速传感器在室外小型气象站或者手持式的气象仪上经常可以见到。叶轮与风杯如图 5.4.1 所示。

仪表举例

图 5.4.2 为一款叶轮风速仪，量程 0.5~40m/s，分辨率 0.1m/s，误差±(3%的读数+0.1m/s)，操作温度 0~50℃，无湿度要求。

(a)叶轮　　　　　　　　(b)风杯

图 5.4.1　叶轮与风杯　　　　　　图 5.4.2　某款叶轮风速仪

5.5　风量罩测风口风量

5.5.1　工作原理

集中空调系统中风口处的气流比较复杂，测量工作难度较大，一般采用风量罩测量风口处的风量。风量罩能迅速准确地测量风口平均通风量，无论是安装在天花板、墙壁或者地面上的送、回、排风口，配备相应的传感器都可以直接读出风速、压力和相对温湿度，尤其适用于散流器式风口。使用时将罩口紧贴散流器所在的吊顶平面，使风口整体完全包容，就可以直接读取。

风量罩主要由风量罩罩体（尼龙、布罩和框架）、基座和显示仪三部分构成，如图 5.5.1 所示。风量罩罩体主要用于采集风量，将空气汇集至基座上的风速均匀段上。在风速均匀段上装有根据毕托管原理制作的风速传感器（或热敏风速传感器），传感器测量出风速，再根据基底的尺寸将风量计算出来。具有正确、快速、简便的特点，广泛应用于暖通空调、净化技术等行业进行风口和管道风量的直接测定，从而对集中空调的风量实施综合管理及温度、湿度、洁净度等参数的自动控制。

5.5.2　使用方式

风量罩的使用方式如图 5.5.2 所示。

测量步骤

安装风量罩：将风量罩紧密贴合在风口上，确保没有漏风现象。使用夹具或重量（如沙袋）固定风

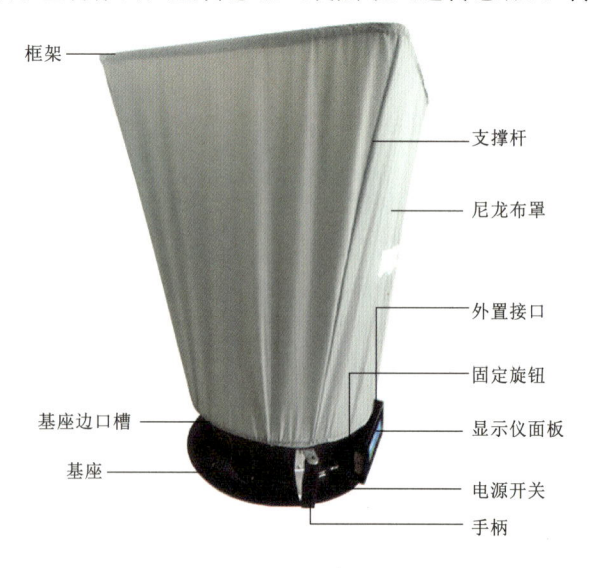

图 5.5.1　风量罩的外部结构
（框架、支撑杆、尼龙布罩、外置接口、固定旋钮、显示仪面板、电源开关、手柄、基座、基座边口槽）

图 5.5.2 风量罩的使用方式

量罩，以防移位。

开启风机：启动风机系统，让系统运行至稳定状态，确保风量稳定输出。

测量风速：使用风量罩内置的或外接的风速传感器，测量风口处的风速。根据风量罩的设计，可能需要在多个点进行测量并取平均值。

计算风量：根据风速测量值和风口面积，风量＝风速×风口面积。

重复测量：为了提高数据的可靠性，建议在相同条件下重复测量几次，然后取平均值。

注意事项：

（1）风量罩的罩体尺寸与风口尺寸相差较大时会造成较大的测量误差，所以需要用风口尺寸相近的罩体进行测量。应根据待测风口的尺寸、面积，选择与风口的面积较接近的风量罩罩体，且风量罩罩体的长边长度不得超过风口长边长度的 3 倍；风口的面积不应小于罩体边界面积的 15%。

（2）确定罩体的摆放位置来罩住风口，风口应位于罩体的中间位置，待整个风口被风罩所罩住。

（3）确定保证风口无漏风，观察风量仪的显示值，待显示值趋于稳定后，读取风量值。

（4）当风口风量较大时，风量罩罩体和测量部分的节流会增加对风口的阻力，从而导致风量显著下降。为了消除这种因阻力增加而导致的风量减少现象，需要进行背压补偿。当风量值不大于 1500 m³/h 时，无须进行背压补偿，所读风量值即为所测风口的风量值；当风量值大于 1500 m³/h 时，使用背压补偿挡板进行背压补偿，读取风量仪显示值即为所测的风口补偿后风量值。

仪表举例

图 5.5.3 所示风量罩可以选用毕托管风速传

图 5.5.3 某常见风量罩

感器或热敏风速传感器,人体工学设计和超轻的自重更方便个人操作。标准配置为 610mm×610mm 规格罩体,最大罩体 1270mm×1270mm,3.4kg。风量罩量程为 42~4250m³/h,风速量程为 0.2~7.6m/s,测量误差为±(3%的读数±12m³/h),风量分辨率为 1m³/h。

5.6 测量管道风量

5.6.1 测量管道风量的步骤

风管内风量的测量宜采用热敏风速仪测量风管断面平均风速,然后求取风量,步骤如下:

选择测量断面:选取风管中气流均匀且稳定的直管段作为测量断面,避免在弯头、三通、阀门等异形部件附近测量,以减少测量误差。

布置测点:由于风速在风管横截面上分布不均,需要在同一断面上设置多个测点,通常按照一定的网格布局,如等间距布置,以获取多个风速值。

进行风速测量:常用的风速测量仪器包括热敏风速仪、超声波风速仪等。选择合适的仪器,根据仪器说明进行校准和设置。在每个测点上使用选定的仪器测量风速,记录下所有测点的风速值。测量风速时,风速探头测杆应与风管管壁垂直,风速探头应正对气流吹来方向。

计算风量:断面平均风速应为各测点风速测量值的平均值,风管实测风量应按下式计算:

$$Q = 3600F\bar{v} \tag{5.6.1}$$

式中:Q 为风管风量,m³/h;F 为风管测定断面面积,m²;$\bar{v}$ 为风管测定断面平均风速,m/s。

5.6.2 断面位置和测点分布

风管风量测量的断面应选择在直管段上,且要求 $L_1 \geq 5D$,即选择的测量断面距上游局部阻力部件不应小于 5 倍管径(或矩形风管长边尺寸),同时要求 $L_2 \geq 2D$,即距下游局部阻力构件不应小于 2 倍管径(或矩形风管长边尺寸)。

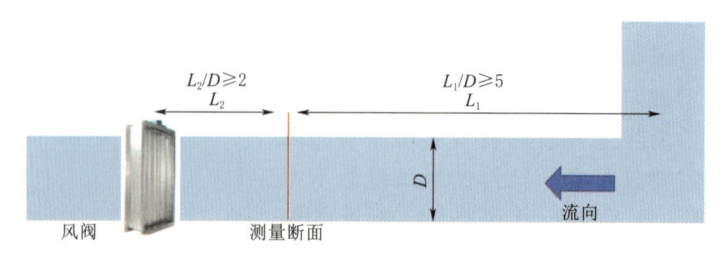

图 5.6.1 测量断面位置

矩形风管

矩形风管断面测点数的确定及布置:应将矩形风管测定断面划分为若干个接近正方形的面积相等的小断面,且面积不应大于 0.05m²,边长不应大于 220mm[图

5.6.2（a）虚线分格］，测点应位于各个小断面的中心［图5.6.2（a）十字交点］。

圆形风管

圆形风管断面测点数的确定及布置：应将圆形风管断面划分为若干个面积相等的同心圆环。

各测点距离风管中心的距离按下式计算：

$$R_n = R\sqrt{\frac{2n-1}{2m}} \quad (5.6.2)$$

式中：R 为风管的半径，mm；R_n 为从风管中心算起到第 n 个测点的距离，mm；n 为自风管中心算起测点的顺序（圆环顺序）；m 为风管划分的圆环数，见表5.6.1。

表5.6.1　　　　　　　　　圆形风管划分的圆环数

圆形风管直径/mm	<200	200~400	400~700	>700
圆环数/个	3	4	5	6

测点布置在各圆环面积等分线上，并应在相互垂直的两直径上布置2个或4个测孔，各测点到管壁距离如图5.6.2（b）所示。

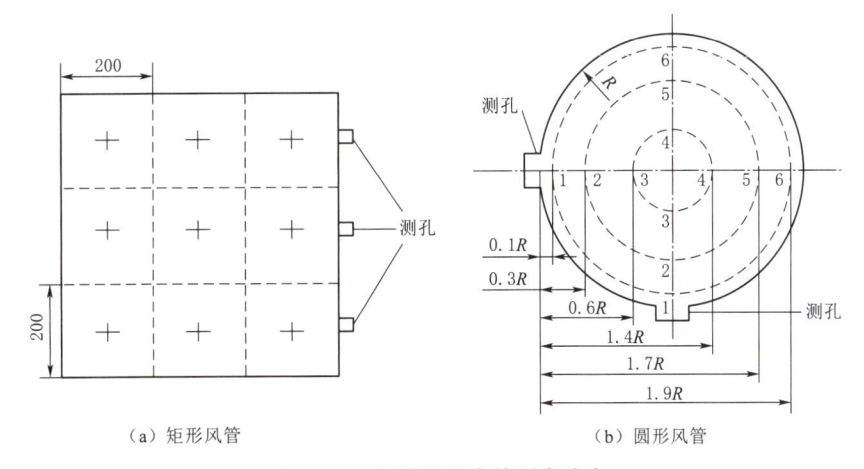

（a）矩形风管

（b）圆形风管

图5.6.2　测量断面内的测点分布

在实际测试时，用式（5.6.2）计算比较麻烦，往往把各测点至风管中心的距离换算成测点至测孔（即管壁）的距离较为方便，同时直接查表5.6.2来确定位置。

表5.6.2　　　圆形风管测点到测孔（管壁）距离（风管直径 R 的倍数）

测点序号	<200mm，3环	200~400mm，4环	400~700mm，5环	>700mm，6环
1	0.10	0.10	0.05	0.05
2	0.30	0.20	0.20	0.15
3	0.60	0.40	0.30	0.25
4	1.40	0.70	0.50	0.35
5	1.70	1.30	0.70	0.50
6	1.90	1.60	1.30	0.70

续表

测点序号	<200mm，3 环	200~400mm，4 环	400~700mm，5 环	>700mm，6 环
7	—	1.80	1.50	1.30
8	—	1.90	1.70	1.50
9	—	—	1.80	1.65
10	—	—	1.05	1.75
11	—	—	—	1.85
12	—	—	—	1.95

表 5.6.2 中数字为风管直径 R 的倍数。如图 5.6.2（b）所示，该截面管径小于 200mm，因此分割为 3 个面积相等的同心区域。根据表 5.6.2 中的<200mm 这一列，测点序号 1，距离左侧测孔（管壁处）的距离为 $0.1R$；测点序号 2，距离左侧测孔的距离为 $0.3R$；测点序号 6，距离左侧测孔的距离为 $1.9R$。

5.7 小流量气体的测量

5.7.1 热式气体质量流量计

许多研究和生产过程中，重要的变量是质量而非体积。由于温度或压力变化会对气体密度产生影响，体积流量测量不如质量流量测量可靠。热式质量流量计直接测量的就是气体的质量流量，不受入口流量的温度和压力波动影响。质量流量计在分子水平上测量流量，因而可提供高精准、高重复性和可靠的气体输送到过程中。

热式气体质量流量计是一种基于热扩散原理设计的流量仪表，其工作原理是利用流体流过发热物体时，发热物体散失的热量与流体的质量流量成一定比例关系。该流量计主要分为恒功率法和恒温差法两种工作方式。传感器部分通常由两支热电阻组成，如图 5.7.1 所示。仪表工作时，一个热电阻不间断地测量气体温度 T_1，另一个热电阻则被加热到高于气体温度的 T_2。两个热电阻之间的温差 $\Delta T = T_2 - T_1$，$T_2 > T_1$。

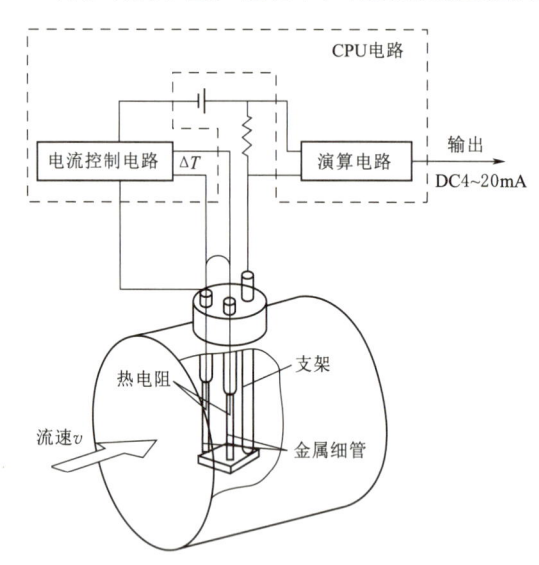

图 5.7.1 热式气体质量流量计原理示意图

在恒温差法中，T_2 被加热并保持与 T_1 之间的温差恒定。当气体流过时，T_2 的热量被带走，系统通过增加加热功率来维持恒定的温差 ΔT，加热功率的变化与气体质量流量成正比。这种方法响应速度快，但最大可测量流量受限于电路功率和热电阻的最大允许电流。

在恒功率法中，T_2 以恒定功率加热，T_1 测量气体温度。气体流过时，ΔT 随流量变化，温差越大，流量越小。通过测量温差即可推算质量流量。这种方法适用于脏湿介质和高温环境，且最大可测量流量较大，但响应速度较慢。

热式气体质量流量计有整体、分体结构，根据测量管径不同，有法兰式、插入式两种安装方式，以适应不同的安装环境。其基本安装距离如图 5.7.2 所示。

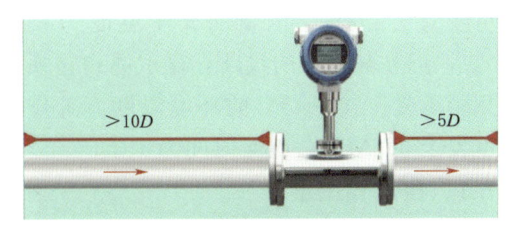

图 5.7.2　热式气体质量流量计前后基本安装距离

优点

（1）热式气体质量流量计可测量低流速（气体 0.02～2m/s）微小流量，这种一般是管道式或法兰式。但目前插入式热式气体质量流量计也可以测量 60～120 m/s 的大管径大流量场合。

（2）热式气体质量流量计无活动部件，无分流管的热分布式仪表无阻流件，压力损失很小。

（3）热式气体质量流量计使用性能相对可靠。与推导式质量流量仪表相比，不需温度传感器、压力传感器和计算单元等，仅有流量传感器，组成简单，出现故障概率小。

缺点

（1）热式气体质量流量计响应慢，对脉动流在使用上受到限制。

（2）被测量气体组分变化较大的场所，因热容和热导率变化，测量值会有较大变化而产生误差。

（3）对极低流量而言，仪表会给被测气体带来相当热量。

仪器举例

热式气体质量流量计有法兰式与插入式两种形式。法兰式前后可以直接连接管道，插入式需要在管道壁上预先设有或后期钻孔，然后放置插入式仪表，如图 5.7.3 所示。流量计可以测试瞬时流量（包括质量流量与标况体积流量），可以测量一段时间的累积流量和流速。其显示屏如图 5.7.4 所示。

图 5.7.3　热式气体质量流量计（法兰式与插入式）及其探头

其流速的量程为 0.1～100m/s，管径范围为 DN65～DN1000，因此其适用的流量范围可以根据测量的管径与流速量程计算出，其精度为±2.5%。测量的介质温度-40～300℃，但是其外部的线路、显示屏和转换装置只能承受-20～45℃的环境温度。工作压力不大于 2.5MPa，响应时间为 1s。

5.7.2 容积式流量计

容积式流量计通过机械部件将流体分割成固定体积单元并计其充满次数来测量流量。在容积式流量计的内部，有固定的大空间和一组旋转体，如腰轮、皮膜、转筒、刮板、椭圆齿轮、活塞、螺杆等，这些旋转体将大空间分割成若干个已知容积的小空间。旋转体在流体压差的作用下连续转动，不断地将流体从已知容积的小空间中排出。根据一定时间内旋转体转动的次数，即可求出流体流过的体积量。

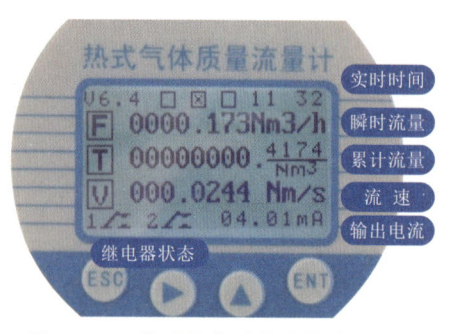

图 5.7.4 热式气体质量流量计显示屏

图 5.7.5 是腰轮容积式流量计的工作原理。这种容积式流量计基于流体推动一对特殊设计的腰轮旋转。当流体进入计量室时，腰轮交替作为主动轮和从动轮旋转，每次旋转都会精确地排出固定体积的流体，这一过程不断重复。流量计内部的计数装置记录腰轮的转动次数，从而计算出通过的流体总体积，实现流量的精确测量。

图 5.7.5 腰轮容积式流量计的原理示意图

容积式流量计用于精确计量流经封闭管道的气体流量。流量计由流量传感器和显示仪两部分组成，可适用于测量天然气、城市煤气、丙烷、氮气、氧气、二氧化碳工业惰性气体等非腐蚀性气体，主要应用于餐饮、宾馆等行业的燃气商业结算，输配管网燃气计量，燃气调压站计量，船舶、工业和民用锅炉等燃气计量，也可用作标准流量计。

要注意，容积式流量计在测量气体流量时，通常记录的是工况下的体积流量。为了将这个读数转换为标准状态下的体积流量（通常是 Nm³/h，即标准立方米每小时），就需要进行温度和压力补偿。这通常通过安装在流量计上的温度和压力传感器实现，这些传感器实时监测流经流量计的气体的温度和压力，并将这些数据用于计算标准状态下的体积流量。

优点：测量准确度高，对于气体精度可达±1%，对于液体精度可达±0.2%。安装管道条件对流量计计量精度没有影响，流量计前不需要直管段。可用于高黏度液体的测量。直读式仪表无需外部能源可直接获得累计总量，清晰明了，操作简便。

缺点：机械结构复杂。被测介质种类、口径、工作状态局限性较大，不适合测量大管径和大流量，常应用在中小管径DN6~DN500。不适用于高温、低温场合，一般限制在30~160℃，压力最高为10MPa。流量计只适用洁净单相流体。含有颗粒、脏污物时，上游须装过滤器；测量液体流量时如含有气体，须装气体分离器。测量过程中会给流体带来脉动，尤其口径较大的流量计还会产生噪声，甚至使管道产生振动。

仪器举例

腰轮容积式气体流量计（图5.7.6）是用于对管道中流量进行连续或间歇测量的高精度计量仪表。仪表内置了流量、温度、压力传感器，三者同时测量，同屏显示累积流量、瞬时流量、单次量、介质温度、压力等数值。精度等级为1.0级，适用的介质温度为−20~260℃。适用管径为DN25~DN250，其法兰连接口径要根据管道前后尺寸定制。

如果安装在DN25管道上，其最小测量流量为0.03m³/h，最大测量流量为16m³/h，压力损失为120Pa。如果安装在DN100管道，其最小测量流量为0.18m³/h，最大测量流量为300m³/h，压力损失为280Pa。

5.7.3 涡轮气体流量计

涡轮气体流量计的原理示意图如图5.7.7所示，在管道中心安放一个涡轮，两端由轴承支撑。当流体通过管道时，冲击涡轮叶片，对涡轮产生驱动力矩，使涡轮克服摩擦力矩和流体阻力矩而产生旋转。在一定的流量范围内，对一定的流体介质黏度，涡轮的旋转角速度与流体流速成正比。由此，流体流速可通过涡轮的旋转角速度得到，从而可以计算得到通过管道的流体流量。

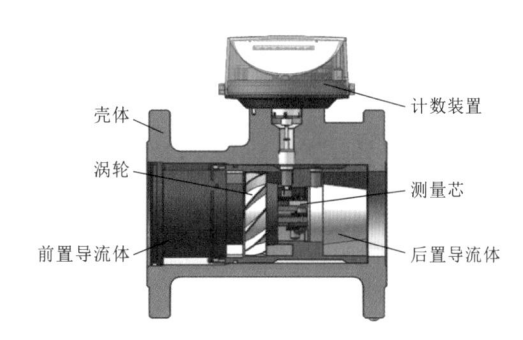

图5.7.6 腰轮容积式流量计　　图5.7.7 涡轮气体流量计的原理示意图

优点：其测量精度较高，准确度等级可达到1.0级、1.5级；量程比宽，一般为1∶20测量范围宽；结构紧凑轻巧，安装维护方便，前后直管段要求较低，可用于中、高压计量。

缺点：有可动部件，易于损坏，关键件轴承易磨损，抗脏污能力差，对介质的干净程度要求较高，难以长期保持校准特性，需要定期校验。

仪器举例

涡轮气体流量计集温度、压力、流量传感器和智能流量计算仪于一体的新一代高精度、高可靠性的气体精密计量仪表，要求介质洁净，须安装过滤器，不可测湿气，如图 5.7.8 所示。

图 5.7.8　涡轮气体流量计及其涡轮

精确度高，一般可达±1.5%的读数、±1.0%读数。重复性好，短期重复性可达 0.05%～0.2%。多种信号输出方式，对流体扰动低敏感性，广泛适用于天然气、煤制气、液化气、轻烃气体等气体的计量。可测量的气体介质温度为－20～80℃，仪表外部环境温度为－30～60℃。

该款仪表有配合各种大小管径的型号，管径范围 DN20～DN300 都有配合的型号。配合 DN20 管道的流量计，量程为 2.2～25m³/h，耐压最大为 4.0MPa。配合 DN100 管道的流量计，量程为 20～400m³/h，耐压最大为 2.5MPa。配合 DN300 管道的流量计，量程为 200～4000m³/h，耐压最大为 1.6MPa。

本节中测量气体流量的仪表较多，可以扫描二维码，进一步了解各类仪表的信息。

链接 5.3　几种气体流量仪表

课后思考与任务

1. 请简述毕托管测流速的原理和常用毕托管的类型以及适用场合。

2. 如果想测量空调房间内某点的空气流速，用什么仪器比较合适？毕托管合适吗？

3. 请从购物网站搜索风道（风管）流速传感器，了解其在市场中的价格区间和普及程度。并找出一两款，总结其测量特点和参数。

4. 请从购物网站，搜索风量罩，了解其在市场中的价格区间和普及程度。并找出一两款，总结其测量特点和参数。

5. 请搜索粒子图像测速技术（particle image velocimetry，PIV），了解该技术的原理与最新应用。

6. 某工厂需要监测和控制燃气的使用量以进行能源管理。选择一种气体流量仪表，并讨论如何集成到现有的能源监控系统中。

参考文献

[1] 严兆大. 热能与动力工程测试技术［M］. 2版. 北京：机械工业出版社，2006.
[2] 郑洁. 建筑环境测试技术［M］. 重庆：重庆大学出版社，2007.
[3] 万金庆. 热工测量［M］. 北京：机械工业出版社，2013.
[4] 杨有涛. 气体流量计［M］. 北京：中国计量出版社，2007.
[5] 盛森芝，徐月亭，袁辉靖. 热线热膜流速计［M］. 北京：中国科学技术出版社，2003.
[6] JGJ 343—2014 变风量空调系统工程技术规程［S］

第 6 章 液体流量测量

在环境保护和资源高效利用方面,精确的液体流量测量技术对节水减排、优化资源分配起关键作用。通过高效监测与控制工业用水、废水排放等,可以有效促进循环经济的发展,符合新时代生态文明建设要求,助力实现碳达峰、碳中和目标,体现了绿色低碳的发展路径。

本章重点阐述各类液体流量计的工作原理、性能特点及适用场景,涵盖差压式流量计(如孔板流量计和各种新型的巴类流量计)和速度式流量计(如涡轮流量计、电磁流量计和超声波流量计),并单独介绍了适合测量小流量的液体流量计。每种流量计的特性、优势与局限性都将被详细解读,以期帮助读者理解在不同的液体介质、流量范围、管道尺寸和测量精度需求下如何合理选择与运用相应的流量计。此外,还将探讨流量计安装规范、测量准确度影响因素,以及不同类型流量计在节能、大管道测量、复杂流体测量等方面的独特表现,为液体流量测量提供实用且全面的技术支持。

6.1 液体流量测量的基础知识

6.1.1 液体流量传感器分类和选用

液体流量是指单位时间内液体通过某一横截面的数量,通常表示为体积流量(m^3/h、L/min 等)或质量流量(kg/h、g/s 等)。

瞬时流量指某一瞬间的流量值。

累积流量指一段时间内的流量总和。

分类

液体流量传感器根据原理可以分为以下几类:

(1)差压式流量计。基于伯努利方程原理,通过测量流体经过节流元件(如孔板、喷嘴等)前后产生的压力差来推算流量,如孔板流量计、文丘里管流量计等。各种新型的巴类流量计也属于差压式流量计。

(2)速度式流量计。这类流量计通过测量流体在管道中的速度来计算流量,常见的有涡轮流量计、电磁流量计、超声波流量计等。涡轮流量计:流体推动涡轮旋转,通过涡轮转速计算流量。电磁流量计:利用导电流体在磁场中运动产生的感应电动势来推算流量,不受流体密度、黏度等因素影响。超声波流量计:利用超声波在流体中顺流和逆流传播的时间差来计算流速和流量。

(3)质量流量计。直接测量流体的质量流量,如热式液体质量流量计(通过热量交换计算质量)、科里奥利质量流量计(利用流体在振动管中产生的相位差来测量)等。质量流量计精度较高,多用在小流量且高精度测量场景中,尤其是热式液体质量流量计适用于极低流量(低至 mg/h)的洁净液体。

(4)容积式流量计。通过直接测量流体填充已知容积的空间次数来累计流量,如圆齿轮流量计,主要用于石油和油脂等昂贵介质的贸易计量,以及化工、食品行业的精细生产过程中。因此多用在小流量且高精度测量场景中。

根据液体种类流量计选用

测量液体的流量计种类很多,不是一款流量计可以测量任何介质,要根据测量不同的液体来选择不同的流量计,下面简单地介绍一下常用流量计的选择。

(1)污水、纸浆等浑浊液体介质,可选择的流量计是超声波流量计及智能电磁流量计。但在选用电磁流量计时要考虑液体中不含较多空气或气泡。

(2)石油、柴油等油品介质,可选择的流量计是超声波流量计。

(3)砂浆、电粉浆等大浓度、固体颗粒含量大的介质,可选择的流量计是电磁流量计。

(4)自来水大流量的介质,可选择的流量计是智能电磁流量计、超声波流量计,其他诸如涡轮流量计、孔板流量计等也可以。

(5)带有较多气泡的液体介质,可选择的流量计是超声波流量计,使用该类型流量计测量带有气泡的流体,效果十分好。

(6)纯净水等电导率低的介质,可选择的流量计是超声波流量计。

(7)酸、碱液等强腐蚀性介质,可选择的流量计是抗酸碱内衬的电磁流量计或外夹式超声波流量计。

6.1.2 大管道大流量测量选用

这里说的大流量不是指某一管径流速较高,而是说流量绝对值的大流量,常指较大管径的管道。由于管道输送液体的流速有一定的范围,低黏度液体常用的经济流速为 1~3m/s,因此这里说的"大流量"测量是说大管道流量测量。

一般来讲,DN300 以下管径的流量计称为中小管径流量计,DN300~DN1200 的称为大管径流量计,DN1200 以上的称为特大管径流量计。通常特大管径液体流量测量主要是水和石油产品。一般大管径流量计有电磁流量计和超声波流量计,也可以使用插入式流量计。电磁流量计适用于导电液体,最大适用管径可达 DN3000。超声波流量计适用于导电和非导电介质,且管径越大,测量精度可能越高,最大适用管径可达 DN6000。由于大管径中的流速并不大,插入式流量计适用于精度要求不高的场合,比如对于 DN300~DN500 的管径,还可以选用涡轮流量计。

安装条件

安装条件主要是根据测量方法是否可以允许切断管流,暂停运行,是否可以允许在管道上打孔,是否允许切断管流安装流量传感器。

如果允许切断管路安装流量传感器,可以选择电磁流量计、带测量管段的超声波流量计、容积式流量计和涡轮流量计。

如果允许在管道上打孔,可以选择外插换能器超声波流量计和插入式流量计。

如果上述要求都不允许，就只能选择外夹装换能器的超声波流量计。

测量准确度要求

在贸易交接等对精度要求较高的场合，通常选择电磁流量计或带测量管段的多声道超声波流量计，其测量精度可达到±0.2%～0.5%。

对于控制配比等精度要求较低的场合，可以选择差压式文丘里管或外夹装换能器超声波流量计，其精度通常在±1%～±2%。此外，插入式流量计适用于精度要求更低的场合，但其安装和维护较为方便。

压力损失（泵送能耗费用）

大流量测量的泵送能耗费用在流量测量运行成本中占有相当大的比例，压力损失和泵送能耗费用较大的为差压式文丘里管、流量计容积式流量计和涡轮流量计。较小的为插入式流量计，没有压力损失的为电磁流量计和超声波流量计。

6.2 差压式流量计

6.2.1 工作原理

差压式流量计也称为节流式流量计，是基于流体流动的节流原理进行测试的，也是目前生产中测量流量最为成熟和常用的测试方法。差压式流量计由一次装置（检测件）和二次装置（差压转换和流量显示仪表）组成。

在充满流体的管道中，当流体流经管道内的节流件时，流速将在节流件处形成局部收缩，因而流速增加，静压力降低，于是在节流件前后便产生了压差，即节流现象，如图 6.2.1 所示。流体的流量越大，产生的压差越大，这样可以依据压差来衡量流量大小。这种测量方法是以流动连续性方程和伯努利方程为基础的。

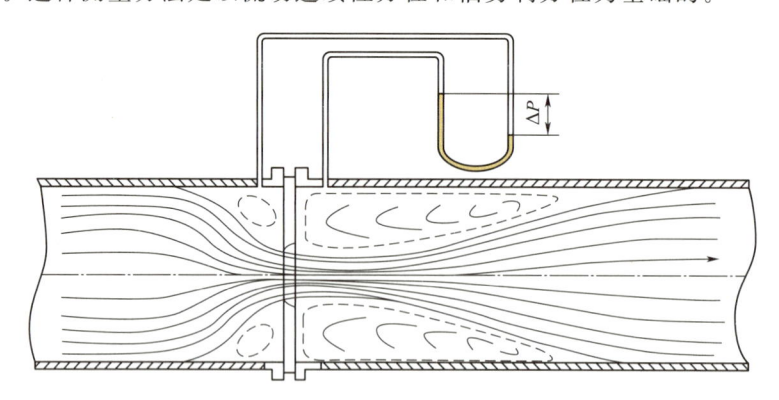

图 6.2.1 节流现象示意图

差压式流量计的节流装置可以是孔板、喷嘴、文丘里管等，因此形成了孔板流量计、文丘里管流量计、V锥流量计、楔形流量计等。对于常用的孔板、喷嘴等节流装置，国内外已把它们的尺寸形状完全标准化了，并称为标准节流装置。标准节流装置可以根据计算结果直接投入制造和使用，不必用实验方法进行单独标定。

下面将介绍几种常见的带有节流装置的差压式流量计。

6.2.2 孔板流量计

标准孔板是一块圆形的中间开孔的金属板，开孔边缘非常尖锐，而且与管道轴线是同心的。用于不同管道内径的标准孔板，其结构形式基本是几何相似的。孔板的开孔，在流束进入的一面做成圆柱形，而在流束排出的一面则沿着圆锥形扩散，锥面的斜角通常为45°。孔板的厚度一般要求在3～10mm范围之内。孔板的机械加工精度要求较高。

标准孔板流量计只有一个孔，如图6.2.2（a）所示。还有一种多孔［图6.2.2（b）］设计的流量计，即平衡孔板流量计，是一款节能型差压流量计。同样的测量条件下，平衡孔板流量计比标准孔板流量计可以减小1/3的流体压力损失，因此避免了流体压力消耗，更加节能。平衡孔板流量计多用在大流量大管径系统中。还有一种限流孔板［图6.2.2（c）］，阻力很大，在测量流量的同时也用于限流，即限流孔板流量计。

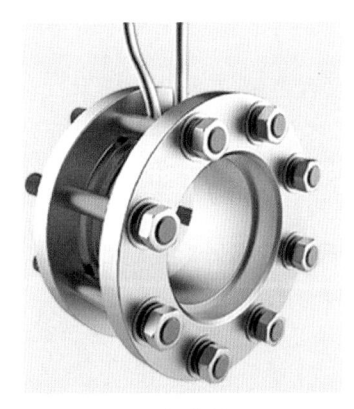

（a）标准孔板 　　　　（b）平衡孔板 　　　　（c）限流孔板

图6.2.2　三种节流孔板

标准孔板流量计的组成结构如图6.2.3所示。主要有标准孔板及其夹装法兰和节流装置；有时还配有冷凝器（并非空调中的冷凝器），可以对高温测量介质起到很好的冷却作用；三阀组，在产品后期维护中，起到排污、平衡压力防止单相受压损害仪表；截止阀，控制引压管开关。两个引压管（长度可以定制）可以传导孔板前后流体的压力，由差压变送器测得，同时转换为流体的速度和流量。

孔板流量计的优点

（1）标准节流件是通用的，并得到国际标准化组织的认可，无须实流校准，即可投用，这是流量传感器中独有的特点。

（2）结构简单、牢固、性能稳定可靠且成本低廉。

（3）应用范围广，包括全部单相流体（液、气、蒸汽）、部分混相流，一般生产过程的管径、工作状态（温度、压力）皆可以测量。

（4）检测件和差压显示仪表可分开不同厂家生产，便于专业化规模生产。

孔板流量计的缺点

（1）测量的重复性、精确度在流量传感器中属于中等水平，由于众多因素的影响

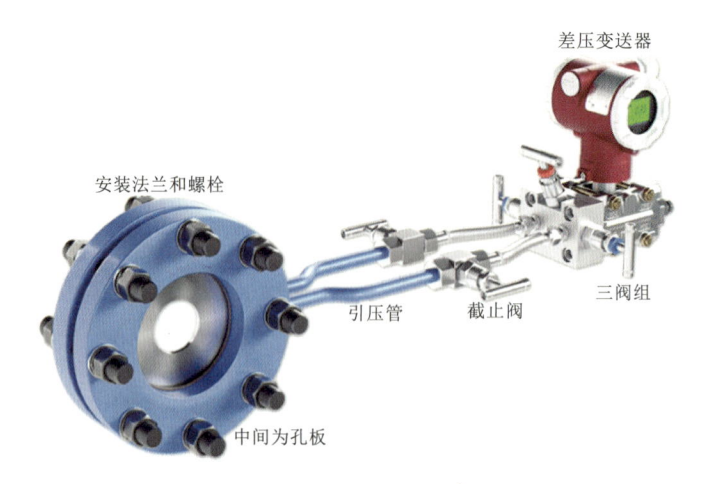

图 6.2.3　标准孔板流量计的组成结构示意图

错综复杂,精确度难以提高。

(2) 量程范围窄,由于流量系数与雷诺数有关,一般量程范围仅 1∶3～1∶4。

(3) 有较长的直管段长度要求,一般难以满足。尤其对较大管径,问题更加突出。孔板上下游最小直管段长度见表 6.2.1,其上游直管段长度要求 10 倍管径以上,如果多个弯头就要 15 倍管径以上。

(4) 孔板依靠其内孔边缘的尖锐度来确保测量精度,因此传感器对腐蚀、磨损、结垢、脏污敏感,长期使用精度难以保证,需每年拆下强检一次。

(5) 安装后,对流体有一定的压力损失。

表 6.2.1　孔板上下游最小直管段长度

孔板孔径与管道内径之比	一个弯头或一个三通	同平面多个弯头	在不同平面内有多个弯头	渐缩或渐扩	全开截止阀	全开闸阀
0.20	10 (6)	14 (7)	34 (17)	16 (8)	18 (9)	12 (6)
0.25	10 (6)	14 (7)	34 (17)	16 (8)	18 (6)	12 (6)
0.30	10 (6)	16 (8)	34 (17)	16 (8)	18 (6)	12 (6)
0.50	18 (9)	18 (9)	40 (20)	20 (10)	22 (11)	12 (6)
0.60	22 (11)	26 (13)	48 (24)	22 (11)	26 (13)	17 (7)
0.80	49 (32)	50 (25)	80 (40)	30 (15)	44 (22)	30 (15)

注　数据以管径倍数计长度,数值为上游(下游)。

常用示例

图 6.2.4 是常见的标准孔板流量计,其无须实流标定即可确定其测量精度,精度等级通常为 1.0 级。适用的管道公称通径:15～600mm;耐压范围可达 32MPa,适

用温度范围：−30 ~650℃，本体材质：不锈钢。广泛应用于石油、化工、冶金、电力、供热、供水等领域的过程控制和测量。

可同时显示累积流量、瞬时流量、压力、温度。量程范围宽，大于10∶1。通过引压管将差压信号引入差压变送器，差压变送器将差压信号送入流量积算仪，积算仪将差压信号换算成流量信号。同时通过温度和压力传感器测出液体或蒸汽的温度和压力，积算仪根据当时的温度和压力计算出补偿后的流量。

图 6.2.4 标准孔板流量计安装图

链接 6.1 孔板流量计

关于孔板流量计的安装和使用知识，请扫码查阅。

6.2.3 文丘里管流量计

文丘里管也是一种差压式流量计。它是基于伯努利方程和连续性方程，通过测量流体流经管道中收缩部分（喉部）时所产生的压力差来计算流体流量。当流体流经文丘里管的收缩段时，流速增加，静压降低，导致文丘里管的入口与喉部之间产生压差，此压差与流速成正比关系，如图 6.2.5 所示。文丘里管包括收缩段、喉道和扩散段三个部分。收缩段使流体加速，喉道是最狭窄的部分，扩散段则帮助流体减速并恢复压力。

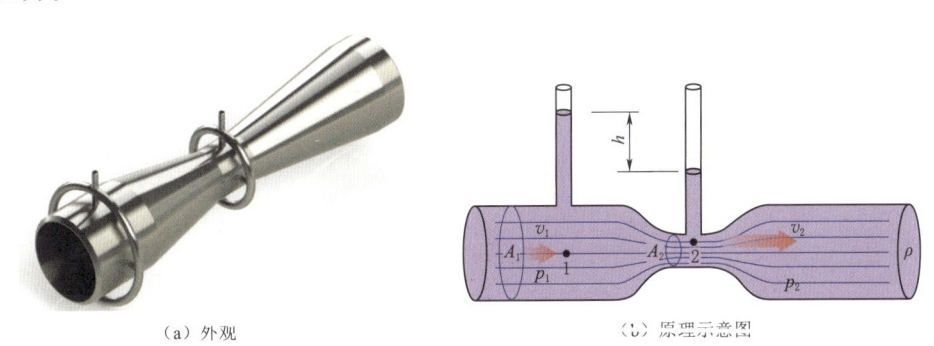

(a) 外观 (b) 原理示意图

图 6.2.5 文丘里管

文丘里管流量计相较于孔板流量计的主要优势在于其优化的流道设计：文丘里管独特的收缩-扩散结构能显著促进流体压力恢复，从而将永久压力损失降低至孔板的20%~30%。其光滑渐变的流道轮廓避免了孔板锐边结构带来的涡流与压损，不仅减少了能量损耗，还显著提升了长期稳定性。由于不存在锐边磨损问题且可采用耐磨衬里（如陶瓷、聚四氟乙烯），文丘里管对含颗粒或腐蚀性介质的适应性更强，长期使用不易发生测量漂移。实验数据显示，在相同工况下，文丘里管的精度衰减率比孔板低50%以上，特别适用于高流速或需长期连续计量的工业场景。

文丘里管流量计的缺点也很突出。文丘里管流量计的制造成本通常比孔板流量计高，因为其结构复杂，需要精密加工，特别是对于大口径的文丘里管。文丘里管流量计通常比孔板流量计更大更重，如图 6.2.6 所示，可能给安装和维护带来不便，尤其在空间受限的地方。

由于其体形较大,重量大,需要较大的安装空间,所以目前该流量计一般用在大管径大流量的场合。目前在市面上的差压式流量计中,文丘里管流量计已不算主流,更多的还是孔板流量计和V锥流量计。

6.2.4 V锥流量计

V锥流量计受到文丘里管流量计和孔板流量计等传统差压式流量计设计理念的影响。孔板流量计对管道直管段要求较高、压力损失大,文丘里管流量计压力恢复较好但安装体积大,因此V锥流量计的设计结合了文丘里管和孔板的优点,同时又解决了它们的一些缺点。

图 6.2.6 文丘里管流量计实物图

V锥流量计是以一个同轴安装在测量管内的尖圆锥体(V锥)为节流件的新型差压式流量测量装置,如图 6.2.7 所示。当流体通过管道时,遇到位于管道中心的V形锥体,流体会被迫围绕锥体流动,导致流速在锥体附近增加。由于流体在锥体周围加速并收缩,在V锥的上游和下游之间形成了差压。而在锥体下游,流体重新扩张,压力开始恢复。差压传感器连接在V锥流量计的上下游两侧,如图 6.2.8 所示,该差压值与流体的流量有关。

(a) 结构　　　　　　　　　　　(b) 外观

图 6.2.7 V锥流量计结构和外观

V锥的特殊几何形状有助于在流休中形成稳定的漩涡结构,即使在前后很短的直管段条件下也能保证良好的测量精度。这种设计还改善了压力恢复,减少了永久的压力损失,并且提供了更宽的测量范围。V锥传感器不堵塞,不黏附,无任何滞留死区,特别适用于脏污介质的流量测量,可以测量高温高压介质。

常用示例

基本误差±1.5%,工作压力≤26MPa,直管段要求上游 3D(管道直径),下游

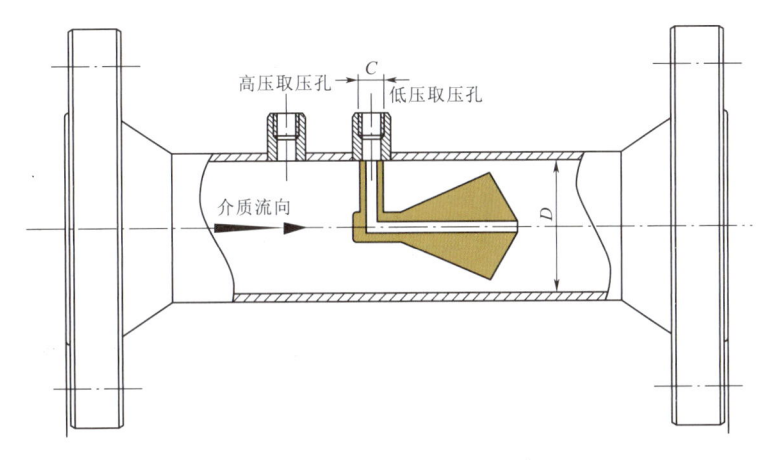

图 6.2.8　V 锥上下游测压示意图

1D，被测液体小于 550℃，可根据被测管道的公称通径 DN25～DN1600 来选用不同型号的 V 锥流量计，量程比 1∶10。图 6.2.9（a）为 DN50 适用的小型 V 锥流量计，图 6.2.9（b）为 DN1600 适用的大型 V 锥流量计。

（a）小型　　　　　　　　　　　　　（b）大型

图 6.2.9　V 锥流量计对比

6.2.5　楔式流量计

楔式流量计的节流元件是一个焊接到表体内腔的 V 形楔块，如图 6.2.10 所示。通过这个凸出的楔块与表体内腔形成的空间体实现流体流通面积的突然改变，使流体的静压、动压能够相互转换。通过差压变送器测量 V 形楔块前后的压差可得流体的瞬时流速，换算出流体流过楔式流量计的体积流量。

由楔式流量计的结构可以看到，楔块安装在表体的一侧，这种结构对于介质中的杂质、颗粒乃至较大的固体都可随着流体流过楔式流量计，而不会在管道的楔块附近积聚，所以其可以用于孔板流量计无法使用的含颗粒杂质的流体测量中。

楔块焊接到仪表内腔的一侧，对通过的流体阻碍较小，产生压力损失要比中间开

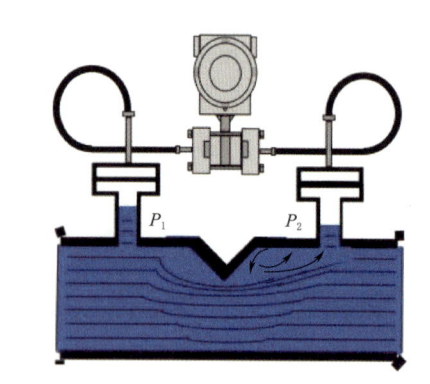

图 6.2.10 楔式流量计原理示意图

口的节流孔板小得多。因此楔式流量计的压力损失要比孔板流量计小得多，适用的流体黏度范围变宽，可用于黏度较大的原油、蜡油、燃料油甚至沥青的测量中，在石油炼制过程中得到大量使用。

常用示例

图 6.2.11 为常见的楔式流量计。基本误差 ±1.5%，工作压力 0.6~42MPa，直管段要求上游 3D（管道直径），下游 1D，被测液体小于 800℃，可根据被测管道的公称通径 DN15~DN800 来选用不同型号的楔式流量计，量程比 1∶10。

图 6.2.11 楔式流量计实物图

6.3 巴类流量计

6.3.1 工作原理

巴类流量计常被称为均速管流量计，是基于差压原理工作的流量测量设备，但与 6.2 节差压式流量计的不同之处在于，巴类流量计都是插入式差压流量计，即将测速探头插入管道之中。这类流量计主要包括阿牛巴流量计、威力巴流量计、德尔塔巴流量计等，它们都是在毕托管测速原理基础上发展起来的新型差压式流量检测元件。其传感器是一杆状探头，杆的英语就是 bar，音译为中文就称之为巴类流量计。

巴类流量计的核心原理是，当流体通过管道时，巴类流量计的探头（通常呈杆状，带有特定形状的截面）置于流体中，探头的前部会感受到流体的全压（总压），而后部则测量到流体的静压，通过测量探头前后产生的压差，结合流体的密度和管道的几何参数，可以计算出流体的平均速度和流量。巴类流量计的关键设计特征是探头上设有高压取压孔和低压取压孔，分别测量流体的全压和静压。高压取压孔在探头的迎来流面，而低压取压孔则位于来流的背面，如图 6.3.1 所示。

常见的巴类流量计包括阿牛巴流量计（笛形均速管流量计）、德尔塔巴流量计

6.3 巴类流量计

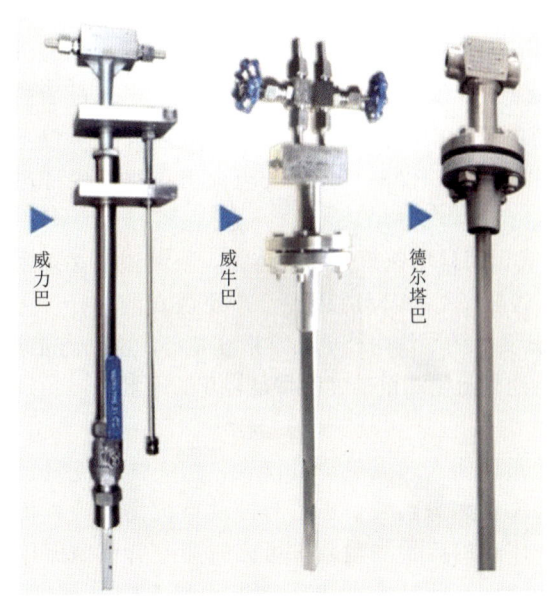

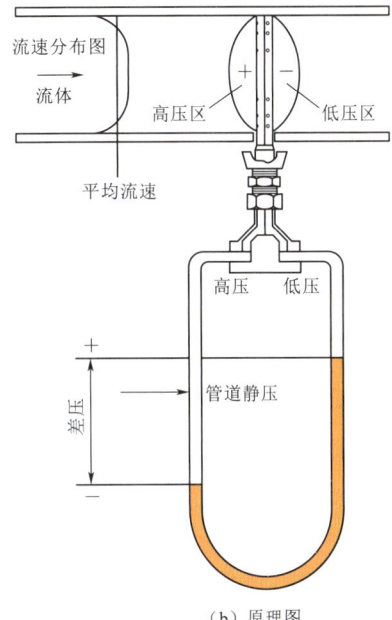

(a) 几种典型的巴类流量计

(b) 原理图

图 6.3.1　几种典型的巴类流量计及其原理图

（菱形流量计）、威力巴流量计（子弹头流量计）和毕托巴流量计等，其中阿牛巴流量计和威力巴流量计使用最广泛。

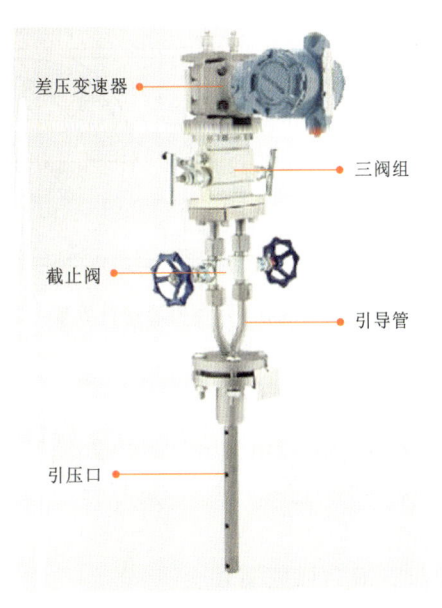

6.3.2　阿牛巴流量计

阿牛巴流量计又称笛形均速管流量计，其结构如图 6.3.2 所示。阿牛巴流量计工作原理为充满管道的流体流经流量计的检测杆时，检测杆的迎流面和背流面会产生不同的压力值，前者为全压平均值，而后者为静压值，两者的差值就是计算流体流速和流量的主要依据。如图 6.3.3 所示，迎流面有 4 个总压孔（不局限于 4 个，可根据管道尺寸增减），其平均压力由总压均值导管引出；背流面有一个静压孔，由静压导管引出。

阿牛巴流量计的优点是安装较为简单，压损较小，准确度高，强度好，防泄漏性能好。缺点是迎流面和背流面的取压孔容易发生堵塞，且迎面取压孔的边缘处容易受到流体中杂质的磨损，容易出现测量性能不稳的现象。因此，阿牛巴流量计只适合测量清洁的液体或气体，对于成分单一且杂质较少的流体，具有较高的稳定性和

图 6.3.2　阿牛巴流量计结构

重复性。

阿牛巴流量计由于使用了均速管，因此前直管道长度必须达到（20～30）D（即20～30倍管道直径），以保证流速分布为充分发展紊流，只有这样，仅测几点的流速才可能推算流经整个截面的流量。否则，管道中的流动比较复杂，流速分布不仅不对称于轴线，还会有横向流动（二次流）及旋涡，仅测直径上几点流速是很难保证测量准确度的。

阿牛巴流量计由于是一种插入式仪表，而且均速管只能测流速，要测流量必须乘以管道截面（圆管要测内径，矩形管需测宽与高）。实际应用中，需要认真测内径。尤其是当管道内壁出现腐蚀、积垢等情况，其实际的平均内径更加难精准确定，这也就带来了误差。因此管内径的准确，将成为影响均速管流量测量准确度举足轻重的因素。

仪表举例

图 6.3.4 所示阿牛巴流量计是一种新型插入式流量测量仪表，由一体化流量计传感器、差压变送器和流量积算仪等组成流量测量系统，也可与控制系统完成计算机联网，进行流体流量测量与控制。智能一体化的流量测量装置可同时测量管道内流体的差压、压力、温度多变量信号，实现现场 LCD 显示和组态功能。具有测量精度高、可靠性、稳定性好等优点。可测量气体、液体、蒸汽和腐蚀性介质等多种流体，适应各种尺寸的圆管和矩形管道，应用于高温高压的场合。

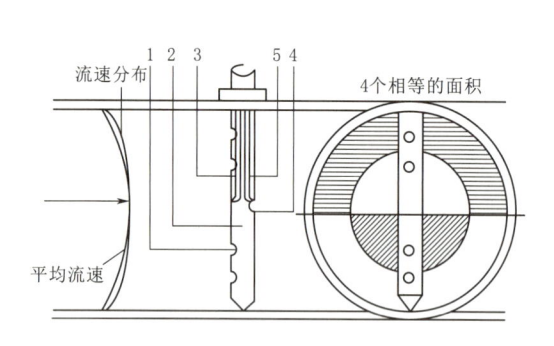

图 6.3.3 阿牛巴流量计原理示意图
1—总压孔（迎流孔）；2—检测杆；3—总压均值管；
4—静压孔（背流孔）；5—静压引出管

图 6.3.4 阿牛巴流量计实物图

适用规格：DN500～DN5000，测量准确度：±1.0％ FS，重复性：±0.1％，测量液体最小流速 0.6m/s，量程比：10∶1 体积流量，工作条件：≤10MPa，流体温度：≤500℃。

6.3.3 威力巴流量计

威力巴流量计可以测量气体、液体、蒸汽、腐蚀性介质等多种流体，采用子弹头型截面设计（图 6.3.5），集中反映了均速管流量传感器的先进成果。

图 6.3.5 威力巴流量计的子弹头截面

当流体流过探头时，会在探头迎流面形成一个高压区；流体沿探头加速，其双侧与背面形成低压区。分布在探头迎流面和两侧的成对取压孔，可感知并输出一个平均差压，进一步可获得管道内真实的平均流速，如图 6.3.6 所示。

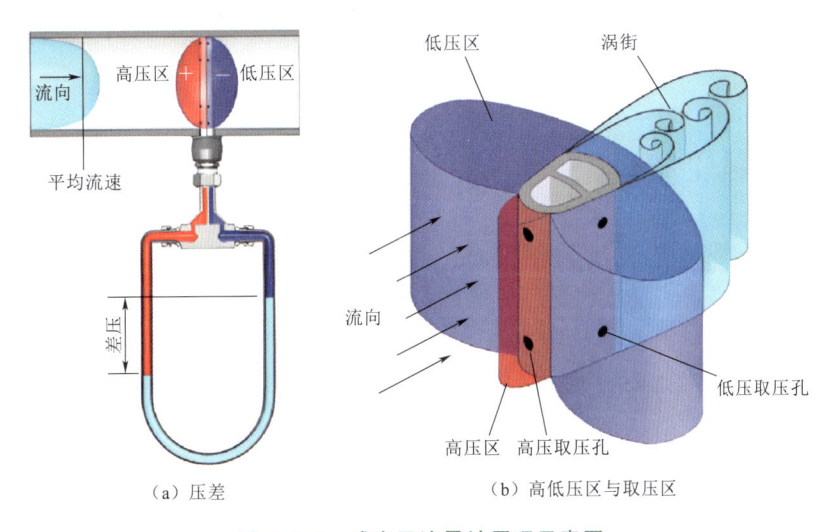

（a）压差　　　　　　　　　　（b）高低压区与取压区

图 6.3.6 威力巴流量计原理示意图

威力巴流量计的探头设计采用坚固的一体式构造和子弹头截面形状，这种设计不仅减少了流体阻力，还能有效降低因流动引起的振动。探头由单一金属材料制成，采用高强度单片双腔结构，避免了多零件焊接或组装带来的潜在问题，显著提升了整体结构强度和长期稳定性。其外观如图 6.3.7 所示。

在防堵性方面，威力巴流量计通过独特的低压取压孔设计，将取压孔位于探头两侧、流体分离点和紊流尾流区之前，从根本上避免了探头后方背流区或涡流区常见的堵塞问题。这种设计确保了信号的稳定性，即使在复杂工况下也能保持高精度测量。

此外，威力巴流量计的前表面采用了凹槽和粗糙处理，类似于高尔夫球表面的坑洼设计，能够有效降低空气阻力。这一设计缩小了探头背面的局部真空区，减少了压力阻力，从而提高了低流速段的测量精度，并扩大了流量计的可测范围。

图 6.3.7　威力巴流量计实物图

6.4　液体涡轮流量计

6.4.1　工作原理

5.7.3 节介绍了测量小流量气体的涡轮流量计，用于测量液体的涡轮流量计原理与之相同。被测流体推动涡轮叶片使涡轮旋转，在一定范围内，涡轮的转速与流体的平均流速成正比，通过磁电转换装置将涡轮转速变成电脉冲信号，经放大后送给显示记录仪表，即可以推导出被测流体的瞬时流量和累积流量。

气体涡轮流量计一般用于小流量精密计量，而液体涡轮流量计在工业和商业中广泛应用，不仅可以测量小流量液体，也可以测量大流量大管径液体（例如 800m^3/h）。两者的涡轮叶片也有较大差异。气体涡轮流量计的叶片，由于气体密度较低，为了产生足够的推动力矩以驱动涡轮旋转，叶轮转速相对较高，叶片通常较窄，片数较多，设计更为复杂，以适应高转速和低剪切力。液体涡轮流量计的叶片通常较宽，设计较为简单，叶片数不会太多，通常 2~8 片，以适应低转速和高剪切力，需要具有良好的耐腐蚀性和耐磨性，以适应不同的液体介质。两者的叶片对比如图 6.4.1 所示。

液体涡轮流量计主要由壳体、导流器、支承、涡轮和磁电转换器组成。涡轮是测量元件，由导磁性较好的不锈钢制成。根据流量计直径的不同，其上装有 2~8 片螺旋形叶片，支承在摩擦力很小的轴承上。为提高对流速变化的响应性，涡轮的质量要尽可能小。导流器由导向片及导向座组成，用以导直流体并支承涡轮，以免因流体的漩涡而改变流体与涡轮叶片的作用角，从而保证流量计的精度。

液体涡轮流量计特点

（1）涡轮流量计安装方便，测量精度高，可耐高压，静压可达 50MPa。由于基于

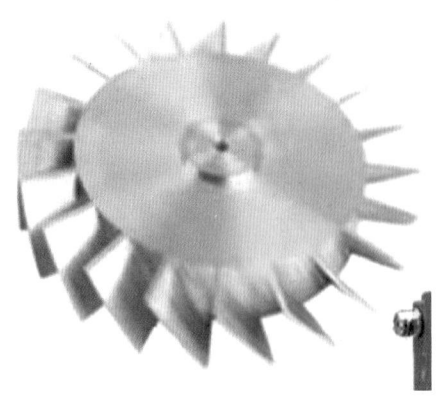

(a) 气体涡轮流量计　　　　　　　　　(b) 液体涡轮流量计

图 6.4.1　气体涡轮流量计和液体涡轮流量计的叶片对比

磁电感应转换原理，故反应快，可测脉动流量。输出信号为电频率信号，便于远传，不受干扰。

(2) 涡轮容易磨损，因此液体涡轮流量计适用于单一成分的流体和低黏度液体，如水、轻质油品、溶剂等，液体中不含固体颗粒或纤维状物质，否则会影响测量精度和损坏机件。一般在上游需要加过滤器。

(3) 安装时必须保证前后有一定的直管段，以使流向比较稳定。

6.4.2　安装要求

方向与位置

可以水平或垂直安装。若垂直安装，流体流动方向必须是从下向上，并且确保液体充满管道，无气泡存在。流动方向要与传感器外壳上指示流向的箭头保持一致。安装位置应便于维修，避免管道振动、强电磁干扰和热辐射的影响。

水平安装时，管道倾斜不应超过 5°；垂直安装时，垂直偏差也应控制在 5°以内。涡轮流量计依赖于涡轮叶片旋转的速度来测量流体的流速，进而计算流量。如果管道倾斜，会导致流体在管道中产生偏流或不对称流速分布，影响涡轮的旋转稳定性和均匀性，从而降低测量精确度。较大的倾斜角度可能使流体对涡轮的作用力偏向一侧，导致涡轮轴承受额外的侧向力，长期作用下可能引起轴承磨损或涡轮偏转，影响流量计的使用寿命和测量可靠性。

直管段需求

上游如果没有局部阻力元件那么至少需要 $10D$（管道直径）的直管段，下游至少需要 $5D$ 的直管段，以消除流速分布不均匀的影响。上游如果是单个的 90°弯头，那么上游要求 $20D$ 的直管段，且加装整流器可以进一步提高测量精度。如果有半开阀门，则至少要求 $50D$ 的直管段，如图 6.4.2 所示。

辅助装置

在可能产生逆流的情况下，应安装止回阀。含有杂质的流体需前置过滤器，涡轮

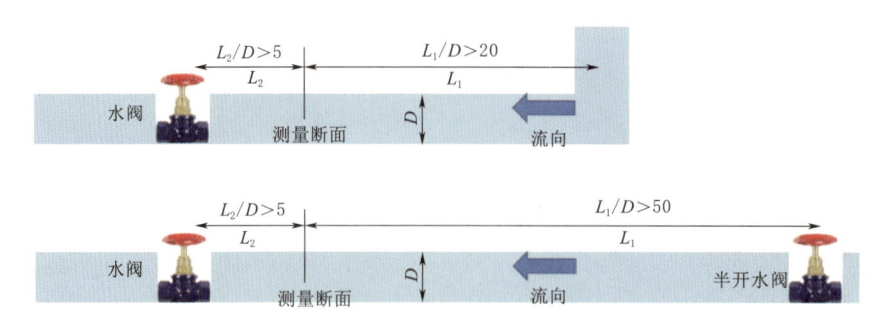

图 6.4.2 涡轮流量计所要求的最短直管段要求

叶片容易被杂质磨损。若流体含游离气体，应加装排气装置。建议安装旁通管道，以便于流量计的维护而不中断流体输送。

仪表举例

产品名称：涡轮流量计（图 6.4.3），精度等级：0.2% FS

量程比 1∶10；测量范围：0.01~15m/s

仪表的环境温度：−20~50℃；相对湿度：5%~95%

测量介质温度：−20~150℃

测量介质：水、油、醇类等液体（黏度<$5\times10^{-6} m^2/s$）

关于涡轮流量计的安装和使用知识，请扫码查阅。

链接 6.2 涡轮流量计

图 6.4.3 涡轮流量计实物

6.5 电磁流量计

6.5.1 工作原理

电磁流量计依据法拉第电磁感应定律，测量流动液体切割磁感线产生的电动势来确定流量。通常由流量电极、电磁系统、信号处理器等构成。最大优点是不会影响流体的流动，且无可动部件，所以具有良好的耐腐蚀性和可靠性，可以应用于各种液体、蒸汽和气体的流量测量。

工作原理：电磁流量计的测量管是一内衬绝缘材料的非导磁合金短管。两只电极沿管径方向穿过管壁固定在测量管上。其电极头与衬里内表面基本齐平。励磁线圈由双方波脉冲励磁时，将在与测量管轴线垂直的方向上产生一磁通量密度为 B 的工作磁场。此时，如果具有一定电导率的流体流经测量管，将切割磁力线感应出电动势 E。电动势 E 正比于磁通量密度 B、测量管内径 d 与平均流速 v 的乘积。电动势 E（流量信号）由电极检出并通过电缆送至转换器。转换器将流量信号放大处理后，可显示流体流量，并能输出脉冲、模拟电流等信号，用于流量的控制和调节。电磁流量计测量原理示意图如图 6.5.1 所示。

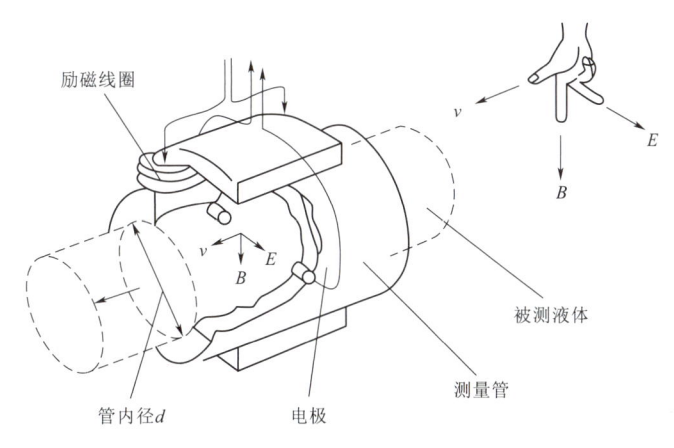

图 6.5.1 电磁流量计测量原理示意图

由工作原理可知，电磁流量计的基本使用条件为：管道内必须充满导电流体，流体的电导率是均匀的，测量管内壁需要附绝缘衬里，被测量液体的电导率有一定范围的规定值。只要电导率大于 5μ/cm 的中低温流体都选用相应的电磁流量计来测量流量，因此不导电的气体、蒸汽、油类、丙酮和高温流体等物质不适用。

电磁流量计可以测量混有固体的液体，例如钻井泥浆、水泥浆、纸浆等固体含量较高的流体。但含有大量固体的流体也会对电磁流量计的衬里造成磨损，尤其是硬质固体或高流速下。因此，在选择电磁流量计时，应考虑使用耐磨性好的衬里材料，如陶瓷或聚氨酯橡胶，并可能需要采取措施减少磨损，如将传感器安装在垂直管道上以均匀磨损。此外，含有铁磁性物质的固体可能会干扰电磁流量计的正常工作，除非采用特定设计的流量计来补偿这种影响。

优点

（1）电磁流量计的测量通道是一段无阻流检测件的光滑直管，因不易梗阻，适用于测量含有固体颗粒或纤维的液固二相流体，如纸浆、煤水浆、矿浆、泥浆和污水等，可应用于腐蚀性流体。

（2）电磁流量计本身不产生因检测流量所形成的压力损失，仪表的阻力相当于管道的自然摩擦阻力,特别适合于要求低阻力损失的大管径供水系统。

(3) 与其他大部分流量仪表比较,前置直管段要求较低。

(4) 测量范围大,量程比通常为1:50~1:20,可选流量范围宽。满量程值液体流速可在0.5~10m/s内选定。同样电磁流量计的口径范围比其他品种流量仪表宽,从几毫米到3m。可测正反双向流量,也可测脉动流量(只要脉动频率远低于激磁频率)。仪表输出本质上是线性的。

缺点

(1) 电磁流量计不能测量电导率很低的液体,如石油制品和有机溶剂等;不能测量气体、蒸汽和含有较多较大气泡的液体。

(2) 通用型电磁流量计因为衬里材料和电气绝缘材料限制,不能用于200℃以上高温的液体;同时不能用于温度过低的介质,因测量管外凝露(或霜)而破坏绝缘。

6.5.2 安装要求

安装方向与位置

电磁流量传感器可以水平、垂直或倾斜安装,但无论何种方式,传感器的电极轴向应尽量保持水平状态。垂直安装时,若被测介质含有气体,应确保气体流向自下而上。避免在管道的最高点安装,因为此处容易积聚气泡,影响测量准确性。必须保证管道内始终充满被测流体,避免非满管状态或气体附着在电极上,影响测量。

直管段要求

确认上下游具备足够的直管段,一般要求上游至少10D(管道直径),下游至少5D,以消除湍流影响。

环境因素

安装位置应避免阳光直射和高温环境,以免励磁线圈过热,影响绝缘性能。电磁流量计需要可靠接地,以防止外部电磁干扰影响测量结果,同时做好接地屏蔽。应远离大电机、大变压器和电焊机等强磁场设备,以免产生干扰。

仪表举例

产品名称:一体式电磁流量计(图6.5.2),精度:±0.5%FS,测量范围:0~9999.99m³/h,工作温度:橡胶衬里≤60℃、四氟衬里≤120℃

工作压力:1.6MPa、4MPa、16MPa

电极材料可选:316L、HB、HC、钽、铂铱合金、碳化钨

衬里材料可选:氯丁橡胶、聚四氟乙烯、F46、PFA、聚氨酯等

安装方式:法兰连接(默认),可定做螺纹卡箍快装连接

适用液体:导电液体、强酸强碱、化工污水、纸浆泥浆、循环水等

关于电磁流量计的安装和使用知识,请扫码查阅。

链接6.3 电磁流量计

图6.5.2 电磁流量计实物

6.6 超声波流量计

6.6.1 工作原理

超声波流量计有两种：一种是时差式，最常用，要求测试液体不能有气泡或杂质；另一种是多普勒式，要求液体中含有一定浓度悬浮颗粒或气泡的流体。

时差式超声波流量计原理如图 6.6.1 所示，在上下游分别布置有 2 只换能器，两者对向安装。其间距为 L，流体流速为 V，C 为室温下静水中声速。在水流的作用下，声波沿正向顺流传播所经历的时间 T_{up} 比逆向逆流传播所经历的时间 T_{down} 要小。只要测出顺流和逆流传播时间 T_{up} 和 T_{down}，就能求出速度 V，进而得到流量。这种方法不受温度的影响，可以实现精确测量。高精度的时间测量模块就是整个测量系统的关键。

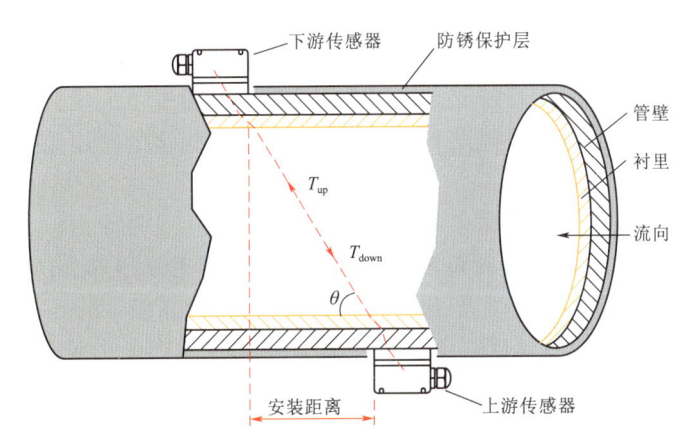

图 6.6.1　时差式超声波流量计原理图

多普勒超声波流量计利用了多普勒效应，发出的超声波遇到流体中的悬浮颗粒或气泡后会发生散射，散射后的超声波频率会因多普勒效应而发生改变，通过测量频率的变化，可以推算出流体的速度。

根据原理不同，两者适用对象也不同。时差式需要精确测量顺逆流声音时间差，如果液体中有气泡和杂质就会干扰声音的传播，造成很大误差。因此时差式超声波流量计适用于清洁的、无悬浮颗粒的流体，比如纯净水或某些工业液体。而多普勒式必须要有杂质颗粒才能发挥作用，颗粒还不能太小（大于 $100\mu m$），特别适用于含有一定浓度悬浮颗粒或气泡的流体，如废水、泥浆。但多普勒式仪表精度不如时差式。

超声波流量计中的传感器又叫换能器，是用于转换电信号和声信号的关键组件，它实际包含了发射换能器，即电信号转换为声信号，并将其发送到流体中，也包含了接收换能器，即接收从流体中返回来的声信号，并将其转换为电信号。

根据超声波流量计使用场合不同，可以分为固定式和外贴式（外夹式）。固定式用于安装在某一固定位置，对某一特定管道内流体的流量进行长期不间断计量。外夹式具有灵活性，主要用于对不同管道的流体流量进行临时性测量。

超声波流量计的特点

节能：使用超声波流量计夹装在测量管道的外表面，不需要在流体中安装测量元件，故不会改变流体的流动状态，不产生附加阻力，没有压力损失，仪表的安装及检修均可不影响生产管线运行，因而是一种理想的节能型流量计。

适于难测介质测量：检测件内无阻碍物，无可动零部件，不干扰流场，不会堵塞，由于是非接触式仪表，可以不受流体的压力、温度、黏度和密度的影响，除用于测量水、石油等一般介质外，还能对强腐蚀、非导电、易爆和放射性的介质进行测量。

适于大管道测量：仪表原理上是不受管道尺寸限制，特别适用于大管道大流量测量。其他流量计随着口径的增加，造价增加，而超声波流量计造价与管道尺寸无关，口径越大优势越明显。最大口径可达 2m。由于外夹式超声波流量计与管道尺寸无关，还可进行临时测量。它对管道尺寸的改变，或者流量测量范围的改变，有很好的适应能力。

超声波流量计目前所存在的缺点主要是可测流体的温度范围受换能器与管道之间的耦合材料耐温程度的限制，以及高温下被测流体传声速度的原始数据不全。目前只能用于测量 200℃ 以下的流体。

另外，超声波流量计对时间和声音捕捉的要求极高。这是因为，一般工业计量中液体的流速常常是几米每秒，而声波在液体中的传播速度为 1500m/s 左右，被测流体流速（流量）变化带给声速的变化量最大也是 10^{-3} 数量级。若要求测量流速的精度为 1%，则对声速的测量精度需为 $10^{-5} \sim 10^{-6}$ 数量级，因此必须有完善的测量芯片才能实现，这也正是超声波流量计只有在集成电路技术迅速发展的前提下才能得到实际应用的原因。

6.6.2 安装要求

在安装时选择流体流场分布均匀的部分，还要保证足够的直管段长度要求，以便形成稳定的速度分布。当测量截面的上游无局部阻力元件时，上游直管段长度要求为 (5～10)D（管道直径），下游直管段长度要求为 5D。当上游有弯头时，上游直管段长度要求为 20D。当上游有半开水阀时，直管段长度要求为 30D。如果上游是水泵，直管段长度要求为 50D。如果直管段长度达不到要求，会造成测量准确度的降低。

液体中如果含有气泡，要避免气泡聚集，比如图 6.6.2 中的高处管道，该位置气泡容易堆积，影响测量。同样在自上向下的管段，尤其是下方带有自由出口，该管段也容易出现气泡和不满管的情况。

图 6.6.2 超声波流量计安装要求

仪表举例

管道式超声波流量计（图 6.6.3），测量精度：流量 1.0 级；重复性：0.2%
工作原理：超声波时差法

流体种类：水、海水、酸碱液、食物油、柴油、酒精等单一稳定均匀的液体

被测流体温度：-30～160℃

测量最大流速：64m/s

流速分辨率：0.001m/s

(a) 流量计　　　　　　　　　　　　(b) 换能器

图 6.6.3　管道式超声波流量计及其两侧换能器

模块式外夹式超声波流量计（图 6.6.4），测量精度：流量 1.0 级；重复性：0.2%。

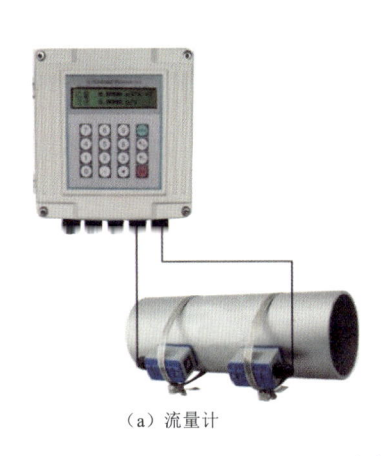

(a) 流量计　　　　　　　　　　　　(b) 换能器

图 6.6.4　外夹式超声波流量计及其两侧换能器

流体种类：水、海水、酸碱液、食物油、柴油、酒精等单一稳定均匀的液体

管径范围：DN15～DN6000

适用管道材质：碳钢、不锈钢、铸铁、铜、PVC、铝、玻璃钢、水泥管等管道，允许有衬里

被测流体温度：-30～160℃

测量最大流速：10m/s

外部主机和传感器环境湿度：<80％RH；温度：−20～60℃

6.7　小流量液体测量

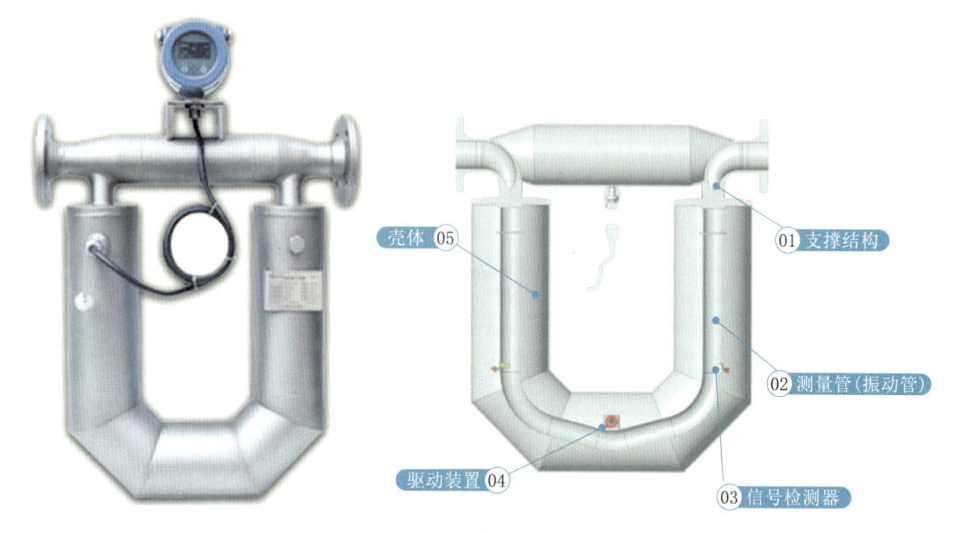

6.7.1　科里奥利质量流量计

科里奥利质量流量计也称为科氏力流量计（Coriolis mass flowmeter），是一种高精度的流量测量设备，能够直接测量流经管道的流体质量流量。

科里奥利质量流量计的核心组件是一对或多对呈 U 形或环形的振动管，这些管道由外部的电磁驱动系统激励，使其以一个自然的共振频率振动。当没有流体通过管道时，管道以一种固定的模式对称振动。然而，一旦有流体通过，流体因惯性作用对抗管道的振动，导致流体入口处的振动信号相对滞后，而靠近出口则相对超前，这种现象会产生一个扭曲或"偏转"效果。此时，管道两端的振动将出现可测量的时间差或相位差。结构如图 6.7.1 所示。

图 6.7.1　科里奥利质量流量计结构

传感器检测这一微小的相位变化，并将其转换为电信号，通过内置的微处理器，利用预先设定的算法和校准数据，计算出实际流经管道的流体质量流量。此外，通过分析振动频率的变化，还能间接测量流体的密度，因为不同密度的流体将引起振动管固有频率的细微变化。

科里奥利质量流量计能够直接测量质量流量，即使成分未知，也可以得到准确结果。同时科里奥利质量流量计还能测定流体密度，使得科里奥利流量计成为处理各种复杂流体，特别是在要求高精度计量的工业应用中的优选方案。尽管安装和购置成本较高，其长期的可靠性和减少的间接测量误差，为许多行业带来了显著效益。

优点

高精度与稳定性：提供极高的测量精度，通常优于±0.1%，且不受流体性质（如密度、黏度、温度等）变化的影响。对迎流流速分布不敏感，因而无上下游直管段要求。

直接质量测量：直接测量质量流量，而非体积流量，这对于化工、制药等行业中的配料控制至关重要。也可做多参数测量，如同期测量密度，并由此派生出测量溶液中溶质所含的浓度。

宽泛的应用范围：对介质的兼容性强，适用于从低黏度的水到高黏度的聚合物溶液，从低密度的气体到高密度的液体，甚至是含有固体颗粒的浆料。

缺点

成本较高：相比其他类型流量计（如涡轮流量计、电磁流量计等），科里奥利质量流量计的制造成本和初期投资通常更高。这主要是因为其复杂的结构、高精度的传感技术和材料要求。国内价格为电磁流量计的2～8倍。

安装要求严格：为了确保测量精度，科里奥利质量流量计的安装要求较为严格。需要正确地对准和支撑，避免管道应力对测量结果的影响。此外，流量计对振动敏感，安装地点需远离强振动源。

维护与清洁：虽然科里奥利质量流量计内部无活动部件，降低了磨损，但是流体中的固体颗粒或黏稠物质可能会沉积在管道内壁，影响测量准确性和长期性能，需要定期清理和维护。

适用限制：虽然科里奥利质量流量计能测量很宽的流速范围，但对于极端低流速或极高流速的应用可能不太适合。液体中含气量超过某一限值会显著影响测量值。不能用于较大管径，目前尚局限于DN200以下。

仪表举例

图6.7.2所示科里奥利质量流量计，测量精度：0.1%～0.2%FS，重复性0.05%，密度测量范围$0<\rho<5g/cm$，密度测量精度±0.001g/cm^3，测介质温度-50～200℃，温度测量精度±1℃。

图6.7.2 科里奥利质量流量计实物

工作压力：常规4MPa，高压可特殊

工作环境：-30～70℃

测量管材质：316L、哈氏合金

适用管径：DN3～DN150，对于DN3，其流量范围为0～150kg/h；对于DN150，其推荐流量范围为0～480000kg/h

6.7.2 热式液体质量流量计

热式液体质量流量计的原理与热式气体流量计相同，请查看5.7.1节。在测量管路中设有加热元件，同时在加热元件的上下游设有温度传感器，当液体流过该加热元件，上下游的液体温差与流过该加热元件的质量流量相关。因此热式液体质量流量计的核心是精确测量上下游温度传感器的温差。

这种流量计只适合小流量的高精度测量，一般量程上限在1000g/h。大流量场合，其加热元件对液体的加热效果就会微乎其微，上下游的温差也就不明显，因此不适合大流量场合。请注意，热式液体质量流量计一般测量水时，由于仪表会对流体加热，水本身的来流温度不能超过80℃。而对于沸点低的液体，可能会发生相变。

优点

广泛介质适用性：热式液体质量流量计可以适用于多种液体，包括水、油品、化工液体等，尤其适合测量低黏度的流体。因其原理基于热传导，理论上不依赖于流体的物理性质，如密度、黏度或电导率

微小流量测量：热式液体质量流量计可以准确测量低流速或微小流量，这是其一大优势，适用于需要精确控制流量的精细化工、实验室研究、医药等领域。

安装便捷：相对于某些其他类型的流量计，热式液体质量流量计的安装较为简单，且由于无运动部件，维护成本较低。同时热式液体质量流量计对流体造成的压力损失相对较小。

缺点

易受环境温度影响：热式液体质量流量计的测量结果可能受周围环境温度变化的影响，尤其是在温差较大的环境中，可能需要额外的温度补偿措施来保证测量精度。

对不均匀流体敏感：如果流体成分不均匀或含有大量气泡，可能影响热传递效率，导致测量误差。对于含有固体颗粒或易沉积垢层的液体，热式液体质量流量计的测量管路更易发生堵塞，需要定期清理或维护，特别是细管型仪表更易受影响。

响应速度：相比于某些其他流量计，如超声波流量计或科里奥利质量流量计，热式液体质量流量计的响应速度可能较慢，不适合快速变化的流量测量。

仪表举例

热式液体质量流量计一般都比较小巧，测量的都是小流量工况，如图6.7.3所示。最小测量流量可达：5～100mg/h；测量响应时间：2～4s；量程比：1∶20或1∶50；重复性：±0.2%FS；精度：±2%FS或±1%FS；工作温度5～50℃。

6.7.3 圆齿轮液体流量计

圆齿轮液体流量计属于容积式流量计，如图6.7.4所示，适用于油、脂、溶剂、聚氨酯、刹车油、液压油和其他一些无颗粒的润滑性液体的流量测量，广泛用于航空、航天、化工等多种军用和民用领域的流量测量。

6.7 小流量液体测量

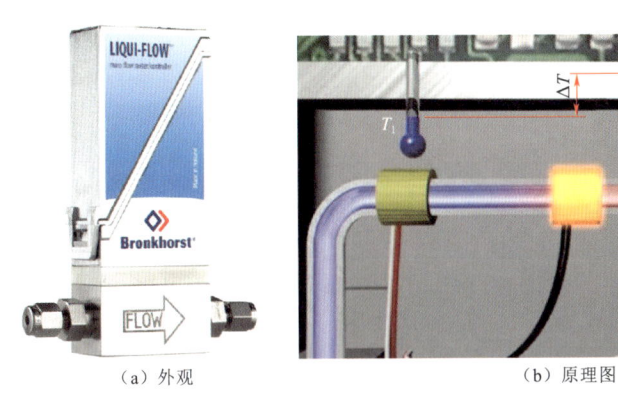

（a）外观　　　　　　　　　　　　　（b）原理图

图 6.7.3　热式液体质量流量计

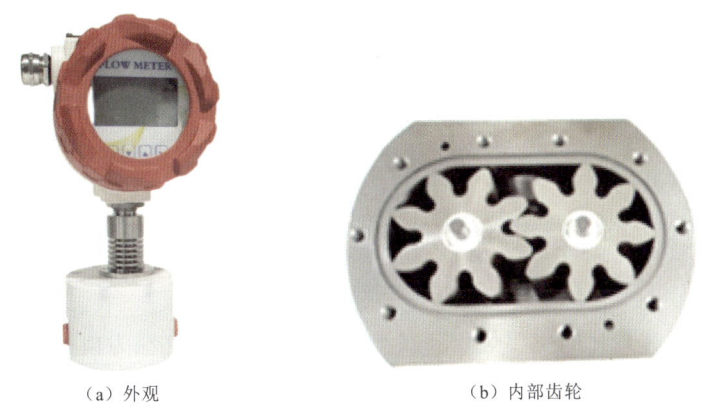

（a）外观　　　　　　　　　　　　　（b）内部齿轮

图 6.7.4　圆齿轮液体流量计

圆齿轮液体流量计计量精度高，适用于高黏度介质流量的测量，两齿轮间黏合度较高，不适用于含有固体颗粒的流体。在测量液体时，如果夹杂固体，易造成齿轮卡死。介质中含有气体，会导致测量误差。

仪表举例

图 6.7.5 是一组 4 个仪表组成的多路计量。介质：无颗粒液体，高黏度液体；精度：0.5%FS；重复率：0.1%；介质温度：$-40\sim80℃$，最高 200℃；壳体材质：铝合金、PP、PTFE、304/316L（可选）；转轴材质：硬质合金；传动部件材质：peek、四氟、304/316L（可选）。

图 6.7.5　圆齿轮液体流量计多路计量

适用管径 DN60～DN200，其中 DN60 的量程为 0.6～50L/h，DN200 的量程为 2000～20000L/h。

课后思考与任务

1. 请从购物网站搜索四类流量计（孔板流量计、涡轮流量计、电磁流量计、超声波流量计），了解其在市场中的价格区间和普及程度。并找出一两款，总结其测量特点和参数。
2. 当需要测量污水和纸浆这类浑浊液体流量时，应优先考虑哪两类流量计？在测量纯净水和电导率低的液体时，哪种流量计最合适？如何针对石油、柴油这类油品介质选择合适的流量计？
3. 大管道流量测量中，如何定义"大流量"概念？并举例说明 DN300～DN400 管径范围内的流量计类型有哪些？对于 DN1200 以上的特大管径流量测量，适合使用的流量计有哪些类型？
4. 当允许在管道上打孔安装流量传感器时，可选择哪些类型的流量计？如果现场条件不允许中断管道流体或切割管道，应选择何种类型的流量计？
5. 商业计量中，对于不导电液体且需要高精度测量的情况，推荐选用哪些流量计？
6. 列举孔板流量计的主要优点和缺点（各三点），并解释为何孔板流量计需要较长的直管段。
7. 请自行查阅资料，阐述超声波流量计相对于其他流量计在节能和大管道测量方面的优势，并说明其安装位置和角度的要求。
8. 科里奥利质量流量计能够测量哪些类型的流体？请列出其主要优点和缺点。

参考文献

[1] 蔡武昌，孙淮清. 流量测量方法和仪表的选用 [M]. 北京：化学工业出版社，2001.
[2] 张本贤. 热工控制检修 [M]. 北京：中国电力出版社，2015.
[3] 童良怀，郑苏录，张玉良. 节流式流量计特性及应用 [M]. 苏州：江苏大学出版社，2021.
[4] 蔡武昌，应启戛. 新型流量检测仪表 [M]. 北京：化学工业出版社，2006.
[5] 周庆，哈格，王磊. 实用流量仪表的原理及其应用 [M]. 北京：国防工业出版社，2008.
[6] 周人，何衍庆. 流量测量和控制 [M]. 北京：化学工业出版社，2013.
[7] 王池. 流量测量技术全书 [M]. 北京：化学工业出版社，2012.
[8] 中国标准出版社第四编辑室. 流量测量仪表标准汇编 [M]. 北京：中国标准出版社，2008.

第 7 章　热环境其他测量

本章详细介绍热环境中除温度、湿度外的几种关键测量技术，包括热流密度的精确测定、热能表在供暖和制冷系统中的应用、湿球黑球温度（wet bulb globe temperature，WBGT）指数在评估高温作业环境中的应用，以及人体存在传感器的智能化检测。

通过有效控制围护结构的热流密度，可显著降低建筑能耗，是绿色建筑评价和老旧建筑改造的重要指标。热能表同样是计量用户采暖耗能的关键。在高温作业环境下应用 WBGT 指数进行热环境评估，直接关联到劳动者的职业健康与安全，体现了新时代以人为本的发展思想。科学合理的热环境管理，可以预防热射病的发生，充分保障劳动者的身体健康。

7.1　热流密度测量

7.1.1　工作原理

热流密度又称为热通量，定义为单位时间内通过单位面积传递的热量，单位为 W/m^2。热流是从高温区域向低温区域传递，即沿着温度梯度的负方向。

热流计也称热流传感器、热通量计、热流仪、热流密度计，它是测量热传递（热流密度或热通量）的重要仪表。热阻式热流计是应用最普遍的一类热流计，又叫热电堆式或温度梯度型热流计。

热流传感器通常包含一个具有特定热导率的薄膜或箔片作为热敏元件。当有热流通过时，在热阻层上会产生温度梯度，传感器内部集成有热电偶或热电阻用来测量产生的温度梯度（或温差）。根据傅里叶定律，热流密度与温度梯度和材料的热导率成正比，测出了温度梯度（或温差），就可以计算出热流的大小。热流密度测量原理如图 7.1.1 所示。

为了提高热流计的灵敏度，需要加大传感器的输出信号，因此就需要将众多的热电偶串联起来形成热电堆，这样测量的热阻层两边的温度信号是串联的所有热电偶信号的逐个叠加，能反映多个信号的平均特性。

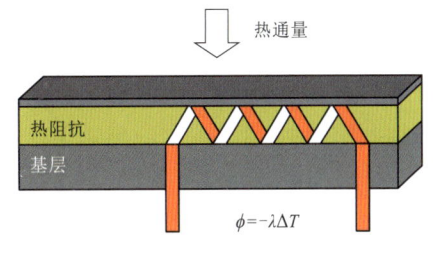

图 7.1.1　热流密度测量原理图

7.1.2 热流测量精度的影响因素

被测物粘贴的紧密程度

热流计与被测物粘贴的紧密程度对热流的稳定时间有着非常大的影响。粘贴越紧密,热流的稳定时间越短,测量偏差越小。因此,在瞬态热流计的使用过程中,要尽量保证热流计能够紧密地粘贴被测物体,同时使用导热胶(导热硅脂),使贴合无缝隙。

热流计厚度

热流计厚度影响了响应时间和精度两方面。有实验数据表明,当热流计厚度为 0.1mm 时,被测物表面热流值响应非常快,从开始到结果稳定时间只需 0.5s,通过热流计的热流值与实际值相差 2.92%。当热流计厚度增加到 1mm 时,稳定时间达到 8s,热流值的偏差达到了 6.26%。这主要是由于热流计厚度的增加,加大了热流计引入的热阻,传感器的热惰性提高,而且热流值产生了偏移。

热流计边长

热流计边长大小对响应时间影响不大,却影响重复性和精度。由于被测表面热流密度不可能处处完全一致,而且也不能保证每次传感器贴合紧密效果都一样。因此热流计边长越长,所覆盖的被测表面越大,测量结果的重复性越好。在实际应用中,传感器边长推荐 20~50mm,这个尺寸既能最大限度保证所测热流的重复性,热流计尺寸也不会太大。

常用举例

图 7.1.2(a)中,热流计厚度极薄,为 0.36mm,但仍然拥有出色的灵敏度。热通量传感器具有足够的柔性,可轻松地贴紧到曲面。可应用于传热组件的研发,甚至用于可穿戴技术(人体表面)。热通量量程范围 $-150 \sim 150 \text{W/m}^2$,响应时间约 0.6s,温度范围 $-50 \sim 120℃$,传感器铁片尺寸 $34\text{mm} \times 27\text{mm} \times 0.36\text{mm}$。

图 7.1.2(b)中,热流计适用于墙体和土壤的传热量测量。首先将热通量传感器表面均匀涂上凡士林,将涂有凡士林的热流计贴在墙体表面,使墙体和热流计能够进行紧密接触,停留几分钟后,待热流计适应环境温度后可开始测量。

(a)实物1　　　　　　(b)实物2

图 7.1.2　热流计实物

量程－2000～2000W/m², 测量精度不大于5%, 使用环境温度－30～300℃, 内阻小于300Ω, 响应时间约1s, 传感器贴片尺寸100mm×50mm×3mm。

7.2 热能（冷能）表

7.2.1 工作原理

热能表（也称为热量表或能量表）是一种在供热系统中计量为用户热水供能总量的设备。它可以用于集中供热系统或区域供暖系统单个建筑的供热能量计量，也可以用于为单个住宅或房间的供热计量。常安装在热交换回路的入口或出口，用以对采暖设施中的热耗进行准确计量及收费控制。实际上很多热能表同时可以计量冷量的供应，也有专用的冷能表，热量、冷量计量方法完全一样。

热能表其实是一种组合仪表，如图7.2.1所示，通常由以下三个关键部分组成：

流量传感器：用来检测并转换流经管道的热水的体积流量或质量流量信号。

温度传感器：通常为一对配对的温度传感器，分别安装在热水进入和离开热交换器的位置，用于实时监测两者温差。比如是用户的地暖盘管，就可以安装在入户管和出户管处。

积算仪：按照测得的流量和温差数据，计算出所传递的热能总量，单位一般是kW·h或J。

$$Q = 4.18q\Delta t/3.6 = 1.16q\Delta t \tag{7.2.1}$$

式中：Q为热量，W；q为流量，m³/h；Δt为温度差，℃。

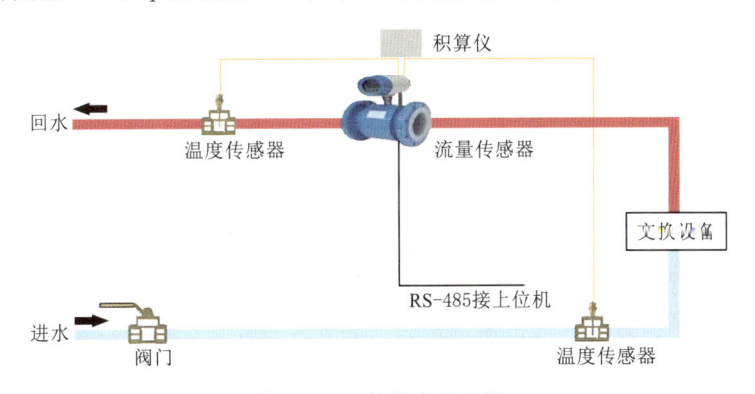

图 7.2.1 热能表原理图

比如某住户家中采暖系统加装了热能表，那么热能表会计算供回水的循环量、供水温度、回水温度，然后根据计算公式，加上一些修正，计算得出住户的用热量。

根据测量热水流量的工作原理不同，热能表可以分为电磁式、超声波式和机械式三种类型。其中电磁式热能表使用的就是电磁流量计，如图7.2.2所示，虽然精度高，但因功耗较高（仪表需使用电能）且对热水的电导率有要求，主要用于大口径的整栋楼宇或工业场合计量。超声波式热能表使用的就是超声波流量计，如图7.2.3所示，适用于小口径管道的户用热能表，对水质和电导没有要求。机械式热能表通过叶轮的转动来测量流量，这种类型热能表中有一种多流束热能表，因磨损较小、使用寿命长而被广泛采用，尤其在小口径（如 DN25 以下）的户用热能表中目前占据主导地位，但在新建住宅中超声波式热能表的使用也越来越多。

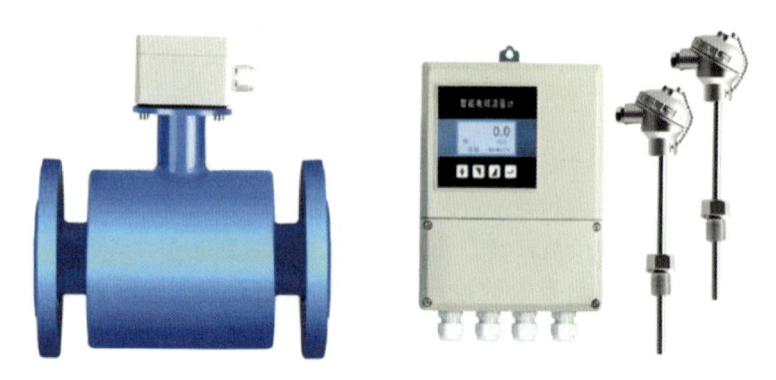

图 7.2.2　电磁式热能表组合仪表

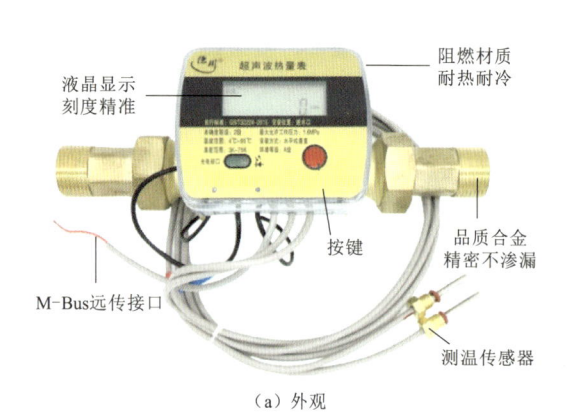

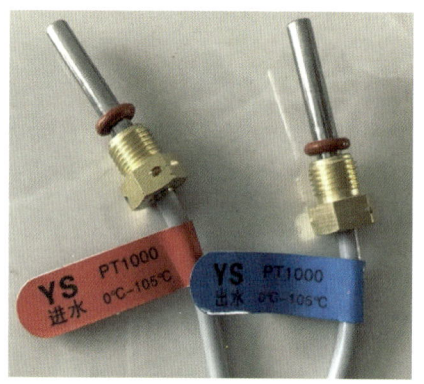

（a）外观　　　　　　　　　　　　　（b）进出水管的热电阻

图 7.2.3　超声波热能表

不管是哪种类型的热能表，热水中的杂质会影响长期测量的精度和稳定性。供暖系统中，在锅炉及附属设备安装，管道的焊接以及热交换器的安装过程中，许多杂质会留在供热系统中，这些杂质可能是石灰，砂砾石及铁氧化物。长期水质较差时，在流量计的管壁和超声波换能器表面可能结垢，对于机械式热量表，也会磨损其中的叶轮，这将造成计量的不准确。

现代热能表除了精确计量热量外，还具备多种智能化功能。例如，支持远程抄表和数据传输，用户可通过手机 App 或智能家居系统实时监控能耗；具备自动调节功能，根据室内外温度优化供暖或制冷系统；提供异常报警功能，及时发现管路泄漏或设备故障；同时，热能表还支持历史数据查询和节能分析，帮助用户优化能源使用，降低能耗。

7.2.2　热计量与热能表

2024 年 3 月 12 日，国家发展改革委、住房城乡建设部发布《加快推动建筑领域

7.2 热能（冷能）表

节能降碳工作方案》（以下简称《工作方案》），该文件被国务院办公厅转发。《工作方案》指出，推进热计量和按供热量收费，各地区要结合实际制定供热分户计量改造方案。北方采暖地区新竣工建筑可实行按楼栋计量；加快实行基本热价和计量热价相结合的两部制热价，合理确定基本热价和终端供热价格。

北方传统采暖普遍采用按面积计收采暖费，按房屋采暖建筑面积来计算费用，不管用多少热都需要缴纳全额的采暖费用。或者说缴纳费用后，热量的供给基本不受控，所以室内温度也不能控制，如果觉得太热，只能自行开门开窗。

供热计量改变了传统供热形式和理念。热是一种商品，用热户购买的是热量，可根据自己的需求自行调节室内温度。如果不想室温太高或者家中无人时可自行调低温度，这样不仅提高了舒适度，也可以少用热，在一定程度上帮用热户节省采暖费用。例如西北某地，供热计量后一个采暖期的收费方式为：基本热费（建筑面积×11 元/m^2）+计量热费（每使用 1GJ 热量 23.5 元），同时有封顶价格。用热户可以通过手机 App 或家中的温控器自行设定家中室内温度，根据个人对温度的不同需求进行温度调控。

热能表通常安装在每户的采暖供水和回水主管道上，采用一户一表方式。目前户用的热能表主要是多流束热能表（机械式热能表）和超声波式热能表。居民常用的管道口径为 DN25。安装时，热能表既可以水平安装，也可以垂直安装，具体方式根据现场条件确定。按照采暖热水流量的估算方法，每平方米所需的热水流量为 2~3L/h。因此，对于一面积为 60m^2 的住房，其流量范围为 120~180L/h。

常用举例

电磁式热（冷）能表（图 7.2.4）是采暖和供冷两用的，通过电磁流量计测量流体的流量，并结合配对温度传感器（铂热电阻）测量供回水温差，从而计算并显示热交换系统中吸收或释放的热量，安装方式如图 7.2.5 所示。具有阀门控制功能，可以远程控制阀门开关，便于物业收费管理，广泛应用于写字楼和企事业单位的集中供热、供暖及空调系统的热量和计量。温度测量范围 4~120℃，分辨率 0.01℃，温差范围 3~75℃，温度测量的总误差不大于 0.1℃，流速范围 0.1~15m/s，适用管径范围 DN15~DN800。

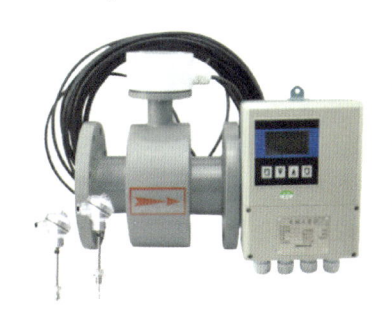

图 7.2.4 电磁式热（冷）能表

链接 7.1 热能表

热能表的更多内容，可以扫描二维码，进一步了解热能表的安装注意和超声波式电磁式的区别等。

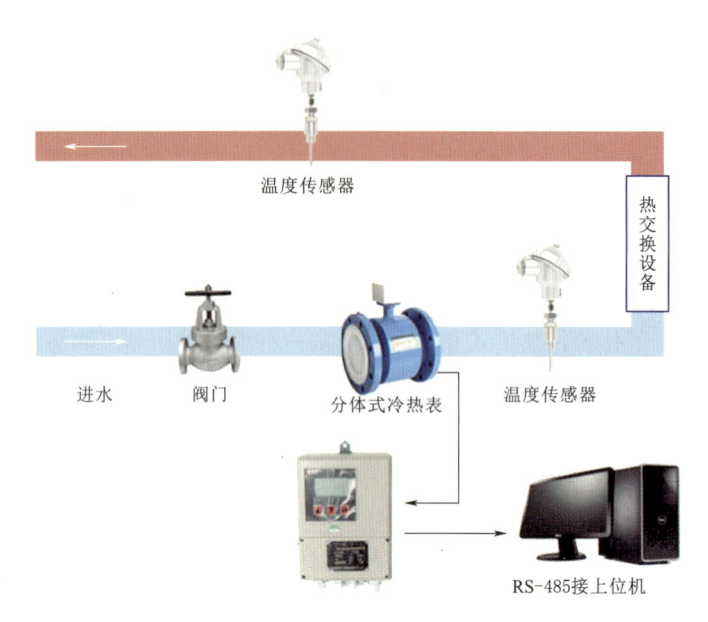

图 7.2.5 电磁式热（冷）能表安装方式

7.3 WBGT 指数与黑球温度计

7.3.1 WBGT 指数

WBGT 指数是一种综合评价环境热强度和人体热量平衡状态的指标，主要用于评估高温作业环境的安全性和热应激风险。该指数结合了三个关键参数（空气干球温度、自然湿球温度和黑球温度）来反映不同热负荷来源对人体会产生的影响。

空气干球温度（t_a），即常规意义上的气温，表示空气的实际温度。

自然湿球温度（t_{nw}），可通过干湿球湿度计测量得到，它反映了空气的湿度和潜在冷却能力。较低的自然湿球温度表示较高的蒸发冷却效率，意味着人体可以通过出汗有效降温。注意是其自然蒸发（不加额外风力）条件下测得的温度，它不同于通风干湿球湿度计的湿球温度。

黑球温度（t_g）：黑球温度是一种测量环境中辐射热强度的物理量，代表了在特定环境条件下，人体受到周围环境的辐射热和对流热综合作用而产生的实际感觉温度。黑球温度计核心组件是一个直径 15cm 左右、表面涂成黑色的空心球，安装有温度传感器以测量球体表面温度。由于黑色表面具有较高的吸收率和较低的反射率，可以吸收来自所有方向的红外辐射能量，包括太阳直射和周围环境发出的长波辐射，因此其温度通常会高于同一环境下的空气干球温度，尤其是在阳光下或者存在大量热源辐射的情况下。黑球温度是评估环境舒适度、劳动环境安全以及城市热岛效应等研究领域中的重要参数。特别是在炎热天气时，它可以更好地反映人们所感知到的"炎热"程度，比单纯的干球温度更能体现高温环境对人体的影响。

WBGT 指数可按式（7.3.1）和式（7.3.2）计算，即无太阳辐射时（室内）：
$$\mathrm{WBGT}=0.7t_{\mathrm{nw}}+0.3t_{\mathrm{g}} \quad (7.3.1)$$
有太阳辐射时（室外）：
$$\mathrm{WBGT}=0.7t_{\mathrm{nw}}+0.2t_{\mathrm{g}}+0.1t_{\mathrm{a}} \quad (7.3.2)$$
式中：WBGT 为 WBGT 指数，℃；t_{nw}、t_{g}、t_{a} 分别为自然湿球温度、黑球温度和空气干球温度，℃。

为什么湿度要占 70% 的比重呢？说到底，WBGT 指数是以预防中暑为初衷所开发出的指标。而在湿度较大的环境下，人体汗液很难蒸发，身体向空气中排出热量的能力相对较低，也就更容易中暑。因此，湿度所占的比重较大。为了预防中暑，很多国家和地区会进行每天实时 WBGT 值的发布。

WBGT 指数对应的高温作业分级限值

以中国为例，根据《高温作业场所职业接触限值》（GB/T 4200—2008）等相关规定，一般将高温作业环境按照 WBGT 指数分为四级，并制定了相应的劳动保护措施。

一级（轻度热应激）：WBGT 指数通常在 26～28℃ 之间，此时应关注工人的身体状况，提供充足的水分补给，合理安排工作与休息时间。

二级（中度热应激）：WBGT 指数在 29～31℃ 之间，除了一级的防护措施外，还可能需要减少重体力劳动强度，增加工间休息次数和时长。

三级（重度热应激）：WBGT 指数在 32～34℃ 之间，应进一步严格限制连续作业时间，强制实施间隔休息，并加强现场医疗监护。

四级（极重度热应激）：WBGT 指数大于 35℃，在此条件下应尽量避免或停止露天、无有效降温措施的长时间高强度劳动，必要时停工。

7.3.2 湿球黑球温度计（WBGT 指数计）

湿球黑球温度计又称 WBGT 指数计，如图 7.3.1 所示，黑球温度、自然湿球温度、空气干球温度三个测头水平安装在同一个横架上。

自然湿球温度测头罩有一层纱布，置于被测环境中，纯粹依靠自然通风。自然湿球温度测头具有以下特性：圆柱，外径 6mm±1mm，测头最小长度 30mm±5mm，量程 5～40℃，精度 ±0.5℃。测头上应包上吸水性很强的材料，如棉纱布。棉纱布应组成套管状，大小正好套在测头上，太紧或太松都会影响测头的读数，棉纱布应保持洁净。棉纱布的下端应垂于水罐中，棉纱布在空气中的自由长度为 20～30mm，应能有效防止辐射热对水温造成的升高。

图 7.3.1 湿球黑球温度计实物

黑球温度测头的温度敏感元件置于黑球的中心。黑球直径 150mm，平均辐射系数 0.95，未抛光；量程 20～120℃；精度 ±0.5℃（20～40℃），±1℃（50～

120℃）。

空气温度的敏感元件在测定时应注意防止受辐射热的影响。测量范围 10～60℃；精度±0.5℃。

7.4 人体存在传感器

人体存在传感器是一种能够检测人体存在或运动的电子设备，通常用于节能调控、安全监控和智能家居等领域。自然界中存在的物体，都会放射与其温度和表面状态相符的红外线，人体（体温约为 310K）发出的红外线能量，其峰值波长位于 9～10μm 范围内，如图 7.4.1 所示。

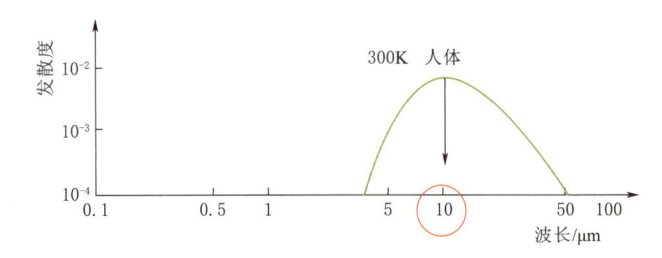

图 7.4.1　人体散发红外波长的特征

红外线热释电传感器（图 7.4.2）：这种人体存在传感器基于被动红外技术（passive infrared radiation，PIR），利用人体发出的红外辐射与环境温度之间的差异来工作。当人体进入传感器的探测范围时，人体散发出的红外能量被热释电元件接收并转换为电信号，通过内部电路处理后触发相应的响应动作，如开启灯光或发送警报信号。

图 7.4.2　红外线热释电传感器

红外人体存在传感器是基于红外线技术的自动控制模块，专用于感应周围人体的存在。灵敏度较高，抗干扰能力大，且简单易用。尽量避开热源辐射源以及太阳光直射区域。

调节距离电位器顺时针旋转，可以增大感应距离（最大可达约 7m），建议在 0～3.5m 范围内使用较为适宜。调节延时电位器顺时针旋转，可延长感应延时至约 300s；逆时针旋转，则可缩短感应延时至约 5s。

应用场景

家庭自动化：自动控制灯光开关，当有人进入房间时自动开灯，离开后延时关灯。

安全防护：联动家庭安防系统，在入侵者进入设定区域时触发报警。

智能家居：配合智能门锁、智能空调等设备，实现智能化节能和便捷生活。

商业场所：如公共洗手间、走廊的自动照明系统；商店用于统计客流量、优化资源配置。

办公室：智能办公空间，自动调节会议室或工位的电器设备状态。

人体传感器以其高效节能、方便实用的特点，在现代生活中扮演着越来越重要的角色。

人体存在传感器的更多内容，可以扫描二维码，进一步了解传感器原理和菲尼尔透镜的信息。

链接 7.2
人体存在传感器

课后思考与任务

1. 请从购物网站搜索各类热能表（机械式、电磁式、超声波式），了解其在市场中的价格区间和普及程度。并找出一两款，总结其测量特点和参数。

2. 一个大型办公楼希望安装热能表以监控和优化其供暖系统的能量消耗。考虑到建筑的规模和供暖系统的特点，请选择合适的热能表类型（机械式、电磁式、超声波式）。

3. 查阅相关资料了解人体存在传感器的类型。市场上除了红外线热释电传感器，还有什么其他技术？并了解其在智能家居产品中的具体应用案例。

4. 根据傅里叶定律，探讨如何通过优化热阻式热流计的设计来提高测量精度。

参考文献

[1] JGJ/T 347—2014 建筑热环境测试方法标准［S］
[2] TS EN 1434-1—2016 热量表第 1 部分：通用要求［S］
[3] 闫艳，隋学敏. 热流密度测量技术现状和发展概述［J］. 节能，2016，35（1）：4-9.
[4] 王树铎. 关于热能表的设计和选用［J］. 区域供热，2000（1）：18-20.
[5] 李芳. 热能表热量计算方法的研究［J］. 中国计量，2005（1）：49-50.
[6] 杨心诚. 湿球黑球温度对高温开挖的适用性及安全热暴露时长的研究［D］. 重庆：重庆大学，2014.
[7] 李超，肖劲松，张敏，等. 热流计测量精度影响因素的精值分析［J］. 节能，2005（2）：3-7.

第 8 章　室内污染物测量

室内环境中的污染物种类繁多，包括颗粒物、挥发性有机化合物（volatile organic compounds，VOCs）、甲醛、二氧化碳、一氧化碳等，它们可能源自家具、装修材料、日常活动以及外部环境。这些污染物在封闭或半封闭的室内空间中累积，可能对居住者造成从轻微不适到严重健康问题的风险。本章将详细介绍室内污染物的种类、来源及其对人体健康的影响，并深入探讨分光光度法、不分光红外分析法、色谱法、光离子化检测器（photo ionization detector，PID）和氢火焰离子化检测器（flame ionization detector，FID）在线监测 VOCs、电化学传感器、MEMS（micro-electro-mechanical system，微机电系统）气体传感器、称量法和激光散射法等室内污染物测量技术的原理、应用及其优缺点。通过这些先进的监测技术和方法，可以更准确地评估室内空气质量，为制定有效的室内空气净化措施提供科学依据。"良好的生态环境是最普惠的民生福祉"，必须要重视室内污染防治，保障人们在一个更加健康、安全的环境中生活和工作。

8.1　室内污染物与空气质量

随着经济和社会的快速发展，各种新型装饰装修材料、家具和日用化学品迅速进入室内。与此同时，我国室内空气新污染物也不断涌现、污染特征日趋复杂。一天 24 小时，人们除了在户外活动外，大多数时间都会呆在室内，因此室内环境与生活息息相关。2023 年 2 月 1 日，《室内空气质量标准》（GB/T 18883—2022）正式实施。其规定了室内空气质量的物理性、化学性、生物性和放射性指标、卫生限值及检测方法，对于加强我国室内空气质量管理、降低室内空气污染物的浓度、保护公众健康具有重要意义。室内空气质量指标及要求见表 8.1.1。

常见的室内污染物有颗粒物（如 $PM_{2.5}$）、挥发性有机化合物（VOCs）、甲醛、二氧化碳、一氧化碳、微生物污染物（如细菌、病毒、霉菌孢子）等。这些污染物通过不同途径进入室内，如装修材料释放、烹饪油烟、吸烟、人体活动、外部空气污染渗透等，并在相对封闭的空间内积聚，导致室内空气质量下降。当室内污染物浓度超过一定限值时，会对人体产生不良影响，如呼吸道疾病、过敏反应、头痛头晕，甚至可能诱发或加重慢性疾病。因此，对室内空气质量的监测至关重要。

表 8.1.1　　　　　　　　　　　室内空气质量指标及要求

参数类别	参　数	单位	标准值	备　注
物理性	温度	℃	(夏)22~28	
			(冬)16~24	
	相对湿度	%	(夏)40~80	
			(冬)30~60	
	空气流速	m/s	(夏)≤0.3	
			(冬)≤0.2	
	新风量	m³/(h·人)	≥30	
化学性	二氧化硫 SO_2	mg/m³	≤0.50	1h 平均
	二氧化氮 NO_2	mg/m³	≤0.20	1h 平均
	一氧化碳 CO	mg/m³	≤10	1h 平均
	二氧化碳 CO_2	体积分数%	≤0.10	1h 平均
	氨 NH_3	mg/m³	≤0.20	1h 平均
	臭氧 O_3	mg/m³	≤0.16	1h 平均
	甲醛 HCHO	mg/m³	≤0.08	1h 平均
	苯 C_6H_6	mg/m³	≤0.03	1h 平均
	甲苯 C_7H_8	mg/m³	≤0.20	1h 平均
	二甲苯 C_8H_{10}	mg/m³	≤0.20	1h 平均
	总挥发性有机物 TVOC	mg/m³	≤0.60	8h 平均
	三氯乙烯	mg/m³	≤0.006	8h 平均
	四氯乙烯	mg/m³	≤0.12	8h 平均
	苯并[a]芘	mg/m³	≤1.0	24h 平均
	可吸入颗粒 PM_{10}	mg/m³	≤0.10	24h 平均
	细颗粒物 $PM_{2.5}$	mg/m³	≤0.05	24h 平均
生物性	细菌总数	cfu/m³	≤1500	
放射性	氡 ^{222}Rn	Bq/m³	≤300	推荐年平均

链接 8.1
多种污染物
介绍

对于表 8.1.1 中的各种污染物的室内环境来源及其物理化学性状，请扫描二维码查阅。

8.2　分光光度法

8.2.1　工作原理

物质对不同波长的光有不同的吸收能力。比如，红色的溶液会吸收绿色光，而让红色光通过。分光光度法就是利用这种特性，通过测量物质对特定波长光的吸收程度，判断物质的种类和浓度。吸光度是光谱学中的一个重要参数，用于衡量光被吸收的程度，其定义为入射光强度与透射光强度 I 的比值的对数，吸光度是一个无量纲的量，通常用 A 或 Abs 表示。分光光度法中所使用的仪器为分光光度计，简称光度计。

使用分光光度计时，将不同波长的光连续地照射到一定浓度的样品溶液时，便可得到各个波长相对应的吸光度。如以波长 λ 为横坐标，吸光度 A 为纵坐标，就可绘出该物质的吸收光谱曲线。利用该曲线进行物质定性、定量的分析方法，称为分光光度法，也称为吸收光谱法。分光光度法的定量分析基础是朗伯-比尔（Lambert-Beer）定律，即物质在一定波长的吸光度与吸收介质的厚度和吸光物质的浓度成正比。通过测定物质在特定波长处或一定波长范围内光的吸光度，对该物质可以进行定量分析。

光谱中波长范围 200～400nm 是紫外光区，400～760nm 是可见光区，2.5～25μm 是红外光区。用紫外光源测定无色物质的方法，称为紫外分光光度法；用可见光光源测定有色物质的方法，称为可见光光度法；同理还有红外光光度法。

尽管光度计种类型号繁多，但基本组成部件却相同，包括光源、单色器、光束分裂器吸收池和检测系统，如图 8.2.1 所示。

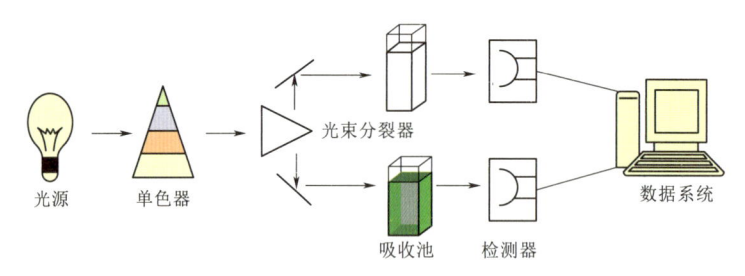

图 8.2.1 分光光度计结构示意图

光源：在测量吸光度时，要求光源发出特定波长范围内的连续光谱，且要具有足够的光强度，并在一定时间内能保持稳定。如果要求使用可见光区测量时，通常使用钨丝灯作为光源。

单色器：单色器是将光源发射的复合光分解为单色光的装置。色散器是单色器的核心部分，常用的色散元件是棱镜或光栅。

光束分裂器：光束分裂器用于将一束光分成两路，分别通过参比溶液和样品溶液，从而提高测量的准确性和稳定性。

吸收池：吸收池也称为比色皿，是盛放样品溶液的容器。

检测系统：检测系统包括检测器和数据系统。检测器是一种光电转换设备，将光强度转变为电信号显示出来。常用的检测器有光电池、光电倍增管和光二极管阵列检测器等。

同一种类的溶液，浓度不同时，光吸收曲线的形状相同，即最大吸收波长不变，但吸光度大小不同。在测定时，一般用最大吸收波长作为测定波长。如图 8.2.2 所示，不同浓度高锰酸钾溶液的吸光度不同，但是最大吸收波长都是在 525nm。

分光光度法通过选择特定波长的光进行测量，可以实现对样品中特定组分的选择性检测，它快速、灵敏而且准确，样品制备简单，且测量过程不会破坏样品。

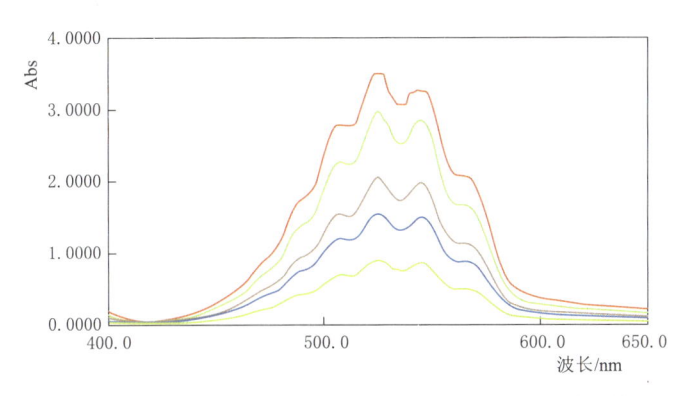

图 8.2.2　不同浓度高锰酸钾溶液在 400～650nm 波段的扫描吸收光谱图

8.2.2　方法应用

一般常用的是实验室台式分光光度计，其重量一般在 10kg 以上，光源，钨灯和氘灯，波长范围 195～1020nm，如图 8.2.3（a）所示。

同时还有便携式分光光度计，其体积小巧，功能强大，预置 200 多条程序，可使用多种尺寸比色皿，中文显示屏采用背光设计，可在较暗处和阳光直射下操作，可使用 5 号电池或选配交流电源，配置 USB 输出模块。重量轻，可手持。光源，氙灯，波长范围 340～800nm，如图 8.2.3（b）所示。

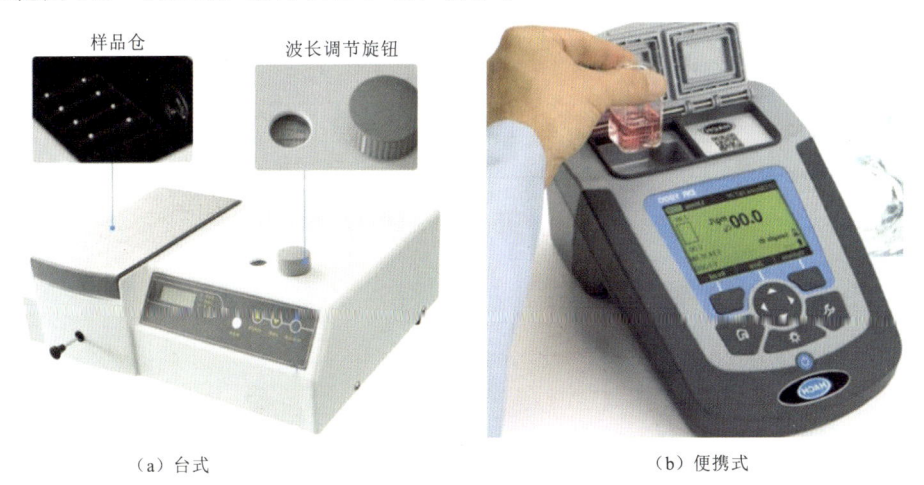

（a）台式　　（b）便携式

图 8.2.3　实验室台式和便携式分光光度计

分光光度法可以测定常见的气态污染物，如二氧化硫（SO_2）、氮氧化物（NO_x）、一氧化碳（CO）、臭氧（O_3）等。这些污染物在特定波长下有较强的吸收能力，可以通过紫外或可见光进行测定。对于颗粒物（$PM_{2.5}$ 或 PM_{10}），分光光度法只能分析其中的可溶性组分，如硝酸盐颗粒、硫酸盐颗粒等。颗粒物收集后，可以通过溶解并使用分光光度法来测定这些组分的浓度。一些有机挥发性化合物（如甲醛）也可以通过分光光度法来测定，它们在紫外或可见光区有吸收特性。

《室内空气质量标准》（GB/T 18883—2022）中对不同污染物要求了不同的测定

方法，同一种污染物也可能有多种测定方法。表 8.2.1 列出了《室内空气质量标准》（GB/T 18883—2022）中分光光度法可测定的污染物。其中靛蓝二磺酸钠分光光度法、紫外光度法等，都是分光光度法的一种，基本原理如前所述，但具体到试剂、溶液和光源有各种不同变化，形成了针对特定污染物的不同分光光度法。

表 8.2.1　　　　　　　　　　分光光度法可测定的污染物

污染物	测定方法	方法来源	推荐采样方法参数
臭氧	靛蓝二磺酸钠分光光度法	GB/T 18204.2	连续采样时间至少 45min，采样流量 0.4L/min
	紫外光度法	HJ 590	监测时间至少 45min，监测间隔 10~15min，结果以时间加权平均值表示
氨	靛酚蓝分光光度法	GB/T 18204.2	连续采样时间至少 45min，采样流量 0.4L/min
	纳氏试剂分光光度法	HJ 533	连续采样时间至少 45min，采样流量 1L/min
甲醛	AHMT 分光光度法	GB/T 16129	连续采样时间至少 45min，采样流量 0.4L/min
	酚试剂分光光度法	GB/T 18204.2	连续采样时间至少 45min，采样流量 0.2L/min
二氧化硫	甲醛溶液吸收-盐酸副玫瑰苯胺分光光度法	GB/T 16128	连续采样时间至少 45min，采样流量 0.5L/min
二氧化氮	改进的 Saltzman 法	GB/T 12372	连续采样时间至少 45min，采样流量 0.4L/min
	Saltzman 法	GB/T 15435	连续采样时间至少 45min，采样流量 0.4L/min

链接 8.2 分光光度法

对于表 8.2.1 中的不同分光光度法的介绍，请扫描二维码查阅。

8.3　不分光红外分析法

8.3.1　工作原理

不分光红外分析法（non-dispersive infrared，NDIR）又叫非分散红外法。非分散就是无须将红外光分散成不同的波长，不采用色散元件而直接测量。测量过程中直接使用红外光源照射气体，由于气体会吸收红外光，浓度越高，吸收的就越多，通过检测器测量透射光强度，就可以计算出气体浓度。

在操作上，如图 8.3.1（a）中，使用宽波长范围红外光源，样品气体被引入到一个特殊的测量室（吸收气室）中。红外光通过样品气体后，一部分光被气体分子吸收，另一部分则穿过测量室到达检测器，检测器测量透射光的强度，并将其转换为电信号。同时还要对比无气体时的参考光强度，利用朗伯-比尔定律计算出气体浓度。

以测量 CO_2 浓度为例，红外光源发射出 $1\sim20\mu m$ 的红外光，通过一定长度的吸收气室后，经过一个 $4.26\mu m$ 波长的窄带滤光片后，由红外传感器监测透过 $4.26\mu m$

8.3 不分光红外分析法

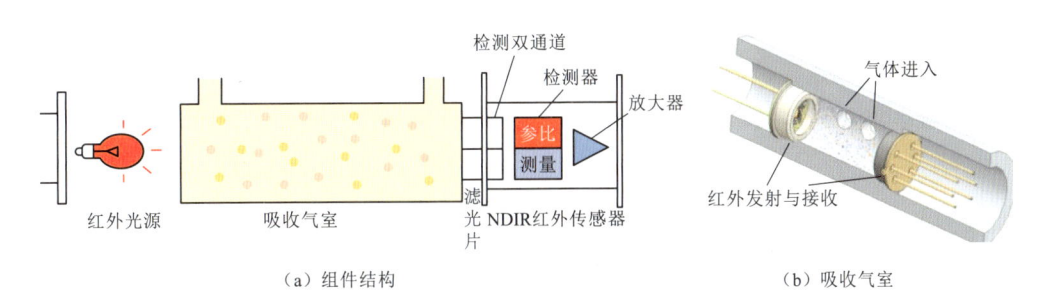

（a）组件结构　　　　　　　　　（b）吸收气室

图 8.3.1　不分光红外分析原理示意图

波长红外光的强度，以此表示 CO_2 气体的浓度。如果样品气体是多种混合气体，为了分析特定组分，应该在检测器前或红外光源后安装一个特定气体吸收波长的窄带滤光片，使检测器的信号变化只反映被测气体浓度变化。

图 8.3.1（b）是集成后实际的不分光红外传感器结构，主要由红外光源、气室及滤波元件、红外传感器三大器件构成。

红外光源及其调制方式：选择合适的光源及其调制方式对降低系统功耗和提高仪器的精准度具有重要作用。目前，传统方法主要采用热辐射红外光源（如镍铬丝、硅碳棒等）和机械斩波调制技术。然而，传统方式存在体积大、稳定性低、功耗大等缺点，逐渐满足不了小型化便携式的发展需求。随着分析仪的小型化、便携式的发展，MEMS 微型红外光源进行电调制，则可大大缩小仪器设备的体积。

气室结构：气室结构的巧妙设计可以增加光学路径长度，使红外光源更大程度地被气体分子充分吸收，从而提高检测系统的灵敏度和准确度。至今，常用的气室结构为直射式和反射式气室结构，结构简单，易于制造。反射式气室结构可以增加光程长，使目标气体得到充分吸收。这不仅提高了系统检测的灵敏度和准确度，而且在保证光程足够长的前提下，有效减小了气室体积，实现了仪器的便携化，因此是目前 NDIR 气体分析仪气室结构设计的主流方向。

红外检测器：一般有热释电检测器、热电堆检测器和光电二极管三种。热释电检测器使用最为广泛，原理是当温度（受红外光照射）发生变化时，材料表面会产生电压，但容易受到环境温度影响。光电二极管利用半导体材料在受到光照射时产生的光电效应，将光能直接转换为电流，响应速度快，灵敏度高，但成本较高。

8.3.2　不分光红外传感器（NDIR 传感器）

不分光红外传感器简称 NDIR 传感器，具有高精度、高稳定性、响应快、恢复时间短等优点，很适用于实时监测和报警系统。同时 NDIR 传感器还具有抗中毒性和抗水汽干扰，即不容易受到某些有害物质的影响，这使得它能够在恶劣环境中持续工作而不会失去活性，对水汽有较好的耐受性，能够在湿度较高的环境中稳定工作。

缺点是在测量某种气体时，其他气体会有交叉干扰，特别是当背景气体与目标气体有相似的吸收光谱时。这可能导致读数不准确或需要额外的校正措施。比如 CO_2 与 CH_4、CO_2 与 CO 之间的干扰。

以测量 CO_2 浓度的 NDIR 传感器举例。图 8.3.2 中，最小的 $\varphi 20$ CO_2 传感器，

其尺寸小巧，为直径 20 mm 的圆柱体。测量精度±50ppm 或±5％ FS（25℃），量程 0~2000ppm。大量程扩散式 CO_2 传感器，量程 0~5000ppm，测量分辨率 1ppm，测量精度±50ppm 或±5％ FS（25℃），响应时间＜30s（25℃），预热时间＜1min（25℃），达到精度＜5min（25℃）。

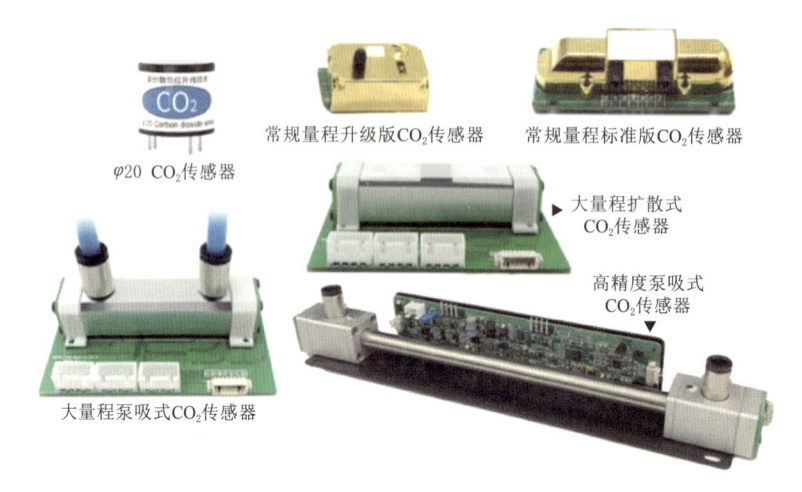

图 8.3.2　常见不分光红外 CO_2 传感器

将传感器与显示屏、记录仪等集成后，可以制作成手持式 CO_2 测试仪和桌面摆放式 CO_2 测试仪，如图 8.3.3 所示。

（a）手持式　　　　　　　　（b）桌面摆放式

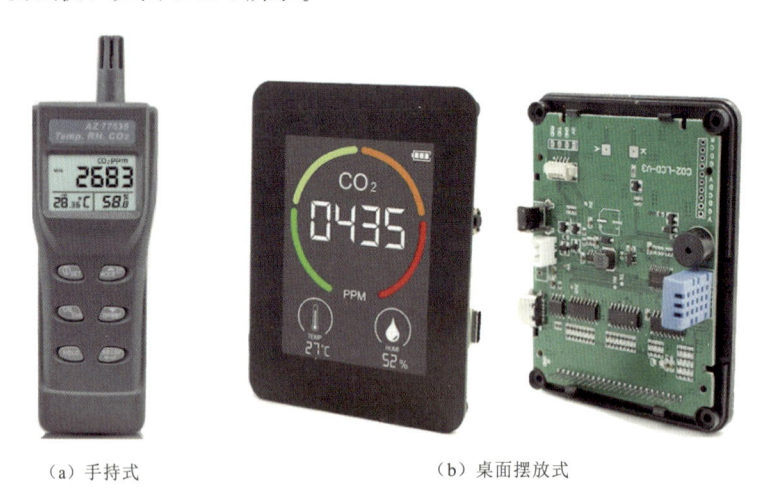

图 8.3.3　集成后的便携式 CO_2 测试仪

最新应用场景

在市场上 NDIR 传感器已经不仅仅是测量 CO 和 CO_2，一些企业也开发了其他有机和无机气体的 NDIR 传感器，使其适用范围扩大了很多，如 CH_4、C_2H_2、C_2H_4、C_6H_{14}、CH_2F_2、$CHCl_3$、$CHClF_2$、COS、NH_3、SF_6、SO_2F_2 等气体，如图 8.3.4 所示。

NDIR 传感器的分辨率也随着技术发展日益提升。CH_4 传感器的分辨率已经可以

图 8.3.4 CH₄ 和 CO 气体浓度传感器

达到 10ppm 以下，CO 传感器的分辨率可以达到 1~2ppm。NDIR 气体传感器的波长已经覆盖 3~13μm 宽广的中红外领域；检测精度高，误差在 1%~2% FS；响应时间很快，可以达到 3s（90%）；尺寸小，传感器的长度小于 13cm。

目前 NDIR 气体传感器典型应用有：空气中总挥发性有机化合物（total volatile organic compounds，TVOC）催化氧化后的检测，焚烧炉入口和活性炭吸收炉入口 TVOC 浓度监测，烟气排放 CO、CO_2 和 CH_4 监测和大气中 CO_2 监测，电力开关柜系统 SF_6 分解产物的分析，医用人体呼出 CO_2 分析和呼出 CH_4 分析，以及核燃料的气态氟化物的在线监测。

表 8.3.1 中，列出了规范规定的不分光红外分析法可测定的污染物，包含了 CO 和 CO_2。

表 8.3.1　　不分光红外分析法可测定的污染物

污染物	测定方法	方法来源	推荐采样方法参数
CO	不分光红外分析法	GB/T 18204.2	监测时间至少 45min，监测间隔 10~15min，结果以时间加权平均值表示
CO_2	不分光红外分析法	GB/T 18204.2	监测时间至少 45min，监测间隔 10~15min，结果以时间加权平均值表示

8.4　色谱法

8.4.1　工作原理

色谱法也叫层析法。首先介绍两个术语：固定相，一种静态的介质（试剂）；流动相，气体或液体混合物，含有被测物质。

色谱法的工作原理是当被测混合物（流动相）通过固定相时，混合物中的不在固定相中的停留时间不同，从而实现了有效分离。随着流动相的推进，组分依次从固定相中解吸出来，并最终被检测器检测到，形成具有特征性的色谱峰，这些峰的位置（即保留时间）和形状提供了关于组分身份和浓度的重要信息。色谱法起源原理如图 8.4.1 所示。

色谱法诞生于 20 世纪初的俄国，俄国植物学家 Tswett 在研究植物色素分离时提

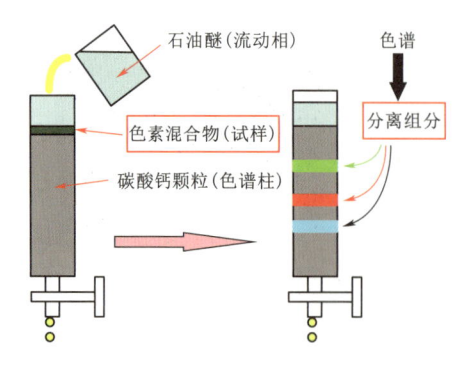

图 8.4.1 色谱法起源原理图

出色谱法概念。他在研究植物叶的色素成分时，将植物叶子的萃取物倒入填有碳酸钙的直立玻璃管内，然后加入石油醚使其自由流下，结果色素中各组分互相分离形成各种不同颜色的谱带，这种方法因此得名色谱法。在这一方法中把玻璃管叫做"色谱柱"，碳酸钙叫做"固定相"，石油醚叫做"流动相"，把 Tswett 开创的方法叫做液固色谱法。

色谱法是一种广泛应用于分析领域的物理化学分离技术，自动化程度高，分析过程不需要人为干预，检测能力非常强大，精度高，分辨率高。从检测定量能力来讲，是非常可靠和强大的测试方法。

缺点是高性能的色谱仪价格昂贵，维护和运行成本也相对较高，色谱分析可能需要较长时间才能完成。样品往往需要经过复杂的预处理步骤才能满足进样要求。色谱柱是色谱分析中的重要组件，但它们的使用寿命有限，需要定期更换。

根据流动相的物理状态，可以分为按气相色谱、液相色谱和超临界流体色谱。

8.4.2 气相色谱法

气相色谱法（gas chromatography，GC）的流动相是气体，主要用于分析气态或可挥发混合物。该方法利用样品中各组分在气固或气液两相间分配系数的不同来实现对混合物的分离，并通过检测器检测各组分流出柱子时的浓度变化以进行定量分析。

气相色谱系统示意图与实物如图 8.4.2 所示，检测样品的工作流程简述如下：

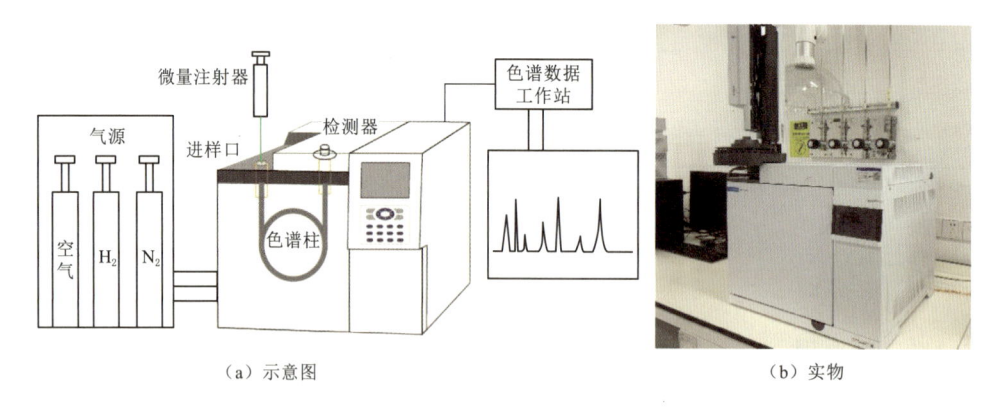

（a）示意图　　　　　　　　　　　　　（b）实物

图 8.4.2 气相色谱系统示意图与实物

样品制备：气相色谱要求样品是气体或易挥发液体。如果被测物质本来就是气体，则可以直接进样。

进样和载气引入：使用微量注射器将样品注入气相色谱仪。选择合适的载气（如氦气、氮气等），载气通过管路进入色谱柱，并携带样品组分流动。

分离过程：载气带着这些组分通过一根装有特殊材料（固定相）的柱子。不同组分在固定相上停留的时间不同，就像赛跑一样，有的"跑得快"（与固定相作用弱），有的"跑得慢"（与固定相作用强）。

检测与识别：每个组分从柱子出来后，会经过一个能感应它们存在的检测器，形成一个个峰。峰的位置代表了组分在柱子里停留的时间长短，而峰的大小则反映组分的量多少。

结果解读：通过对峰的分析，就能知道混合物的成分以及各自的含量，从而达到对复杂混合物进行高效分离和定量的目的。

下面用一个例子来说明气相色谱检测的结果，某样品中的 SF_6 气体直接进样，伴随着载气，经 5A 分子筛（固定相）分离，电子俘获检测器检测，以保留时间定性，峰面积定量。依次配置浓度为 0.1ppb、1.0ppb 的标准气体，然后待仪器稳定后，依次进样分析，根据峰面积和浓度绘制标准曲线，如图 8.4.3 所示。在曲线中，有两个峰值，其中左峰代表 SF_6 的浓度，样品浓度高，则峰值高；右峰代表已知的载气，可以忽略。

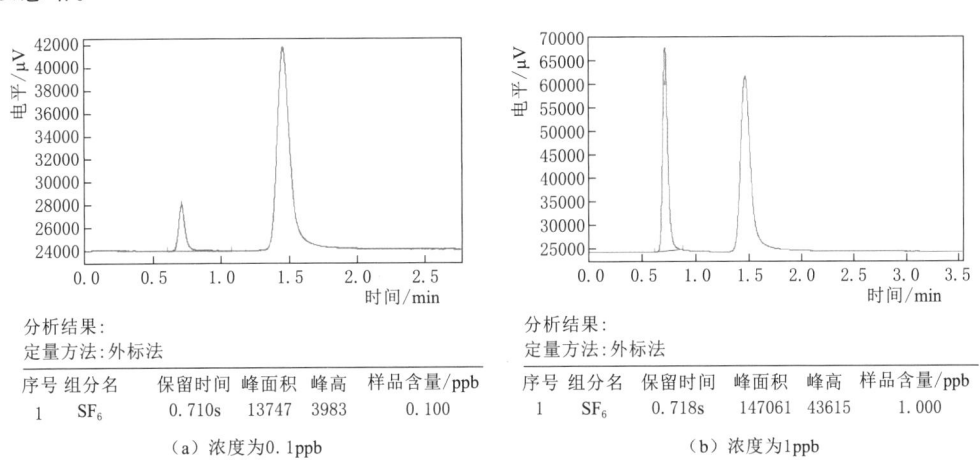

分析结果：
定量方法：外标法

序号	组分名	保留时间	峰面积	峰高	样品含量/ppb
1	SF_6	0.710s	13747	3983	0.100

（a）浓度为0.1ppb

分析结果：
定量方法：外标法

序号	组分名	保留时间	峰面积	峰高	样品含量/ppb
1	SF_6	0.718s	147061	43615	1.000

（b）浓度为1ppb

图 8.4.3　气相色谱检测 SF_6 浓度

8.4.3　气相色谱检测器

气相色谱检测器（gas chromatographic detector）是检验色谱柱后流出物质的成分及浓度变化的装置，它可以将这种变化转化为电信号，并经由放大器放大，得到色谱图，就可以对被测试的组分进行定性和定量分析。

检测器根据检测原理不同有多种。气相色谱检测器相当于气相色谱的"眼睛"，选择合适的检测器对于应用气相色谱检测目标物质至关重要。下面对气相色谱检测器相关的分类、性能指标以及常用检测器进行了整理。

（1）氢火焰离子化检测器（FID）利用有机物在氢气与空气形成的火焰中燃烧时产生的离子化现象并形成可检测的离子流，用于微量有机物分析。

（2）光离子化检测器（PID）用于对有毒有害物质的痕量分析。

（3）热导检测器（thermal conductivity detector，TCD）利用被测物质的热导系数和载气热导系数的差异，用于常量、半微量分析，有机物、无机物均有响应。

（4）电子捕获检测器（electron capture detector，ECD）只能检测具有较强电负性的化合物，用于有机氯农药残留分析。

（5）火焰光度检测器（flame photometric detector，FPD）利用被测物质在一定条件下可发射不同波长的光，用于有机磷、硫化物的微量分析。

（6）氮磷检测器（nitrogen phosphorus detector，NPD）用于有机磷、含氮化合物的微量分析。

（7）催化燃烧检测器（catalytic combustion detector，CCD）用于对可燃性气体及化合物的微量分析。

表 8.4.1 列出了规范规定的色谱法可测定的污染物，包括苯及其同类物、总挥发性有机化合物、三氯乙烯和四氯乙烯等。

表 8.4.1　　色谱法可测定的污染物

污染物	测定方法	方法来源	推荐采样方法参数
苯、甲苯、二甲苯	固体吸附-热解吸-气相色谱法	GB/T 18883 附录 C	连续采样时间至少 45min，采样流量 0.1L/min
	活性炭吸附-二硫化碳解吸-气相色谱法		连续采样时间至少 60min，采样流量 0.4L/min
	便携式气相色谱法		根据便携式仪器确定，但 1h 内至少 4 次采样分析，间隔 10~15min
总挥发性有机化合物、三氯乙烯、四氯乙烯	固体吸附-热解吸-气相色谱法	GB/T 18883 附录 D	连续采样时间至少 45min，采样流量 0.1L/min
苯并［a］芘	高效液相色谱法	GB/T 18883 附录 E	采样时间不少于 20h，次数不少于 4 次，采样流量 10L/min

链接 8.3
气相色谱仪

实验室中的气相色谱仪的更多信息、实物图和典型功能介绍，请扫描二维码查阅。

8.5　PID 和 FID 在线监测 VOCs

8.5.1　VOCs 的概念

在上一节中，介绍了色谱法和气相色谱法，并介绍了各种不同的气相色谱检测器。对于室内挥发性有机物来说，常用氢火焰离子化检测器（FID）和光离子化检测器（PID）来检测其浓度。FID 和 PID 均属于气相色谱法中的检测器类型。

室内挥发性有机化合物是指在常温下容易蒸发成气体的有机化学物质。这些化合物可以来自多种来源，包括建筑材料、家具、清洁剂、个人护理产品等，并且它们可以在室内空气中积累，对人体健康造成不利影响。《挥发性有机物无组织排放控制标准》（GB 37822—2019）和美国标准《定油漆和相关涂料中挥发性有机化合物含量的标准实践》（ASTM D3960—98）都定义为任何能参加大气光化学反应的有机化合物。也就是说 VOCs 是空气中所有含碳有机物的总和，是一个很大的概念。

但在实际应用中，除了 VOCs，在环境监测及评价过程中，非甲烷总烃、TVOC

也是常见的室内有机污染物表征指标。

非甲烷总烃（non-methane hydrocarbon，NMHC）是指除甲烷以外所有碳氢化合物的总称，主要包括烷烃、烯烃、芳香烃和含氧烃等组分。作为大气污染物的非甲烷总烃，实际上是指具有C2~C12的烃类物质。《固定污染源废气 总烃、甲烷和非甲烷总烃的测定 气相色谱法》（HJ/T 38—2017）中将非甲烷总烃定义为从总烃中扣除甲烷以后其他气态有机化合物的总和。

TVOC是《室内空气质量标准》（GB/T 18883—2022）中总挥发性有机化合物的简称，主要指利用Tenax GC或Tenax TA采样，非极性色谱柱（极性指数小于10）进行分析，保留时间在正己烷和正十六烷之间的挥发性有机化合物。世界卫生组织（WHO，1989）对总挥发性有机化合物的定义为，熔点低于室温而沸点在50~260℃之间的挥发性有机化合物的总称。

从非甲烷总烃、TVOC、VOCs的定义可以看出，非甲烷总烃主要指C2~C12之间的烃类物质，TVOC主要指C6~C16之间的挥发性有机化合物。而VOCs的范围最大，包含了所有的挥发性有机污染物。在实际应用时，很少有仪器能测量空气中所有的有机物总量，一般仪器测量最多的是非甲烷总烃和TVOC，因此可以根据仪器测量范围和项目以TVOC或非甲烷总烃来表征VOCs。

8.5.2 氢火焰离子化检测器

氢火焰离子化检测器简称氢焰检测器，又称火焰离子化检测器。灵敏度高、体积小、响应快、线性范围广，成为目前对有机物微量分析应用最广的检测器。

氢焰检测器以氢气与空气燃烧产生火焰为能源，火焰喷嘴如图8.5.1所示。当有机物质进入火焰时，在火焰的高能作用下，被激发而产生离子。在火焰上下部有一对电极（上部是收集极，下部是极化极），两电极间施加一定电压（200~300V），如图8.5.2所示。有机物在氢火焰中被激发产生的离子在极间直流电场的作用下定向移动，形成了一种微弱电流，然后流经高电阻取出电压信号，经放大后送到二次信号记录仪表被记录下来。

图8.5.1 氢火焰离子化检测器的铂金喷嘴

FID技术对VOCs具有高度的精度，比热导检测器高出近3个数量级，能够实现ppb（十亿分之一）甚至更低浓度级别的检测。具有宽广的线性响应范围，这使得它可以准确地测量从痕量到较高浓度的样品。同时具有快速的响应速度，能够迅速捕获VOCs的变化情况，为实时监测提供支持。

缺点就是FID工作时需要氢气作为燃料，还需要载气（通常是氮气或氦气），至少要有两个气瓶。FID检测过程中会破坏样品，这意味着无法回收样品或进行进一步的分析。

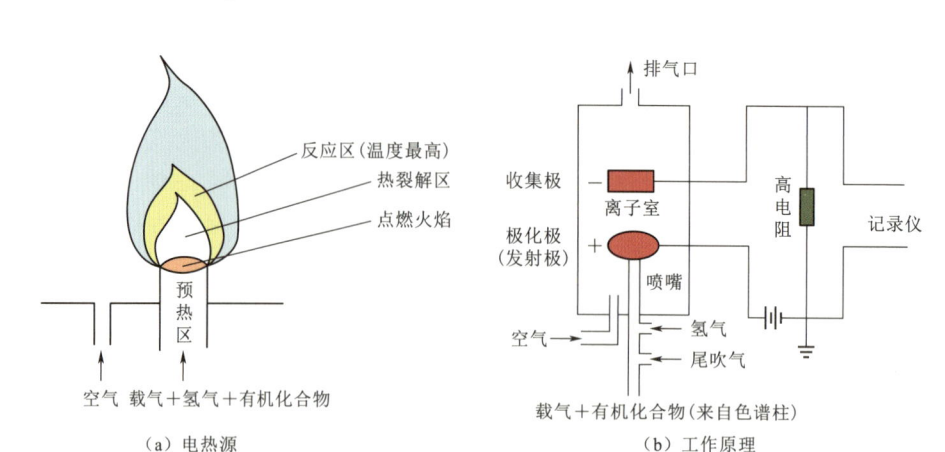

图 8.5.2 氢火焰离子化检测器的电离源和工作原理图

应用举例

高灵敏、宽量程氢火焰离子化检测器（图 8.5.3），其屏幕上有总烃浓度、甲烷浓度和非甲烷总烃浓度三个浓度示值（mg/m³）参数。线性范围可达 10^7，气路采用电子功率控制（electronic power control，EPC）。一体式采样系统，全程伴热，防止样品冷凝，保证测量准确可靠；配置储氢器，体积小。内部气路采用进口不锈钢钝化管、接头，抗吸附、抗腐蚀；仪器机箱特殊设计，防水、防尘、防震。实时采集检测，数据结果同步至数据库，方便查询、打印、上传。仪器配置无线通信，满足各种现场环境的联网需求，可使用移动端操作仪器和查看分析结果。

量程：甲烷 0.1ppm～100%，非甲烷总烃 0.05ppm～100%；检出限：甲烷≤0.1ppm，非甲烷总烃 0.05ppm；重复性：相对偏差≤2%（总烃）；分析周期：非甲烷总烃＜120s；功率电源：＜500W，24V DC；工作环境：温度 0～50℃，10%RH～90%RH。

图 8.5.3 便携式 FID 甲烷/非甲烷总烃检测仪

8.5.3 光离子化气体检测器

光离子化气体检测器是一种具有极高灵敏度，用途广泛的检测器，可以检测从极低浓度的 10ppb 到较高浓度的 10000ppm（1%）的 VOCs 和其他有毒气体。

被检测气体中的 VOCs 被光离子检测器中的紫外灯光源离子化，成为正负离子，如图 8.5.4 所示。检测器测量正负离子的电荷并将其转化为电流信号，电流经放大后输出。电流信号的大小和 VOCs 浓度成正比。易被离子化并带有电荷的气体分子，主要是 VOCs 中的含氧官能团（如醇、酮、醛、酯等）和含氮官能团（如胺类）等。

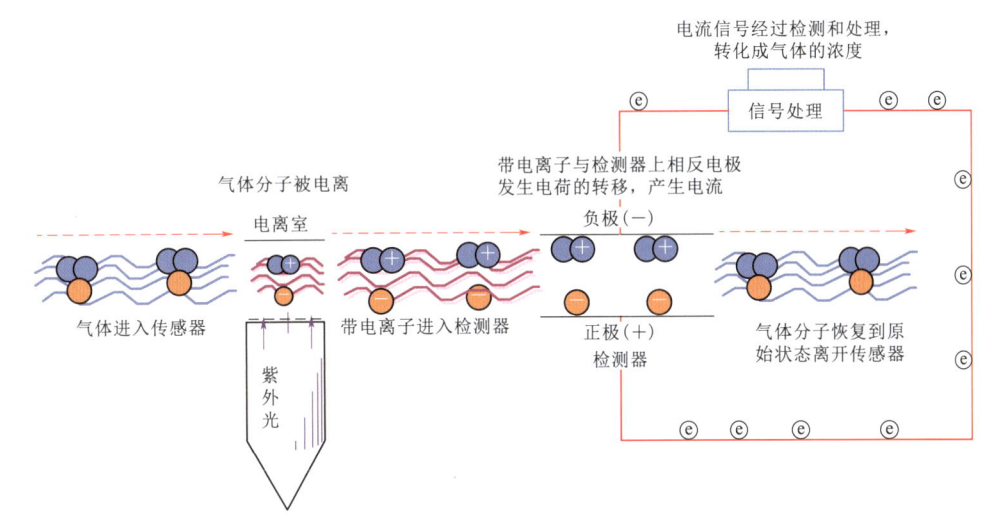

图 8.5.4　光离子化气体检测器原理图

光离子化一个最显著的特点就是气体被检测后，离子化的气体还会重新复原成原来的气体状态，也就是说它是不具破坏性的检测器，经过 PID 检测的气体仍可被收集做后续的测定。

由于 PID 可以检测极低浓度的 VOCs 和其他有毒气体，因此 PID 检测器在应急事故以及环境监测中有着无法比拟的优越性。

PID 检测器可检测到的气体种类

PID 检测器可检测几百种化合物，但不同化合物电离能有所不同，需要依据目标物的电离能来选择 PID 检测器的紫外灯，目前商用的 PID 检测器规格分为 9.8eV、10.6eV 和 11.7eV，因此高于 11.7 eV 的化合物暂不能被商用 PID 检测到，如图 8.5.5 所示。

常见的可以被 PID 检测的是含碳的有机化合物，包括含有苯环的化合物、酮类和醛类、含有 C=O 键的化合物、含 N 的碳氢化合物、卤代烃类、硫化物类、不饱和烃类、醇类和饱和烃。除了有机物，PID 还可以测量氨、半导体气体（如砷、磷化氢等）、硫化氢、一氧化氮、溴和碘类等。

PID 不能检测到的物质有空气（N_2、O_2、CO_2、H_2O）、常见毒气（CO、HCN、SO_2）、甲烷、乙烷、酸性气体（HCl、HF、HNO_3）、氟利昂气体、臭氧等。

PID 检测器定性与定量能力

PID 不具备化合物识别的能力，测量结果为可被电离灯电离的化合物总量（类似于总烃）。但由于 PID 不能电离甲烷，因此 PID 检测结果为非甲烷总烃（NMHC）。

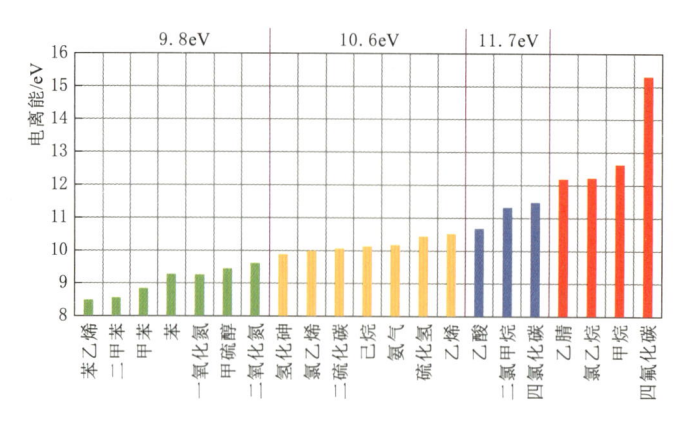

图 8.5.5　PID 检测器适用的化合物电离能

如果要测量某单一目标物,那么测量目标物之前需要依据目标物的电离能来选择 PID 检测器的紫外灯。例如,需要监测苯系物时,可以选择目前市场上常用的 10.6eV 能级的紫外灯。

优点:响应速度快(几秒内响应),响应时间(90%)≤2min(受预处理影响)。灵敏度高,可以检测到 ppb 级别浓度的气体。不需要氢气、压缩空气、氮气等辅助气体,现场使用方便。检测过程安全,适用于工业防爆区域。

缺点:如果测试气体中有一些特定成分,测试结果会有偏差。比如二氯甲烷和四氯化碳很难电离,乙腈、氯乙烷、四氟化碳不能电离,如果气体中有以上成分,PID 检测器得到的 NMHC 与 FID 检测器相比结果偏低。由于硫化氢、一氧化氮、氨气等无机气体也可被 PID 检测器的紫外灯电离,因此在以上环境中测量 NMHC,以上无机气体也会被电离并被计入结果,导致结果偏高。同时 UV 灯属于耗材,寿命受环境条件限制。

应用举例

用来测量 VOCs(实际测量的是 NMHC)的 PID 检测器模块都比较小巧,如图 8.5.6 所示。量程可选择 0~200ppm 或者 0~2000ppm;精度,±3%;响应时间,自由扩散情况下小于 3s;运行环境-20~60℃,0~93%RH。

近些年来,我国不断加强大气环境治理工作,采取一系列措施减少 VOCs 排放。对化工企业而言,尾气治理的重点工作就是 VOCs 治理。VOCs 在线监测系统主要通过高效 VOCs 监测设备配合云端平台的监控传输实现控制监管,最大限度降低 VOCs 排放总浓度。VOCs 在线监测系统如图 8.5.7 所示。

8.5.4　FID 和 PID 的对比

FID 和 PID 对于 VOCs 都具有很好的灵敏度,都能检测到 ppm 水平。

样气的复原

FID 是采用氢火焰的办法将样品气体进行电离,这些样气被完全地烧尽,因此 FID 的检测对样品是有破坏性的。而 PID 用一个紫外灯来离子化样品气体,在电离后它们还能结合成完整的分子。

图 8.5.6 PID 检测器 VOC 模块及便携式仪表   图 8.5.7 VOCs 在线监测系统

对不同气体的灵敏度排列

FID 对不同气体的灵敏度排列：芳香族化合物和长链化合物＞短链化合物（甲烷等）＞氯、溴和碘及其化合物。

PID 对不同气体的灵敏度排列：芳香族化合物和碘化物＞石蜡、酮、醚、胺、硫化物＞酯、醛、醇、脂肪＞卤化酯、乙烷＞甲烷（测不到）。

因此在同样的气流情况下，同时用 PID 和 FID 来检测会得到不同的数据。总的来讲，PID 是对官能团的一个响应，FID 是对碳链的响应。PID 更倾向于检测那些含有特定官能团的化合物，而 FID 则几乎可以检测所有含碳化合物。

另外，使用不同的 PID 紫外灯还会有不同的灵敏度。例如丁醇在 9.8eV、10.6eV 和 11.6eV 的灯下灵敏度差别巨大。PID 可通过选择不同能量的紫外灯来避免一些化合物的干扰，或者选择最高能量的紫外灯来检测最广谱的化合物。

湿度的影响

湿度对 FID 没有任何影响，因为火焰能将湿度清除，除非有水直接进入传感器中。但 PID 在高湿度情况下，会影响光离子化，降低响应。

甲烷的测量

FID 可以精确测量甲烷，也常用甲烷来标定，但是 PID 对甲烷没有任何响应。除非未来研发出一个 12.6eV 的紫外光源才能将甲烷离子化，但目前 PID 是不能做到的。因此 FID 是检测天然气（主要有甲烷组成）的有力武器。

PID 能很好地检测垃圾填埋场的有毒 VOCs。如果用 FID 来检测垃圾填埋场的 VOCs，现场的甲烷气体会对 FID 检测器产生极大的干扰。

在线和便携测量

FID 和 PID 检测器都可以在线测量样品气体，实现实时监测。PID 的响应时间相对较快，一般在 3s 以内，FID 响应时间稍慢，在几十秒以内。从便携式考虑，FID 检测必须带有燃烧用的氢气瓶，远不如 PID 检测器方便携带，因此 PID 更常用于经常巡查的现场快速检测。PID 和 FID 的适用性对比见表 8.5.1。

表 8.5.1　　　　　　　　　　PID 和 FID 的适用性对比

对比项	PID	FID
使用方式	手提式，重量轻，体积小；可靠寿命长；费用低	体积大，重，有氢气瓶；频繁更换氢气瓶；费用高
数据线性	低浓度下线性良好	在整个范围内都线性都较好
检测范围	1ppb～10000ppm	1～50000ppm（量程上限可近100％）
检测化合物	检测 VOC 气体，某些无机气体	检测 VOC 气体
惰性气体影响	无影响	需要提供载气或氮气作为稀释气体
样品采集	检测完毕对样品无破坏	检测完毕后样品已被破坏
选择性	需要选用低能量紫外灯增加选择性	无选择性

8.6　电化学传感器

8.6.1　工作原理

电化学传感器的工作原理是通过与被测气体发生化学反应，产生与气体浓度成正比的电信号。典型的电化学传感器由工作电极和对电极组成，并由一个薄绝缘体隔开，如图 8.6.1 所示。气体首先通过微小的透气孔与工作电极发生反应，以形成微电流，测量该电流即可确定气体浓度。由于该过程中会产生电流，电化学传感器又常被称为电流气体传感器或微型燃料电池。

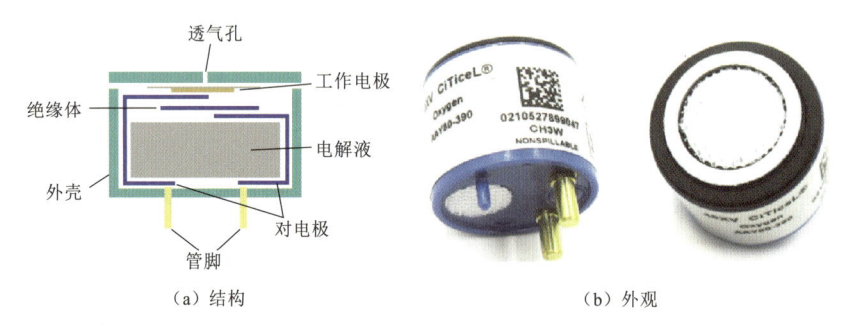

（a）结构　　　　　　　　　　（b）外观

图 8.6.1　电化学传感器结构与外观

电化学传感器的优点

电化学传感器比大多数其他气体检测技术更经济；不同于气相色谱等技术，电化学传感器成本很低，同时低功耗。根据需要来选择特定的传感器，除了惰性气体，一般的污染物都可以找到适用的电化学传感器。

电化学传感器的缺点

适用温度范围有限。因为其对温度非常敏感，所以传感器通常都进行了内部温度补偿，尽可能保持温度稳定。

寿命短。电化学传感器通常具有六个月到一年的储存寿命，主要取决于使用环境和被检测气体。在目标气体中暴露的时间越长，寿命就越短。

与其他气体的交叉影响。容易受到来自其他气体的干扰，所以很重要的一点就是要清楚知道哪些气体可能会干扰传感器，及早发现潜在错误。

8.6.2 方法应用

常见检测气体有氧气，无机毒性气体（一氧化碳、二氧化碳、氨、氰化氢、硫化氢），可燃性气体（丙烯氰、乙炔、氨、一氧化碳、乙苯、氯乙烷、氯甲烷、环氧乙烷、环氧丙烷、氰化氢、丙烷、丙烯、硫化氢）。

《公共场所卫生检验方法 第2部分：化学污染物》（GB/T 18204.2—2014）中，对一氧化碳、二氧化碳、二氧化硫、二氧化氮等气体的检测，电化学传感器作为一种可选的检测手段。

《环境空气 二氧化硫的测定 便携式紫外荧光法和电化学法》（GB/T 15516—2019）明确提到电化学法用于环境空气中二氧化硫的测定。

应用场景

室内空气质量控制：在办公室、住宅、学校、医院等室内环境中，电化学传感器制作成物美价廉的仪表，可用于检测甲醛、CO_2、VOCs等有害气体，确保室内空气质量，保障人体健康。

汽车尾气排放检测：在汽车尾气排放测试中，电化学传感器用于测量车辆排放的CO、氮氧化物（NO_x）等污染物。

农业温室气体监测：在农业生产中，电化学传感器可以用于监测温室中CO_2浓度，优化植物生长环境，同时也可以用于监测甲烷等温室气体排放，评估农业活动对气候变化的影响。

应急响应与安全防护：在火灾现场、化学泄漏事故、地下矿井等紧急情况下，便携式电化学气体检测仪能迅速识别有害气体，为救援人员提供安全保障。

传感器举例

氧气传感器，量程：0~25%（体积分数），检测上限30%，分辨率0.1%，零点漂移0.6%，响应时间小于20s。环境要求-30~50℃，15%RH~90%RH。重复性小于±2%的检测值，长期漂移小于5%/a，寿命1年。

CO传感器，量程：0~1000ppm，检测上限2000ppm，分辨率1ppm，零点漂移2ppm，响应时间小于15s，环境要求-20~55℃，15%RH~90%RH。重复性小于±3%的检测值，长期漂移小于2%/月，寿命2年。

甲醛传感器，检测范围：0~50ppm，检测上限100ppm，分辨率1ppm，零点漂移小于2ppm，响应时间小于120s，环境要求-20~55℃，15%RH~90%RH。重复性小于±2%的检测值，长期漂移小于2%/月，寿命2年，储存寿命半年。

电化学传感器来检测工业气体泄漏和饮酒驾驶的应用，请扫描二维码查阅。

链接8.4
电化学传感器

8.7 MEMS气体传感器

8.7.1 工作原理

MEMS气体传感器是一种利用微电子机械系统技术制造的微型化气体检测装置。

这类传感器集成了微加工工艺，将敏感材料、信号处理电路和机械结构等集成在一块芯片上，具有体积小、重量轻、功耗低、响应快和成本效益高的特点。MEMS 气体传感器外观如图 8.7.1 所示。

图 8.7.1　MEMS 气体传感器外观

MEMS 气体传感器主要通过感知目标气体与传感器材料间的化学或物理作用来实现对气体成分及其浓度的检测。根据工作原理的不同，可以分为以下几类：

- 电阻式传感器：当目标气体吸附到传感材料表面时，其电阻值发生变化，从而间接反映气体浓度。
- 电化学传感器：利用目标气体与传感材料发生电化学反应引起电流或电压变化来进行检测，如燃料电池型和电解质型传感器。
- 热导式传感器：基于不同气体的热导率差异，通过测量加热元件温度变化来测定气体种类和含量。
- 光学传感器：例如光声光谱法（photo acoustic spectroscopy，PAS）传感器，通过特定波长光源照射后气体吸收光能量并产生声波，通过检测声波强度来分析气体组分。
- 表面声波传感器：利用气体吸附导致的声波传播速度改变进行气体检测。

通常情况下，气体传感器中的感受元件采用了微机械制造技术，将其缩小到微米甚至纳米尺度，以达到高灵敏度、高分辨率和快速响应的特点。此外，传感器中还包括了一些电子元件（如电容、电阻等），以将感受元件的信号转换成电信号，并通过处理电路输出相应的气体浓度信息。主要结构包括：

- 气敏材料层：传感器的核心部分，与气体接触后会发生物理或化学反应，从而产生变化。
- 微机械结构：用于控制气体流动和加热，例如微型加热器帮助气体与敏感材料相互作用、微通道促进气体扩散等。如图 8.7.2 中，微机械结构是加热电极。
- 测试电极：将敏感材料产生的物理信号（如电阻、电荷或温度变化）转换成电信号，并进行放大和调理。
- 支持层与外壳：内部支撑和保护内部元件不受环境影响。

MEMS 气体传感器的优点

微型化。MEMS 器件体积小，一般单个 MEMS 传感器的尺寸以毫米甚至微米为计量单位，重量轻、耗能低。同时微型化以后的机械部件具有惯性小、谐振频率高、响应时间短等优点。MEMS 更高的表面体积比（表面积比体积）可以提高表面传感

气敏材料层
——用于与目标气体发生反应

测试电极
——用于测量气敏材料的电阻变化

绝缘层
——用于隔离加热电极和测试电极的电连接

加热电极
——用于提供气敏材料工作时的温度

支持层
——为测试电极和加热电极提供支撑作用

图 8.7.2 电阻式 MEMS 气体传感器结构

器的敏感程度。

批量生产。以单个 5mm×5mm 尺寸的 MEMS 传感器为例,用硅微加工工艺在一片 8 英寸的硅片晶元上可同时切割出大约 1000 个 MEMS 芯片,批量生产可大大降低单个 MEMS 的生产成本。

集成化。一般来说,单个 MEMS 往往在封装机械传感器的同时,还会集成 ASIC 芯片,控制 MEMS 芯片以及转换模拟量为数字量输出。同时不同的封装工艺可以把不同功能、不同敏感方向的多个传感器或执行器集成于一体,或形成微传感器阵列、微执行器阵列,甚至把多种功能的器件集成在一起,形成复杂的微系统。

8.7.2 传感器应用

MEMS 气体传感器能够测量的气体种类非常多,涵盖了可燃气体、有毒气体、工业过程气体以及环境污染物等,见表 8.7.1。其高灵敏度和多样化的检测原理(如电化学式、半导体式、光学式等)使其在智能家居、工业安全、环境监测和医疗诊断等领域广泛应用。

表 8.7.1　　　　　　　　　市场常见的 MEMS 气体传感器

产品型号	产品图片	检测气体	量程/ppm	产品型号	产品图片	检测气体	量程/ppm
JND102		可燃气体	0~10000	JND117		丙酮	0~500
JND101		VOC	0~100	JND109		丙烷	0~10000
JND103		氢气	0~5000	JND112		二氧化氮	0.1~10
JND105		氨气	0~300	JND110		氟利昂	10~1000
JND106		硫化氢	0~3	JND116		甲醛	0~100
JND104		一氧化碳	0~500	JND115		烟雾	300~10000
JND107		乙醇	0~500				

注　以模拟量检测气体为例,数字量检测气体同模拟量,均可支持定制。

民用燃气安全监测

天然气在我国的普及越来越高，燃气泄漏的安全问题一直受到广泛重视，但也时有事故发生。目前的可燃气体报警器多采用催化燃烧、红外、激光等技术原理，各有优劣。采用 MEMS 气体传感器的最大优势是成本低，适合大面积的联网，在局部区域或整个城市形成燃气监测网络，实时了解和监控各终端的燃气泄漏情况，实现预警和采取相应防护措施。智能家居里面，也可根据燃气报警情况实时联动一些防护措施。

气味识别

人工智能嗅觉是一项前沿科技，通过人工智能嗅觉可以在智能家居、环境检测、健康监测等方面应用。如基于冰箱内不同食物在新鲜和腐败时的特征气味差异，建立相应的模型，通过气体传感器监测数据，判断冰箱内食物的新鲜程度。一旦发现有腐败的蔬菜和水果，可以将报警信息显示在冰箱面板或者推送到业主手机 App。

空气质量监测

MEMS 气体传感器可以内置于净化器、空调或其他智能家居环境，形成一套完善的智能家居方案，极大地提高住户生活品质和幸福指数。公共厕所的空气质量同样受到关注，城市智慧公厕通过监测厕所空气质量并上传至监控平台，有利于厕所科学管理，提高监管效率。通过报警器实时报警和语音警示，还可对违规在厕所抽烟行为进行劝阻，起到一定的监管作用。

智能产品气体监测

MEMS 气体传感器体积小、功耗低、成本低的特点，使得该传感器在移动终端、可穿戴设备上配置具有可行性。如智能手机、智能手表、运动手环、平板电脑等移动端产品除了配置 MEMS 加速度计、MEMS 麦克风、MEMS 陀螺仪等，还可以配置 MEMS 气体传感器，随时随地地感知周围的环境是否安全、舒适。当然，汽车、火车、飞机等交通工具作为一个封闭的空间，空气质量的监控也很重要，如果有传感器实时监控空间的空气质量，会让司乘人员更放心、更有满足感。

8.8 称量法和激光散射法测颗粒物

8.8.1 颗粒物介绍

$PM_{2.5}$ 和 PM_{10} 都是指大气中的颗粒物，它们的区别在于颗粒物的直径大小。

$PM_{2.5}$ 是指空气中直径小于等于 $2.5\mu m$ 的颗粒物，也称为细颗粒物。由于其粒径极小，能在空气中悬浮较长时间，易被吸入人体肺部，对人体健康有较大危害。

PM_{10} 是指大气中直径小于等于 $10\mu m$ 的颗粒物，也称为可吸入颗粒物。相比 $PM_{2.5}$，PM_{10} 粒径稍大，但仍可以进入呼吸道，对人体健康有一定影响。

两者的来源主要有工业生产排放、机动车尾气排放、燃煤排放、建筑施工扬尘、农业活动（如焚烧秸秆）、自然尘土等。在空气质量评价体系中，$PM_{2.5}$ 和 PM_{10} 均是重要的监测指标。

8.8.2 撞击式称量法

撞击式称量法主要用于实验室环境或专业研究中对空气中颗粒物 PM_{10}、$PM_{2.5}$ 等进行精确采样和分析。

该方法的基本原理是利用采样器通过设定的速度将空气中的颗粒物"撞击"到已知面积和质量的滤膜上,颗粒物则被捕获并积累在滤膜上。经过一定时间的采样后,将滤膜取出,用精密天平来称重。然后结合采样时间和采样气体体积,计算出单位体积内的颗粒物质量浓度,原理如图 8.8.1 所示。计算式为

$$\rho = \frac{W - W_0}{V} \tag{8.8.1}$$

式中:ρ 为 PM_{10} 或 $PM_{2.5}$ 质量浓度,mg/m^3;W 为采样后滤膜的质量,mg;W_0 为采样前滤膜的质量,mg;V 为实际采样气体体积,m^3。

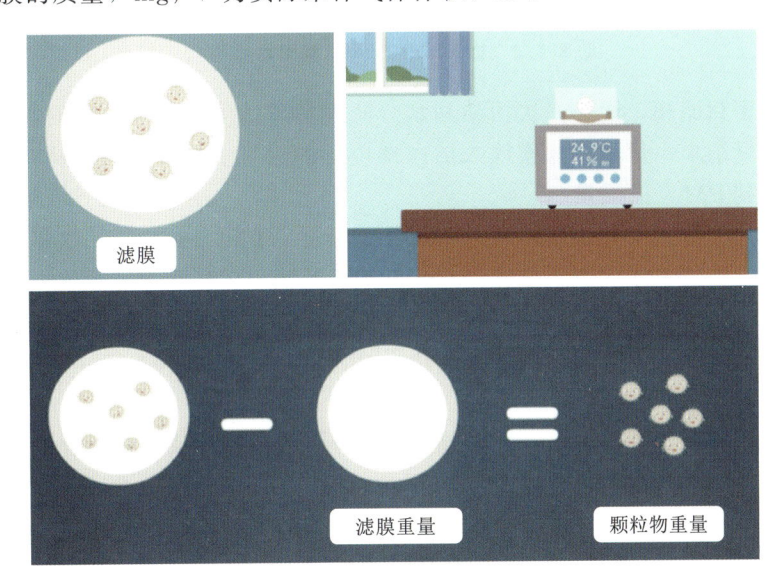

图 8.8.1 称量法测颗粒物原理

撞击式称量法测 $PM_{2.5}$ 主要包括以下步骤:

(1) 采样准备。选用孔径足够小以至于能够捕获 $PM_{2.5}$ 颗粒物的滤膜,如玻璃纤维滤膜或聚四氟乙烯滤膜,如图 8.8.2 所示。将清洁干燥的滤膜安装在撞击式采样器中,如图 8.8.3 所示。采样器设计有不同等级的撞击板或切割器,用于分级分离不同粒径的颗粒物。

(2) 采样过程。采样流速通常在 30L/min 以下,恒流采样。空气流经采样器时,首先经过撞击板或撞击室结构,较大的颗粒因惯性作用撞向撞击板并被捕集,较小的颗粒继续前进并通过专门针对 $PM_{2.5}$ 的滤膜,最终 $PM_{2.5}$ 颗粒物沉积在滤膜上。

(3) 样品收集与分析。采样结束后,迅速关闭采样

图 8.8.2 聚四氟乙烯滤膜

(a) 采样器　　(b) 六级筛孔

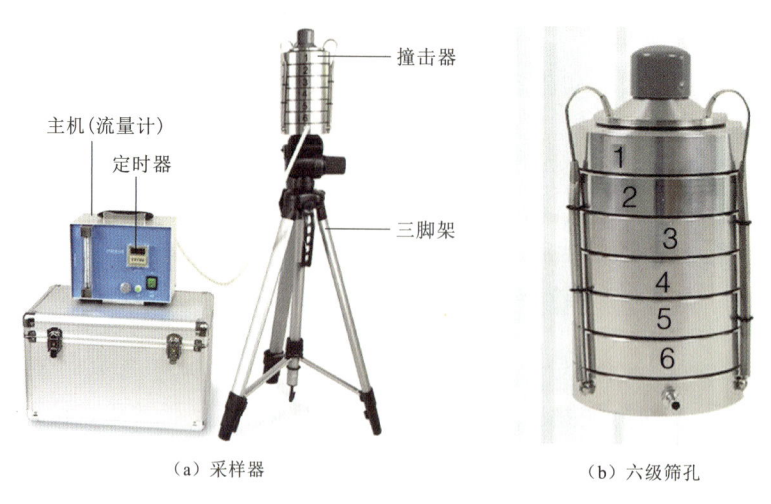

图 8.8.3　撞击式空气采样器和六级筛孔

器，移除并密封滤膜，避免二次污染和水分蒸发造成的质量变化。同时除去静电荷，以免影响称量结果。最后将滤膜放入洁净环境下的天平上精确称量采样前后的质量，从而计算得到 $PM_{2.5}$ 的质量。

通过上述撞击式采样方法，可以有效分离和收集 $PM_{2.5}$ 颗粒物。这里要说明，滤膜并不能把所有的 $PM_{2.5}$ 都收集到，一些极细小的颗粒还是能穿过滤膜。只要滤膜对于 $0.3\mu m$ 以上的颗粒有大于 99% 的截留效率，就算是合格的。损失部分极细小的颗粒物对结果影响并不大，因为那部分颗粒对 $PM_{2.5}$ 的重量贡献很小。

应用举例

六级筛孔撞击式空气微生物采样器模拟人呼吸道的解剖结构和空气动力学生理特征，采样惯性撞击原理而将悬浮在空气中的颗粒物分等级的收集到采样介质表面。

捕获粒子范围，一级：大于 $7.0\mu m$；二级：$4.7\sim 7.0\mu m$；三级：$3.3\sim 4.7\mu m$；四级：$2.1\sim 3.3\mu m$；五级：$1.1\sim 2.1\mu m$；六级：$0.65\sim 1.1\mu m$。采样流量，28.3L/min，可调节，精度<5%。

为了满足撞击式称量法的精确称重，通常需要制造一个恒温恒湿的环境，形成恒温恒湿称重系统，如图 8.8.4 所示。在恒温恒湿环境内放置高精度天平，将要称量的样品放入恒温恒湿箱体内平衡 24h 后再进行称量。其温度的波动度为 ± 0.2℃，温度均匀度 ± 0.4℃，湿度波动度为 $\pm 3\%RH$，湿度均匀度 $\pm 5\%RH$，选配高精度十万分之一电子天平，有中文操作系统，双量程，全自动校准。

8.8.3　激光散射法在线监测颗粒物

在线监测颗粒物浓度，采用光学散射法是一种常见的实时监测手段，可以做成便携式仪器。

这种便携式仪器内部通常包含激光光源和光电检测设备。当空气中的颗粒物经过激光束时，会对

图 8.8.4　恒温恒湿称重系统

激光产生散射现象。散射光强度与颗粒物的直径、数量和折射率等因素有关。仪器通过精确检测这些散射光信号的变化，依据一定的算法模型，可以推算出空气中不同粒径范围内的颗粒物浓度，包括 $PM_{2.5}$ 和 PM_{10}。原理如图 8.8.5 所示。

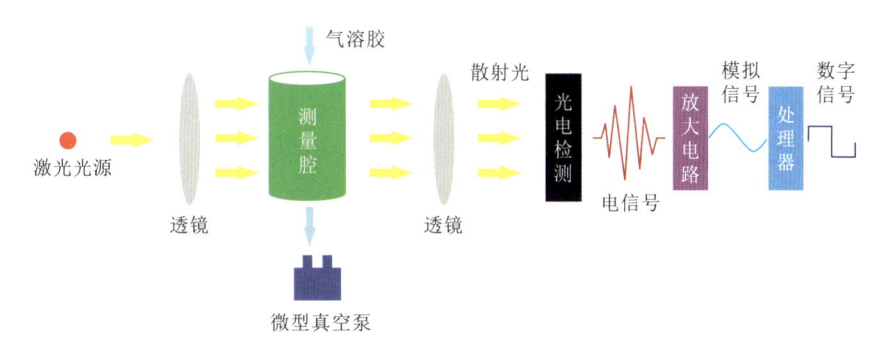

图 8.8.5 激光散射原理示意图

虽然撞击式称量法是《室内空气质量标准》（GB/T 18883—2022）中推荐的方法，而且测定结果更准确，但受限于必须采样后去实验室测量。连续自动监测最常用的还是激光散射法。激光散射法也在行业标准中有所提及，例如《环境空气颗粒物（PM_{10} 和 $PM_{2.5}$）连续自动监测系统技术要求及检测方法》（HJ 653—2013）。

应用举例

激光尘埃粒子计数器是一款先进的空气洁净度监测设备，专门用来检测和分析空气中悬浮微粒的数量及粒径分布。该仪器广泛应用于药品生产、电子半导体制造、生物医学、航空航天、食品加工、环境保护等行业，以及实验室、洁净室等需要严格控制微粒污染的场所。

激光尘埃粒子计数器通常由激光光源、粒子采集区、光电探测器和数据处理系统组成。能实时连续地测量空气中的颗粒污染物，提供快速的反馈信息。可检测范围通常涵盖几纳米至几百微米的颗粒，能满足不同应用场景的需求。实物如图 8.8.6 所示。

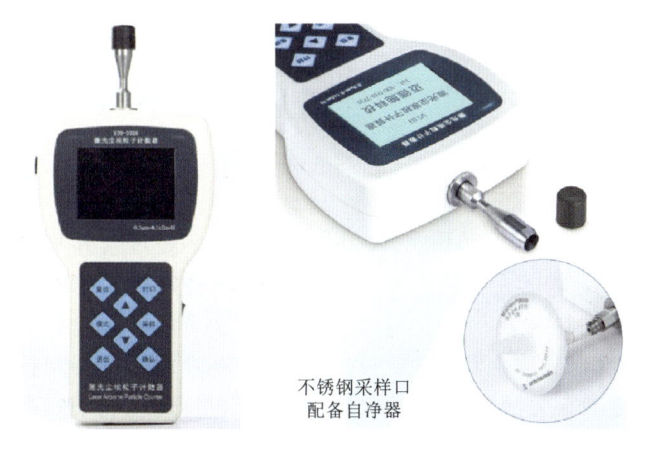

图 8.8.6 激光尘埃粒子计数器实物

激光尘埃粒子计数器更多介绍和图片，扫描二维码查阅。

链接 8.5 激光尘埃粒子计数器

8.9 臭氧浓度监测

8.9.1 臭氧的危害

臭氧（ozone）化学分子式为 O_3。1839 年，德国化学家首次发现并将这种具有刺激性的气体命名为臭氧，意为"可嗅的"。臭氧在常温、常压下无色，低浓度下无味，但是在高浓度下会刺激鼻黏膜产生腥味，具有强氧化作用。

暴露于高浓度臭氧，会引发哮喘、呼吸道感染等呼吸系统疾病。臭氧能够刺激呼吸系统产生大量的发炎细胞激素，导致呼吸系统局部慢性炎症。当呼吸系统受到臭氧刺激时，可能会开始咳嗽，感觉喉咙发炎，或感到胸部不舒服。这些症状在接触臭氧后会持续几个小时。当臭氧水平较高时，更多的哮喘患者会哮喘发作。发生这种情况的原因之一是臭氧使人们对过敏原（过敏原来自尘螨、蟑螂、宠物、真菌、花粉等）更敏感，过敏原是哮喘发作的最常见诱因。

8.9.2 紫外光度法测量臭氧

臭氧浓度的监测方法主要包括靛蓝二磺酸钠分光光度法、化学发光法和紫外光度法。靛蓝二磺酸钠分光光度法需要采集样品再进行分析，步骤较为繁琐且采样体积较大，是早期环境空气臭氧分析的主要方法，目前已逐步被自动监测方法取代，但仍有应用，主要适用于分析测试条件较为艰苦以及在线仪器无法工作地区的臭氧分析。化学发光法原理是让空气中的臭氧与过量乙烯混合瞬间反应后产生最大波长约为 400nm 的可见光，目前使用不多的原因在于仪器发展落后，实际操作有诸多不方便。目前操作方便、仪器先进且可以在线快速测量的方法是紫外光度法。

紫外光度法的核心原理是利用臭氧分子对 253.7nm 波长的紫外线有强烈的吸收作用。使用光源发出 253.7nm 波长的紫外线，使光线经过需要检测的含臭氧气体，此过程臭氧会吸收一部分光线。对比经过前后的光强度（光电流），就可以计算出臭氧的浓度。该方法作为一种非破坏性的物理监测方法，适用于连续实时监测，方便简单，灵敏度高，对臭氧监测具有特异性，是目前城市空气质量自动监测站最常用的方法。

紫外光度法臭氧分析仪外观见图 8.9.1，其原理见图 8.9.2。气体通过入口进入仪器，经过紫外窄带滤光片后，臭氧分子吸收特定波长的紫外光，导致光强衰减。信号采集模块检测光强变化，并将数据传送到 CPU 板（含 ARM/DSP 处理器）进行运算处理。仪器配备加热装置以稳定气路温度，同时通过压力流量控制确保测量精度。最终，臭氧浓度数据可通过 RS-232、RS-485 或 Ethernet 等通信接口输出，并显示在液晶模块上。此外，电源模块为整个系统供电，按键输入和电源开关提供人机交互功能。该设计确保了高精度、稳定性和远程通信能力。

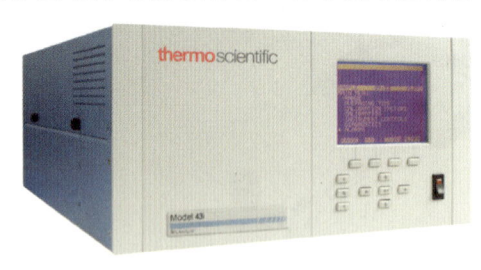

图 8.9.1 紫外光度法臭氧分析仪外观

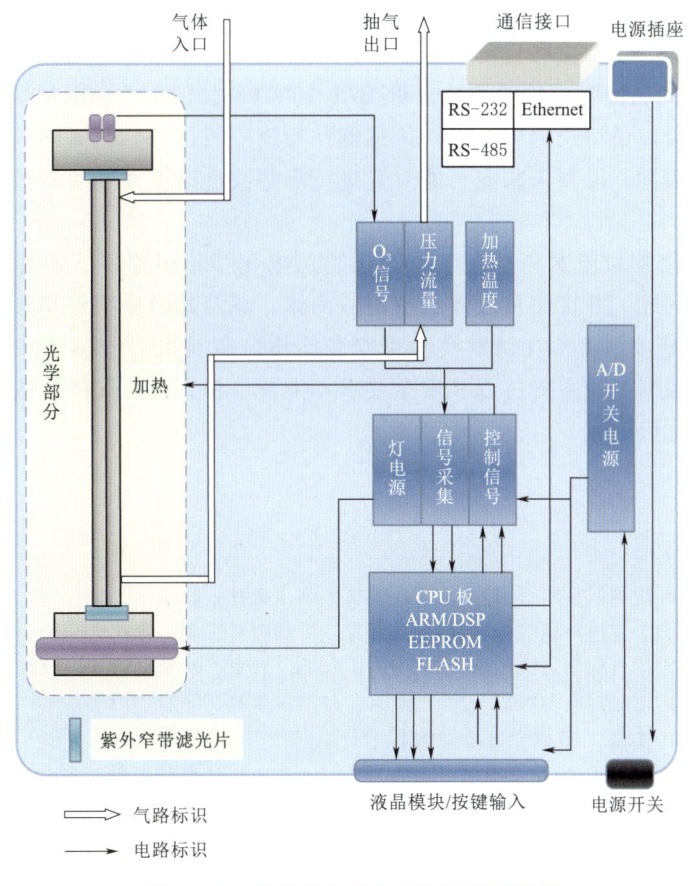

图 8.9.2　紫外光度法臭氧分析仪原理图

典型的紫外光度法臭氧分析仪检测范围为 1.0ppb～250ppm。误差最大 1.5ppb 或者读数的 2%。零点漂移小于 2ppb/d，小于 5ppb/a，灵敏度漂移小于 1%/d，小于 3%/a。响应时间 20s，测量频率为 10s 一次。

课后思考与任务

1. 请查阅《室内空气质量标准》（GB/T 18883—2022）和相关报道，了解为何需要定期更新室内空气质量标准，并简述新标准相比于旧标准增加了哪些重要的内容。

2. 结合《室内空气质量标准》（GB/T 18883—2022）中列举的指标，分析在家庭环境中，哪些装修材料、家具和日常用品可能成为主要的污染物排放源？如何通过选择绿色环保材料减少这些污染物的影响？

3. 不分光红外分析法（NDIR）是如何实现对室内二氧化碳浓度的有效监测？请描述 NDIR 技术的核心组成部分（红外光源、气室、滤波元件和红外检测器）各自的作用，以及该技术的优势和局限性。

4. 如何理解并比较撞击式称量法和激光散射法在颗粒物测量中的优缺点？如果

要在某一特定场景下（如室外空气质量监测站或室内空气净化器的自我评估）选择合适的颗粒物监测方法，应考虑哪些因素？

5. 在《公共场所卫生检验方法》（GB/T 18204—2013）中，电化学传感器被列为可选的检测手段。请讨论为何电化学传感器在检测一氧化碳、二氧化碳等气体时既受推崇又有其局限性，以及未来有可能对其进行哪些改进以扩大其适用范围和延长使用寿命。

6. 请从购物网站搜索测量空气中污染物的电化学传感器，了解其在市场中的价格区间和普及程度。并在每种仪器各找出一两款，总结其测量特点和参数。

7. 一家制药公司需要在研发实验室安装能够监测有机溶剂蒸气和可能的化学泄漏的设备。请根据实验室的特点和安全要求，推荐一种适合的气体检测仪器，并解释其工作原理和优势。

参考文献

[1] 郑洁. 建筑环境测试技术 [M]. 重庆：重庆大学出版社，2007.
[2] 张嵩，赵雪君. 室内环境与检测 [M]. 北京：中国建材工业出版社，2015.
[3] 张寅平. 室内空气化学污染控制基础和应用 [M]. 北京：科学出版社，2022.
[4] 朱天乐. 室内空气污染与控制 [M]. 北京：科学出版社，2021.
[5] GB/T 18883—2022 室内空气质量标准 [S]
[6] 卫生部卫生法制与监督司. GB/T 18883—2002《室内空气质量标准》实施指南 [M]. 北京：中国标准出版社，2003.
[7] GB 50325—2020 民用建筑工程室内环境污染控制标准 [S]
[8] 陆思华，邵敏，王鸣. 城市大气挥发性有机化合物（VOCs）测量技术 [M]. 北京：中国环境科学出版社，2012.

第 9 章 声、光、辐射测量

本章主要介绍声、光、太阳辐射、电离辐射的一些基础知识。噪声测量涉及声压、声压级及不同计权方式模拟人耳对声音频率响应的特点，如 A 计权常用于环境噪声评估。光环境测量介绍光通量、光强、亮度和照度等参数，并讲解如何运用照度计测量室内光照条件，以及照度均匀度和眩光的影响。太阳辐射测量关乎天文太阳辐射量的测定，典型测量工具如热电堆式总辐射表能精确捕捉 $0.285\sim3.0\mu m$ 波段的太阳短波辐射。电离辐射简要介绍定量描述电离辐射的相关参数和氡监测重要性，并介绍氡常用的检测方法。

9.1 噪声测量

9.1.1 噪声相关参数

声音是由物体振动引起的机械波，能够被人耳所感知。声音需要介质（如空气、水等）来传播，它通过介质中的分子振动传递。声音可以通过波长、频率、振幅、速度和声源等多个因素来描述。声波的波长和频率决定了声音的音高和音调，振幅则决定了声音的响度或音量。声速则取决于介质的密度和压缩性等因素。噪声是指人为或自然产生的不期望声音，通常是指任何引起不适、干扰或损害的声音，是环境污染的一种形式，可以对人类健康和生态系统产生负面影响。噪声可以来自很多不同的来源，例如机械设备、交通工具、建筑施工等。

声音强度、声压、声压级

声音强度（sound intensity）是指单位时间内垂直通过单位面积的声波能量，它反映了声音的功率密度。在国际单位制中，声音强度的单位是 W/m^2（瓦每平方米）。由于声音强度的绝对值在实际应用中往往很大或很小，不方便直接使用。

声压（sound pressure）指声波通过介质传播时，由振动带来的压强变化，是声波能量传递的直接体现，符号为 p，单位为 Pa（帕），同样在日常不方便使用，而是使用下面的声压级。

声压级（sound pressure level）简称声级。声压级是一种以对数方式表示声压相对强度的参数，其目的是便于处理声压在大范围内的非线性变化。声压级通常表示为 SPL 或 L_p，单位为 dB（分贝），广泛应用于噪声测量、声学工程等领域。由于声压级是对数方式表示声压，因此声压级每增加 3dB，表示实际声压翻倍；每增加 6dB，声压则增大至原来的 4 倍。

正常听力的人耳对声压的感知存在一个可识别的最小值，即听阈声压级，记为0dB。若声压低于听阈时，计算所得的声压级将为负数。尽管负声压级人耳感知不到，但在精密的声学测量设备下仍能检测到这些微弱的声压波动。

噪声监测指标

建筑相关的噪声监测的常用指标主要包括以下几个方面：

等效连续声级（L_{eq}）是将一段时间内的起伏变化声压级进行加权平均计算，用一个声级值来代表这段时间。这种简化可以方便地衡量噪声水平，在环境噪声评估和职业健康安全领域非常有用。比如在一段时间内，以相等的时间间隔对声音测量，共测量了 n 次，那么该时间段的等效连续声级计算方法为

$$L_{eq} = 10\lg\frac{\sum_{i=0}^{n}10^{(L_i/10)}}{n} \tag{9.1.1}$$

式中：L_i 为第 i 次测量的声压级，dB；n 为总测量次数；L_{eq} 为该时间段的等效连续声级，dB。

但在噪声评价的实际测试时，还会使用根据噪声频率的高低对声级进行加权处理来模拟人耳对不同频率声音的敏感度，因此计算等效连续声级就变得很复杂。在实际操作中，大部分噪声计已经集成了声音计权和等效连续声级的便捷计算功能，可以一键测量得到结果。

最大声级（L_{max}）和最小声级（L_{min}）分别表示监测期间出现的最大瞬时声压级和最小瞬时声压级。最大声级也叫峰值声级（L_{peak}）。

昼夜等效声级考虑到了噪声在昼夜不同时段对人们生活影响的不同，它包含了额外的夜间噪声因子，用于评价全天候噪声对居民生活质量的影响。

频谱分析包括噪声的频率分布、各频率成分的声压级等，通过频率分析可以了解噪声的频谱特性，有助于识别噪声源和制定有效的降噪措施。

生活中常见声压级如图9.1.1所示。

9.1.2 声音计权方式

声音计权方式是指在测量声音强度时，对不同频率的声音信号进行不同程度的加权处理，以模拟人耳对不同频率声音敏感性的特点。这种加权处理确保测量结果能更接近于人耳实际感受到的响度。

声音计权方式主要有A、B、C和D四种，但是B、C和D三种主要用于特殊场合或者低频噪声严重的场合，较少使用。

日常使用主要还是A计权，其反映了人耳在日常环境中对噪声的响应特点，尤其对于中频声音最为敏感。在频率较低（低于约500Hz）和较高（超过8kHz）的区域，A计权会给予更多的衰减，以模仿人耳对这些频率相对不敏感的现象。A计权后的声级单位为dB(A)。有时候，也会遇到不标计权方式，仅有dB，通常默认其计权方式也采用了A计权。

图9.1.2是A计权对各个频率的声级进行修正的具体值，比如在频率125Hz的

图 9.1.1　生活中常见声压级

修正值为 $-16.1\,\mathrm{dB}$，也就表示了由于人耳对于 $125\,\mathrm{Hz}$ 不够敏感，因此其声级需要下调 $16.1\,\mathrm{dB}$。

声音计权方式与上节介绍的噪声监测指标——等效连续声级紧密关联。要计算等效连续声级，首先要确定计权方式，才能进行对声级瞬时值的加权平均，得到反映一个时间段的单一声压级指标。

9.1.3　声级计

声级计可以用于测量声压级，广泛应用于噪声检测与控制。声级计一般自带计权计算，在测量等效连续声级时非常方便。

声级计由传声器（话筒）、前置放大器和信号处理器等组成，如图 9.1.3 所示。传声器是声级计的前端元件，负责将声波转换成电信号。它通常是精密设计的电容式麦克风，可以捕捉宽范围内的声音频率。传声器的体积很小，但是外面会套一个海绵防风罩，避免气流影响。不同规格的传声器如图 9.1.4 所示。传声器产生的电信号非常微弱，需要通过前置放大器（图 9.1.5）进行放大。信号处理器可以根据电信号得到声压级，同时根据声音频率进行修正（常用 A 计权，偶尔使用 C 计权），同时还可以自动计算等效连续声级。

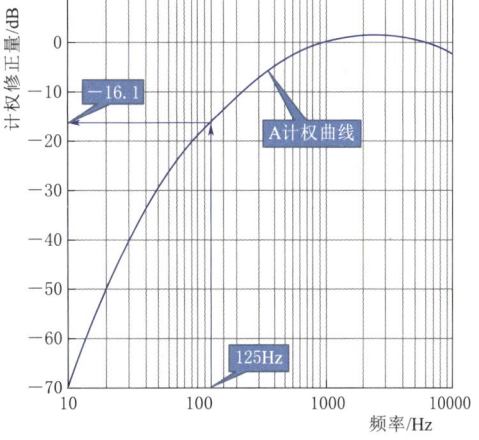

图 9.1.2　A 计权曲线

(a) 结构　　　　　　　　　　　(b) 实物

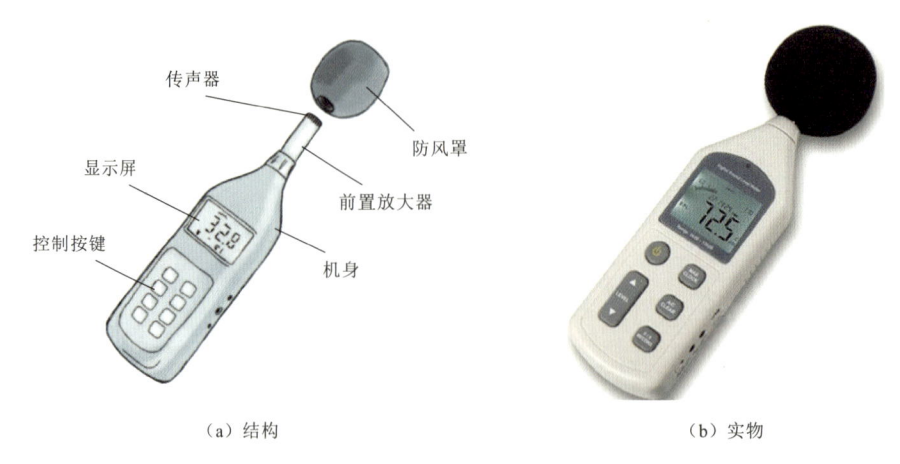

图 9.1.3　声级计结构及实物

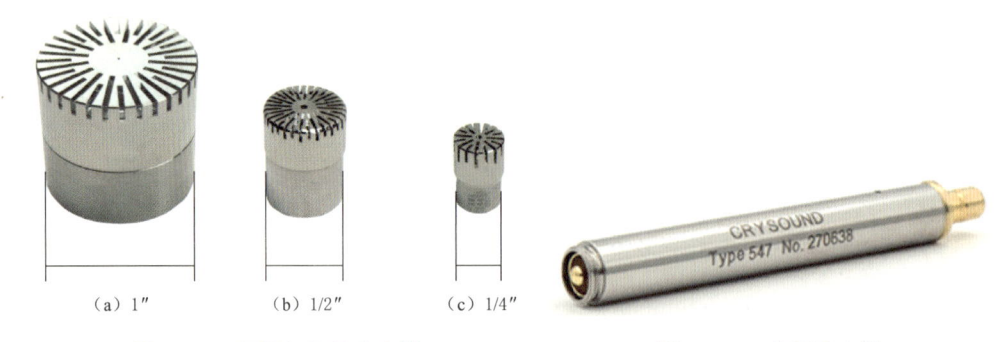

(a) 1″　　　(b) 1/2″　　　(c) 1/4″

图 9.1.4　不同规格的传声器　　　　图 9.1.5　前置放大器

国际电工委员会（International Electro Technical Commission，IEC）目前只把声级计分为两级，即 1 级和 2 级。根据《电声学　声级计　第 1 部分：规范》（GB/T 3785.1—2023/IEC 61672-1：2013），1 级声级计全量程允差为 ±0.8dB，2 级声级计为 ±1.1dB。当信号变化在 10dB 以内时，1 级声级计允差为 ±0.3dB，2 级声级计为 ±0.5dB。在工程测量和日常生活中，使用 2 级声级计较多。

9.1.4　室内测试方法

测点数量

对于住宅、学校、医院、旅馆、办公建筑及商业建筑中面积小于 30m² 的房间，在被测房间内选取 1 个测点，测点应位于房间中央。

对于面积大于等于 30m²、小于 100m² 的房间，选取 3 个测点，测点均匀分布在房间长方向的中心线上，房间平面为正方形时，测点应均匀分布在与最大窗平面（窗户最多的墙面）平行的中心线上。对于面积大于等于 100m² 的房间，可根据具体情况，优化选取能代表该区域室内噪声水平的测点及测点数量。

测点分布应均匀且具代表性，测点应分布在人的活动区域内。对于开敞式办公室，测点应布置在办公区域；对于商场，测点应布置在购物区域。

测点位置

测点距地面的高度应为 1.2~1.6m。测点距房间内各反射面的距离应大于等于 1.0m。各测点之间的距离应大于等于 1.5m。测点距房间内噪声源的距离应大于等于 1.5m。对于间歇性非稳态噪声的测量，测点数可为 1 个，测点应设在房间中央。

测点时长

对于稳态噪声，在各测点处测量 5~10s 的等效［连续 A 计权］声级，每个测点测量 3 次，并将各测点的所有测量值进行能量平均，计算结果修约到个数位。

对于声级随时间变化较复杂的持续的非稳态噪声，在各测点处测量 10min 的等效［连续 A 计权］声级。将各测点的所有测量值进行能量平均，计算结果修约到个数位。

对于间歇性非稳态噪声，测量噪声源密集发声时 20min 的等效［连续 A 计权］声级。

关于更详细的噪声测量方法和相关标准条文的总结，请扫描二维码查阅。

链接 9.1
噪声测量
标准总结

9.2 室内光环境测量

9.2.1 光环境的相关参数

室内光环境是指建筑物内部的光照条件，包括自然光和人工光的综合效果。首先介绍几个光环境评价的重要参数。

光通量是衡量单位时间内光源发出光能量总量的一个物理量，要注意这里光是指可见光。以符号 Φ 表示，单位是 lumen（流明），简写 lm。如果光源是固定不变的，那么光通量也是固定的。光通量越大，光源就越亮，反之则越暗。

光强是发光强度的简称，表示光源在单位立体角内光通量的多少，也就是说光源向空间某一方向辐射的光通密度。以符号 I 表示，单位是 Candela（坎德拉），简写 cd。要注意光强是针对光源在某个特定方向上的发光强度。

光通量与光强的区别：光通量衡量的是光源发出的总光能量，不涉及方向性。光强描述的是光源在某个特定方向上的发光强度，从图 9.2.1 中可以理解光强的方向性。假设一个光源的总光通量为 1000lm，这意味着它在所有方向上总共发出了 1000lm 的光，如果某个方向（该方向的立体角为 1 球面度）上的光通量为 100lm，那么光源在这个方向上的光强就是 100cd。

亮度描述的是光源表面或被照亮表面上每单位面积每单位立体角内发出或反射的光通量，如图 9.2.1（b）所示，以符号 L 表示。简单来说，亮度是衡量观察者在某一方向上所看到的光源或表面明亮程度的一个物理量，就是指"这里看上去有多亮"，计量单位是 cd/m^2。它反映的是发光面或反射面光线进入到人眼里面时的感受亮不亮。

照度指物体表面被照亮的程度，表示物体表面每平方米的光通量，如图 9.2.1（c）所示，以符号 E 表示，单位为 lx（勒克斯）。被光均匀照射的物体，距离该光源

（a）光参数关系图

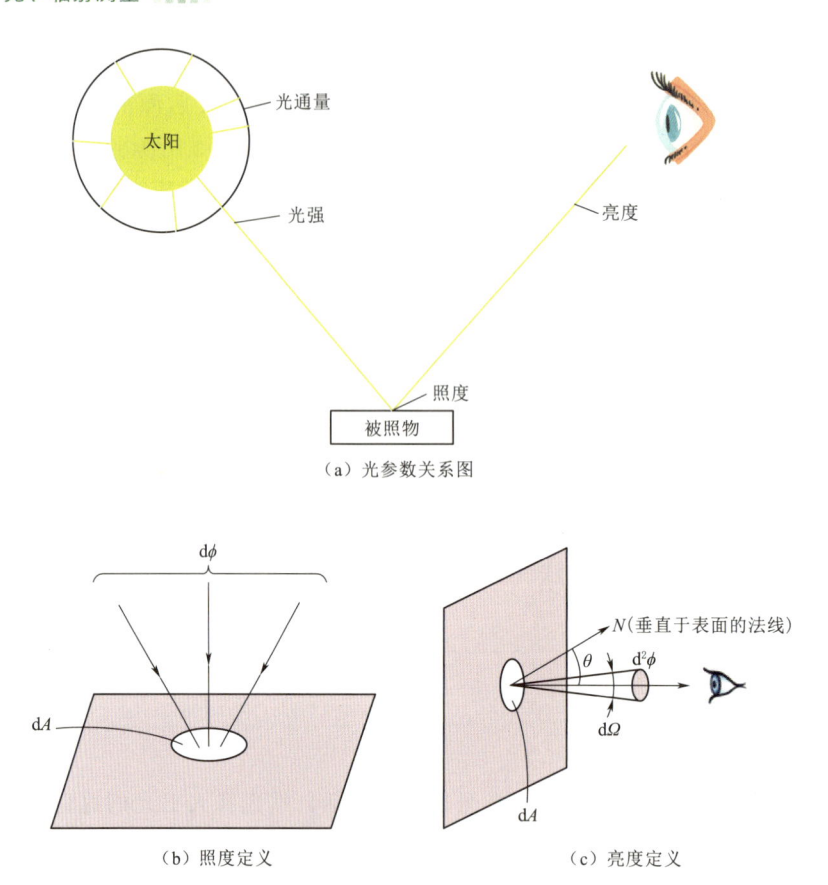

（b）照度定义　　　　　（c）亮度定义

图 9.2.1　光参数之间的关系

1m 处，在 $1m^2$ 面积上得到的光通量是 1lm 时，其照度是 1lx。在光源不变的情况下，距离光源越近的物体，表面照度越大，也就是"更亮"。

照度和亮度的区别：光源发出的光通量在某一方向入射到某桌面，此时表面将有一个照度值。不管这一表面是黑色的还是白色的，是木头的还是石材的，照度值都是一样的。照度是一个客观的参量，是用仪器去检测在某一个面上实际到达光通量，不涉及观察者的具体视角。

该桌面会反射光线，可能是镜面反射，更可能的是漫反射，往空间中很多方向都有光的反射。当我们站在某一位置观察这个桌面的时候，就看到了这个表面的明亮程度，称其为亮度。因此亮度表示观察者在某个方向上看到的光源或反射的表面有多亮或多暗，从图 9.2.1 中也可以了解照度和亮度的关系。因此亮度不仅跟反射面的材质、颜色有关系，还和人眼观察的位置和角度也有关系。

照度与被照物是无关的，而亮度却与被照物的表面有很大关系。用手掌举例，无论是手心还是手背，在同等条件下，得到的光是一样多的，即照度是一样的。但是，肉眼看上去是不一样的，手心总是会比手背感觉上亮一点，这就是亮度不一样。再举一个例子，当我们正对着一面被照亮的黑墙，是不会觉得它亮的。但是当我们正对着一扇被照亮的白墙，情况就不一样了，这是因为亮度跟反射面有关。

光环境的其他参数——以办公室为例

办公室光环境肯定首先要保证是桌面或者工作区的照度。根据《建筑照明设计标准》(GB/T 50034—2024) 的规定，办公室工作区在 0.75m 高的水平面，平均照度应在 300~500lx 之间。但除了照度，还有其他参数与人员的视觉舒适关系紧密。

色温：用 K（开尔文）来表示光源的颜色特性，可以理解为光源的"温度"。色温较低（如 2700~3000K）的光线偏暖黄，适合营造温馨氛围；色温较高（如 5000~6500K）的光线偏冷白，适合需要集中注意力的工作环境。办公室照明色温推荐选择接近自然光的色温范围，通常介于 4000~5000K 之间，以保持较高的视觉舒适度和工作效率。

照度均匀度：照度分布应该满足一定的均匀性。视场中各点照度相差悬殊时，瞳孔就经常改变大小以适应环境，引起视觉疲劳。

$$照度均匀度 = 工作面的最低照度 / 工作面平均照度$$

一般要求工作区域内的照度均匀度至少达到 0.6，即工作桌面的最小照度与平均照度之比不小于 0.6。同时还要保证桌面周围的照度不能过低，比如桌面有 300lx，周围区域照度不能低于 200lx。

眩光：视野内出现高亮度的光时，使眼睛不能完全发挥机能，这种现象称为眩光。办公室中可以通过合适的灯具设计、遮挡或调整光源位置来减少眩光。

显色指数（color rendering index, CRI）：用来描述光源对物体颜色再现的能力，数值范围为 0~100，高 CRI 值表示光源能更真实地还原物体颜色。办公室照明光源的显色指数应大于 80。

蓝光辐射量：蓝光辐射是指波长在 400~500nm 之间的高能可见光，属于可见光谱中能量最强的部分。由于其短波长特性，蓝光光子携带较高能量，能够穿透眼球直达视网膜，长期暴露可能引发光化学损伤，如视网膜细胞氧化和黄斑变性。日常电子设备（如 LED 屏幕）是主要人工蓝光源，办公室照明灯具的蓝光辐射量需满足 RG0（无危险）或 RG1（低危险）等级，建议选择色温 4000K 以下的灯具以减少高能蓝光风险。

9.2.2 照度计

照度计的核心部位就是感光头，它由硒光电池或硅光电池配合滤光片和微安表组成。这种照度计叫做光电照度计。

光电池是把光能直接转换成电能的光电元件。如图 9.2.2 所示，当光线射到硒光电池表面时，入射光透过金属薄膜到达半导体硒层和金属薄膜的分界面上，由于光电效应，产生了微弱电流，其大小与光电池受光表面上的照度有一定的比例关系。通过微安表测量光电流就可以得到受光面的照度。

光源经常是由倾斜方向照射到照度计表面的，由于光电池表面的镜面反射作用，在入射角较大时，光电池表面会反射掉一部分光线，导致误差。为了修正这一误差，通常在光电池上外加一个均匀漫透射材料的余弦校正器（乳白玻璃或白色塑料），这种光电池组合称为余弦校正光电池。

第 9 章 声、光、辐射测量

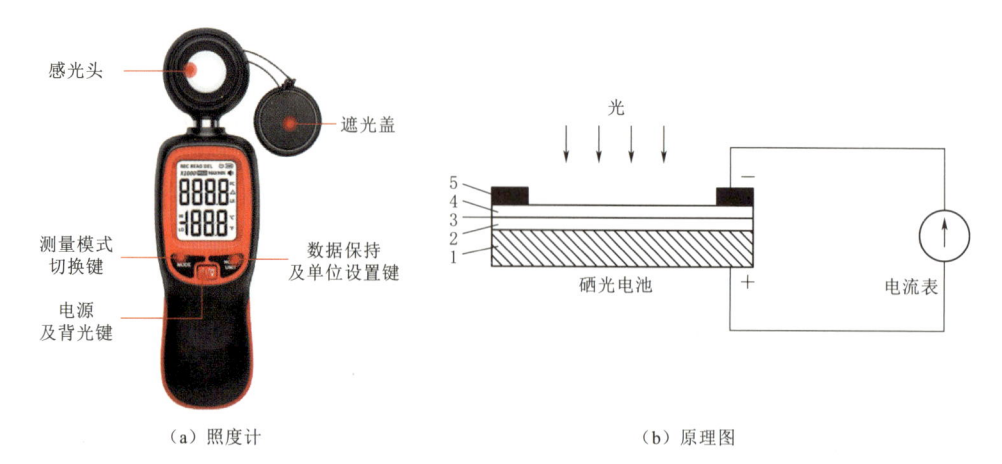

（a）照度计　　　　　　　　　（b）原理图

图 9.2.2　常见照度计及其原理图
1—金属底板；2—硒层；3—分界层；4—金属薄膜；5—集电环

典型照度计的参数

照度量程：总量程：0～200000lx。分为四档，1 档：0～199.9lx，10 档：200～1999.9lx，100 档：2000～19999.9lx，1000 档：20000～200000lx

照度精度：小于 10000lx 时，3％ rdg；大于等于 10000lx 时，5％ rdg

采样速率：2s 一次，重复测试，±2％

光谱范围：400～700nm，入射角 120°

9.2.3　亮度计

遮光筒式亮度计

遮光筒式亮度计是一种专门用于精确测量光源亮度的专业光学测量仪器，如图 9.2.3 所示，常用于实验室、工业生产和质量控制等领域。这类仪器的设计特点是利用遮光筒来隔离外部环境光干扰，确保测量结果只反映被测光源的亮度特性。

图 9.2.3　遮光筒式手持亮度计

其组成和工作原理如下：

光学系统：遮光筒内部通常配置有精密光学组件，包括准直镜或透镜系统，确保只有从指定角度入射或发射的光线才能进入探测器。

探测器：核心部件是亮度敏感元件，如硅光电二极管、光电倍增管或 CCD/CMOS 图像传感器等，它们将光信号转化为电信号。

遮光筒：在外形上，遮光筒是一个内部涂黑、具有良好光密封性的圆筒结构，可以有效阻止杂散光的影响，确保测量准确性。

典型仪器的参数

光谱响应范围：380～780nm；感光元件：硅光器件；量程：0.1～5000000cd/m²；分辨率：0.1cd/m²；感光面积：8mm 直径圆；使用环境为 18～30℃，湿度为 35％RH～

75%RH；测量误差：±4% rdg。

成像式亮度计

成像式亮度计是一种先进的光学测量设备，它不同于传统的点式或小面积测量的亮度计，能同时捕捉并分析整个视场内所有像素点的亮度信息，生成亮度分布的二维图像，可以将其理解为一个能显示亮度分布的照相机。成像式亮度计可十分方便地进行亮度均匀度等分析测试，具有测量速度快和准确度高等特点，被广泛应用于道路照明设计和显示屏检测等各种场合。结构如图 9.2.4 所示。

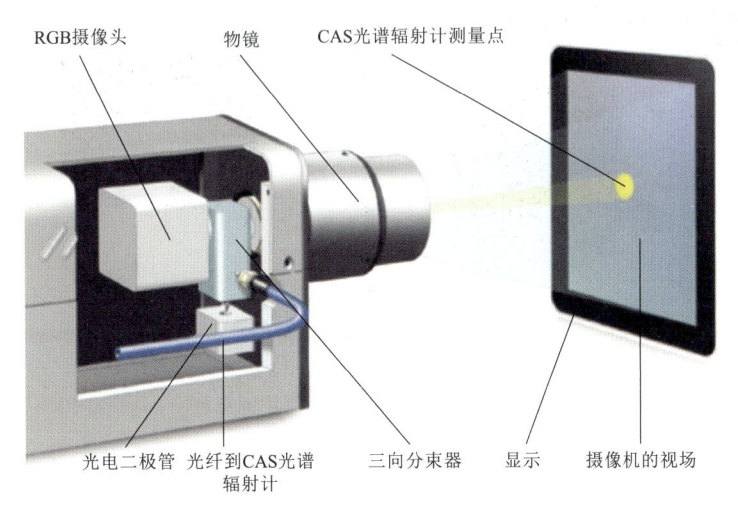

图 9.2.4 成像式亮度计的结构图

典型仪器应用

图 9.2.5 是专门用于道路照明测量的高性能成像式亮度计，系统基于带 V（λ）滤波器的 4K 分辨率单色 CMOS 传感器，标准组件配备 50mm 焦距镜头，以及一组用于道路照明测试辅助配件，进行道路照明分析的专用模块，以及多种通用分析工具，可针对街道街区、隧道照明和机场照明等现场应用进行即时亮度分布测量，并且一键生成报告。可以测量的技术参数包括点亮度、亮度分布、等烛光图、平均亮度、最小大值图表、相关色温显色指数、颜色均匀性、颜色一致性和频谱功率分布。系统采用 IP54 外壳设计，适合各种户外测量，电池续航高达 3h，可满足用户的多种需求。

9.2.4 室内照度测量方法

测量前准备

确保测量仪器准确可靠，照度计应定期校准并在有效期内。

关闭不必要的光源，排除天然光和其他非待测光源的干扰，保证测量环境的稳定性和可控性。

照明系统应在满负荷条件下运行一段时间，确保光源达到稳定发光状态，比如荧光灯至少开启 15min。

测点布置

根据房间尺寸，将测量区域划分成面积大小相等的若干个方格。小房间的每个方

第9章 声、光、辐射测量

图 9.2.5 成像式亮度计测路面亮度

图 9.2.6 网格中心布点示意图

格的边长为1m，大房间可取 2~4m。走道、楼梯等狭长的交通地段，沿长度方向中心线布置多个测点，如图 9.2.6 所示，间距 1~2m。测点数目越多，得到的平均照度值越精确，不过也要花费更多的时间和精力。

在办公室、教室、图书馆等场所，照度测点通常设置在距离地面 0.75~0.80m 的高度处，这模拟了桌面或阅读作业面的照度情况。在公共场所如走廊、楼梯间等地方，测点高度可能根据灯具安装高度和行人视线水平适当调整。

测量每个方格中心的照度，则平均照度等于各点照度的算术平均值，即

$$E_{\text{average}} = \frac{\sum_{i=1}^{n} E_i}{n} \quad (9.2.1)$$

式中：E_{average} 为测量区域的平均照度，lx；E_i 为每个测量网格中心的照度，lx；n 为测点数。

测量注意

将照度计放置在测点上，保持探头水平并对准主要光源方向，读取并记录照度值。对于同一点，可根据需要进行多次测量，取平均值作为最终数据。

对于竖直安装的黑板，其照明是如何测量的，请扫描二维码查阅。

链接 9.2
黑板照度测量

9.3 太阳辐射测量

9.3.1 太阳辐射简介

天文太阳辐射量是指地球大气层外接收到的太阳辐射能量。在地球位于日地平均距离处时，地球大气上界垂直于太阳光线的单位面积在单位时间内所受到的天文太阳辐射能量，称为太阳常数，太阳常数值约为 $1368W/m^2$。要注意天文太阳辐射量和太阳常数都是大气上界或大气层外所受的能量。

然而在地表测量到的太阳辐射量会受到多种因素的影响，包括大气条件（如云量、水汽含量）、地理位置（如纬度）和地形特征、太阳活动和日地距离的变化，尤其是当太阳光通过大气层时，一部分会被散射或吸收。因此地表测量的太阳辐射量称为实际太阳辐射量，这个实际值的影响因素非常多。

地球大气上界的太阳辐射光谱的99%以上在波长 $0.15 \sim 4.0 \mu m$ 之间。大约50%的太阳辐射能量在可见光谱区（波长 $0.4 \sim 0.76 \mu m$），7%在紫外光谱区（波长 $< 0.4 \mu m$），43%在红外光谱区（波长 $> 0.76 \mu m$），最大能量在波长 $0.475 \mu m$ 处。由于太阳辐射波长较地面和大气辐射波长（$3 \sim 120 \mu m$）小得多，所以通常又称太阳辐射为短波辐射，称地面和大气辐射为长波辐射。

在气象学和太阳能利用领域，测量太阳辐射是一项重要的工作。通过了解太阳辐射的分布和变化规律，可以更好地预测天气和气候变化，制订更好的太阳能利用方案，为人类的生产和生活提供更多的便利和效益。尤其在光伏系统设计中，了解某个位置特定时间内的可用太阳辐射量至关重要。

9.3.2 热电堆式总辐射表

总辐射表又叫太阳总辐射传感器，是用来测量水平面上，在 2π 立体角内所接收到的太阳直接辐射和散射太阳辐射之和的总辐射（主要测量短波辐射）。是辐射观测最基本的项目，多用于太阳能辐射站上总辐射数据监测。

太阳总辐射传感器最常见的传感器类型是热电堆式，如图9.3.1所示。由双层石英玻璃罩、信号输出插座、调水平器、水平调节螺钉和干燥器等部分组成。其中玻璃罩下的感应元件是核心部分，由快速响应的绕线电镀式热电堆组成。感应面涂无光黑漆。感应面为热结点，当有阳光照射时温度升高，由于热电效应原理，它与另一面的冷结点形成温差电动势，该电动势与太阳辐射强度成正比。为了防止环境对其性能的影响，则用双层石英玻璃罩，罩是经过精密的光学冷加工磨制而成的。

热电堆式总辐射表测量应用广泛且准确性高，其黑色表面能均匀地吸收 $0.285 \sim 3.0 \mu m$ 的太阳辐射。均匀的光谱响应允许热电堆式总辐射表能测量地面反射和植被冠层反射的短波，以及同时测量上行或下行的短波辐射。热电堆式总辐射表是最准确测量太阳能短波辐射的传感器。

典型仪器参数

测量波长范围 $0.285 \sim 3.0 \mu m$，工作温度 $-40 \sim 60$℃，量程 $0 \sim 2000W/m^2$，分辨

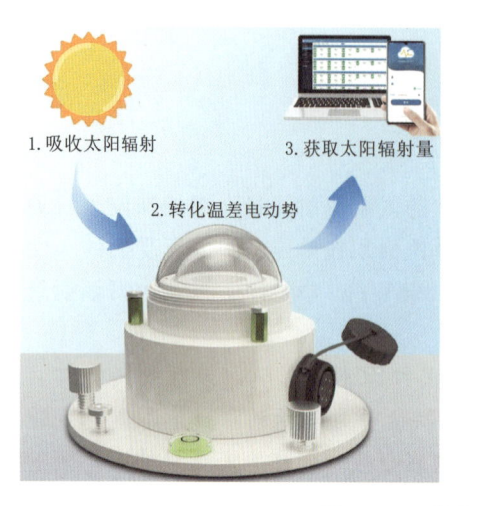

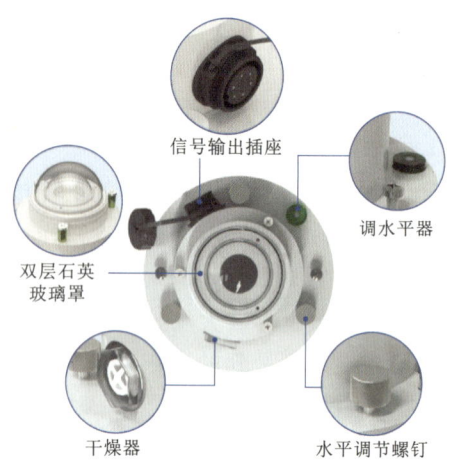

图 9.3.1　热电堆式总辐射表

率 $1W/m^2$，响应时间小于 30s，精度±3%，年稳定性小于±3%，零点漂移小于 $6W/m^2$。测量过程中四种误差：非线性误差小于±3%，方向性误差小于 $30W/m^2$，倾斜误差小于±5%，温度响应误差小于±3%。

9.3.3　光电式总辐射表

光电式总辐射传感器是基于光电效应测量太阳总辐射的传感器，主要由感光器件、光电转换器、滤波器构成，如图 9.3.2 所示。感光器件通常采用硅材料制成的光敏二极管，当光线射到 PN 结上时，由于光电效应，形成电流。光电转换器将感光器件输出的微弱电流转换为可读取的电信号。

图 9.3.2　光电式总辐射表及其顶部石英罩

典型仪器参数

测量波长范围 $0.4\sim1.1\mu m$，工作温度 $-25\sim60℃$，量程 $0\sim2000W/m^2$，分辨率 $1W/m^2$，响应时间小于 10s，精度±5%，年漂移小于±3%，零点漂移小于 $6W/m^2$。测量过程中四种误差：非线性误差小于±3%，方向性误差小于 $30W/m^2$，倾斜误差小于±5%，温度响应误差小于±3%。

9.3.4 全自动太阳光度计

全自动太阳光度计是一种专门设计用于连续监测太阳辐射强度的专业设备，具备自动化程度高、精度优良的特点，能够在无需人工干预的情况下，实时、准确地跟踪太阳并测量从各个波段接收到的太阳辐射强度，如图 9.3.3 所示。

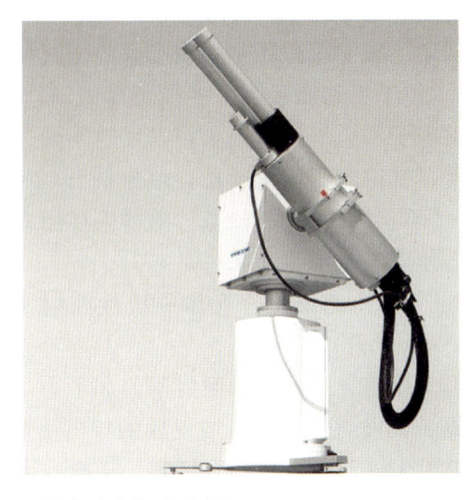

图 9.3.3 全自动太阳光度计

全自动太阳光度计由一个光学头、一个控制箱和一个双轴步进马达系统组成。光学头带有两个瞄准筒，一个用于测量太阳直射辐射不带聚光透镜，另一个用于天空辐射测量带有聚光透镜。在光学头上还装有四象限探测器，用于太阳自动跟踪时的微调。控制箱内装有 2 个微处理器，分别用于数据获取和步进马达系统的控制。

太阳追踪能力：通过内置的双轴驱动系统，能够精确追踪太阳的运动轨迹，保证传感器始终对准太阳，从而获得最准确的辐射数据。

辐射测量能力：具备多种波段测量功能，例如可测量可见光、近红外甚至紫外波段的直接辐射、散射辐射、反射辐射、总辐射、光合有效辐射（photosynthetically active radiation，PAR）等多种类型的太阳辐射，以满足不同科研和环境监测的需求。

建议阅读太阳辐射、电离辐射、电磁辐射三者之间的关系和区别，请扫描二维码查阅。

链接 9.3 三个概念的区别

9.4 电离辐射测量

9.4.1 电离辐射相关参数

电离辐射在自然界中普遍存在，如宇宙射线、地球上的放射性矿物等。也可以人为产生，如医疗领域的放射治疗和诊断、核能发电过程中的放射性废料等。长期或大量接触电离辐射会对生物体造成损伤，包括 DNA 损伤、细胞损伤，乃至诱发癌症。因此，对于电离辐射的管理、防护以及剂量监测是非常重要的。按照电离辐射对人的作用方式，可以将照射分为外照射和内照射。

外照射指的是辐射源位于人体外，从外部对人体照射。这种情况，穿透能力强的粒子如高能电子、X射线、γ射线、中子形成的危害较大。

内照射是由于放射性核素进入人体内部，产生的射线直接对组织形成的照射。内照射情况下，短射程的粒子如α粒子、裂变碎片和电子形成的危害较大。

吸收剂量与当量剂量

吸收剂量代表了单位质量物质吸收的电离辐射能量，单位是Gy（戈瑞），1Gy＝1J/kg，表示每千克物质吸收了多少焦耳的辐射能量。在吸收剂量的基础上，如果乘以辐射权重因子和组织权重因子，以反映不同类型辐射对人体不同器官或组织造成伤害的可能性，就得到了当量剂量，单位是Sv（希沃特，简称希）。日常生活中有时会将Sv称为"希伏"，这并不规范。对非人体用吸收剂量或者不用来评估人体受伤害程度时，才会使用吸收剂量，单位是Gy。

Sv是一个很大的单位，人体一次性照射4Sv即可死亡，因此生活中常用mSv（毫希）、μSv（微希）。

对于公众而言，可接受的照射限值如下：年有效剂量为1mSv，眼晶体的年当量剂量15mSv；四肢（手、足）或皮肤的年当量剂量50mSv。

天然辐射无处不在，食物、房屋、天空、大地、山水草木乃至人们体内都存在着放射性照射，称为本底辐射。平均每人每年受到的天然放射性剂量为2.4mSv，其中，来自宇宙射线的为0.4mSv，来自地面γ射线的为0.5mSv，吸入（主要是室内氡）产生的为1.2mSv，食入为0.3mSv。很多活动都会接触放射性，乘飞机旅行2000km约为0.01mSv；每天抽20支烟，每年为0.5～1.0mSv；一次X光检查约为0.1mSv。

放射性活度与活度浓度

放射性活度是一个用来描述放射性物质衰变活跃程度的概念，可以理解为放射性物质每秒钟释放出粒子或电磁波（粒子、β粒子、γ射线）对周围人体或环境照射的快慢程度。

放射性活度的单位为Bq（贝可勒尔，简称贝克），如果每秒钟有100个原子核衰变，那么这个放射性物质的活度是100Bq。放射性活度浓度是一个结合了放射性活度和浓度的概念。假设某密闭房间内有混有放射性气体，放射性气体会不断地自发地放出粒子。放射性活度浓度就是指在这个房间内，每立方米空气中每秒钟有多少个放射性原子核发生了衰变，单位为Bq/m^3。假设有一杯水，里面溶解了一些放射性盐，放射性盐会不断地自发地放出粒子或电磁波。放射性活度浓度就是指在这杯水里，每单位体积（比如每升水）每秒钟有多少个放射性原子核发生了衰变。

放射性活度浓度越大，意味着单位体积内放射性物质越多，放射性越强。在环境保护、核安全和放射性物质处理等领域，对放射性活度浓度的监测和控制极为关键。

9.4.2 氡的测量

氡的危害和来源

氡（Radon）是一种化学元素，原子序数为86，符号为Rn。氡是一种无色、无味、无臭的放射性气体，在自然状态下，它是镭衰变链中的最终衰变产物。由于其具有放射性，吸入人体后，会因其放射性衰变产生的 α 粒子在呼吸道内对人体组织照射，造成损害，被认为是诱发肺癌的第二大风险因素（仅次于吸烟）。

氡的主要来源包括以下几个方面：

地基土壤：含有铀、镭、钍等放射性元素的地层会在自然衰变过程中产生氡气。氡可以从土壤中释放并通过建筑结构的裂缝、孔隙等途径渗透至室内。

建筑材料：某些建筑材料，尤其是天然石材，如花岗岩、大理石等，若含有较高含量的放射性元素，也会成为氡的释放源。

水源：地下水或者用于供应家庭用水的水源可能含有氡，当使用这些水源时，氡可能会随着蒸汽逸出或直接在用水过程中进入室内环境。

监测和控制住宅和工作场所中的氡水平，可以降低长期暴露带来的健康风险。《室内空气质量标准》（GB/T 18883—2002）进行修订后，对室内氡气的要求做了调整，年平均限制由 400Bq/m³ 调整为 300Bq/m³。

几种常见的测氡方法

目前，室内空气中氡的测量方法主要有活性炭测量法、脉冲电离室法和静电收集法。此外还有径迹蚀刻法，此法获得数据周期较长（至少 30 天），不适合一般的测量。闪烁瓶测量法由于不确定度较高，稳定性不佳，已经不再推荐使用。

活性炭测量法

本方法为累积采样，测量结果为采样期间氡的平均浓度。由于氡气易被活性炭吸附，利用一个装有活性炭的盒来捕集氡及其产生的子体，就可以测量氡含量。该方式属于被动式测量，探测下限至少可达 6Bq/m³。

活性炭盒一般用塑料或金属制成，直径 6～10cm，高 3～5cm，内装 25～100g 活性炭。如图 9.4.1 所示。空气扩散进盒内，其中的氡被活性炭吸附，同时衰变，新生的子体便沉积在活性炭内。用 γ 谱仪测量采样器的氡的子体特征 γ 射线峰强度，根据特征峰面积计算出氡浓度。该方法如测量室内时，需要将房间密闭且布放 3～7d，时间较长。

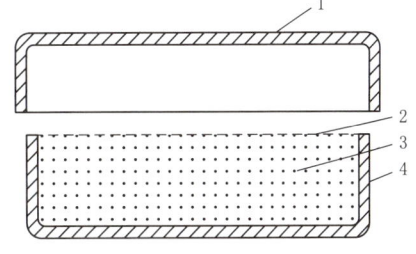

图 9.4.1　活性炭盒结构示意图
1—密封盖；2—滤膜；
3—活性炭；4—炭盒

脉冲电离室法

脉冲电离室法是一种主动式测量技术，通过连续采样实现对环境空气中氡浓度的监测。该方法基于氡衰变释放的 α 粒子在电离室内产生离子对，通过电场收集并转化为电脉冲信号，其探测下限可达 5Bq/m³。

空气经过滤后，扩散进入或经气泵送入电离室，在电离室中氡及其子体衰变发出的 α 粒子使空气电离，产生大量电子和正离子，在电场的作用下电子和正离子分别向两极漂移，在收集电极上形成电压脉冲或电流脉冲。这些脉冲经放大后记录，脉冲数与 α 粒子数成正比，即与氡浓度成正比。结构示意图如图 9.4.2 所示。此方法可用于瞬时测量或连续测量。一般推荐连续监测 24h，若不能做 24h 连续测量，一般选取上午 8～12 时采样测量，且至少连续测量 2d。

静电收集法

本方法为连续采样，能连续测量环境空气中氡浓度值。采用主动式测量方式，该方法的探测下限至少可达 5Bq/m³。

含氡气体进入腔体，氡子体被腔体外的材料过滤，"纯氡"在腔体内衰变产生新的子体，0.25h 后建立平衡，产生的 ^{218}Po 正离子在静电场作用下被收集到探测器表面，通过测量释放的 α 射线，整形计数得到相应脉冲，经校准后换算空气氡浓度。结构示意图如图 9.4.3 所示。本方法的优点是测量下限低，既能作为室内氡浓度的测量，又能连续测量氡浓度的动态变化；缺点是静电长受湿度的影响较大，需要适度修正或者除湿。

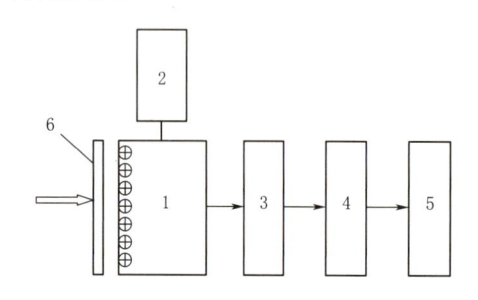

图 9.4.2 脉冲电离室结构示意图
1—电离室；2—高压电源；3—放大器；4—分析器；
5—计数器或多道分析器；6—扩散窗

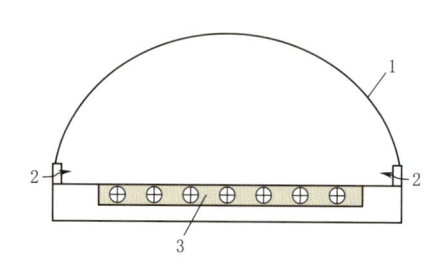

图 9.4.3 静电收集结构示意图
1—收集室；2—过滤膜；3—探测器

几种氡测量方法的优缺点见表 9.4.1。

表 9.4.1　　　　　　　几种氡测量方法的优缺点

测量方法	优　　点	缺　　点
活性炭测量法	采样器操作及携带方便、价格低廉、适合于短期大面积筛选测量	对温湿度敏感、暴露周期3～7d、只能得到平均测量结果、不能测氡浓度的变化
脉冲电离室法	灵敏度高、稳定性好、现场能得到测量结果、能够得到氡浓度变化	测量设备价格较高，无法辨别氡和钍
静电收集法	灵敏度高、稳定性好、现场能得到测量结果、能够得到氡浓度变化	测量设备价格较高，收集效率易受湿度影响

常用仪器举例

图 9.4.4 设备采用泵吸静电收集法，α 射线分辨率好、灵敏度高，谱图实时显示，具备测量土壤氡、空气氡、水中氡浓度和氡析出率四大功能。测量响应快，恢复时间短。静电室容积 700mL，静电场高压 2500～3000V。探测下限：≤2Bq/m³，环境空气氡量程：2～999999Bq/m³，测量不确定度：≤10%，重复性：相对误差≤5%。仪器工作条件：-10～50℃，相对湿度≤90%。

图 9.4.5 设备采用脉冲电离室法，常温常压空气脉冲电离室，灵敏体积为 0.44L，内置泵流气式取样。灵敏度：30Bq/m³，探测下限：2Bq/m³（60min 测量周期），量程：2～30000Bq/m³，不确定度：≤10%。测量周期：快速（10min）、中速

（20min）、慢速（30min）三种设置。响应能力（＞90%）：20min。仪器工作条件：
−18～50℃，相对湿度≤95%。

图 9.4.4　静电收集法测氡设备　　　　　图 9.4.5　某脉冲电离室测氡设备

课后任务与思考

1. 根据 9.1 节提供的信息，解释 A、B、C、D 四种计权方式各自的适用场合，以及为什么在噪声评价中普遍采用 A 计权。

2. 结合光通量、光强、亮度三个参数，阐述这三个物理量如何共同影响室内光环境的质量，并列举改善室内光环境的具体策略。

3. 比较热电堆式总辐射表与光电式总辐射表的工作原理、优缺点及适用场合，解释为何热电堆型传感器适合测量短波辐射，并探讨在光伏系统设计中如何运用此类数据。

4. 搜集你所在地区的辐射背景数据，分析其中的季节性波动以及可能的原因，并估算居民在此环境下的年有效剂量，判断是否超出国际公认的公众剂量限值。

5. 如果发现某种建筑材料中含有一定量的放射性元素，应该如何量化评估其对室内居住者的影响，以及如何采取措施减少辐射剂量。

参考文献

[1] GB 50118—2010　民用建筑隔声设计规范［S］
[2] 苏晓明. 建筑与城市光环境［M］. 北京：中国建筑工业出版社，2022.
[3] T/JYBZ 025—2022　中小学教室光环境测量方法［S］
[4] 罗斯曼. 气象和环境应用中的太阳辐射测量概述［M］. 吕晶，译. 北京：电子工业出版社，2019.
[5] 帅永，齐宏，谈和平. 热辐射测量技术［M］. 哈尔滨：哈尔滨工业大学出版社，2014.
[6] 商照荣，康玉峰. 辐射环境效应及监控技术［M］. 北京：中国环境科学出版社，2008.
[7] 朱立，周银芬，陈寿生. 放射性元素氡与室内环境［M］. 北京：化学工业出版社，2004.

第 10 章　建筑环境测试方案

为确保公共建筑室内环境品质与节能目标，我国制定了一系列周密的测试方案。方案中，针对办公、商业等场所，明确指出需在采暖或空调季检测室内温湿度，遵循严格的测点布置与采样要求，以评判其是否符合国家节能管理规定。空气质量检测涵盖从基本温湿度到甲醛、氨气等各类化学污染物，以及颗粒物、微生物等，采用国标方法进行采样和精准测定。对于洁净室环境，特别强调了粒径选择、采样点配置、最小采样量计算等方面的细节，依据粒子浓度统计分析判断洁净度等级。综合上述测试内容，旨在全方位优化建筑环境，保障工作空间和生产环境的安全舒适与节能。

10.1　公共建筑室内热环境测试

为贯彻执行国家有关节约能源的政策，加强对公共建筑的节能监督，各个地区都对重点的公共建筑如机关办事大厅、办公楼、商业综合体等进行室内热环境的监测与管理。

10.1.1　测量基本要求

室内温湿度测试应在采暖期或空调期内进行，测试主要仪表及技术要求见表10.1.1。检测期间，空调采暖系统应正常运行，且外门窗处于正常使用状态。检测面积不应小于总建筑面积的0.5%，且不应小于200m²。

表 10.1.1　　　　　　　　　测试主要仪表及技术要求

仪器名称	用途	技术要求	备　注
温度测量仪器	室内温度单点、多点测量	具有自动采集和存储功能，测量范围应覆盖0~50℃；最大允许误差不超过0.5℃；温度分辨力0.1℃	检定证书或校准证书中至少包括20℃、24℃、26℃的测量结果，测量不确定度应不超过0.15℃（$k=2$）
湿度测量仪器	室内相对湿度单点、多点测量	湿度分辨力0.1%；最大允许误差不超过±5%RH	检定证书或校准证书中至少包括相对湿度65%的测量结果，测量不确定度应不超过0.2%（$k=2$）

室内温度应在公共建筑办公或营业时间段内使用检测仪表进行连续检测，检测持续时间不少于3h。检测持续时间内，数据记录时间间隔最长不得超过5min。

室内相对湿度至少应在检测的初始、结束时刻检测相应温度测点的相对湿度，获取至少2组数据的平均值作为室内相对湿度。

10.1.2 测点布置

测点布置区域选择应符合以下规定：三层及以下的建筑应逐层布置温湿度测点；三层以上的建筑应在首层、中间层和顶层分别布置温湿度测点；不同建筑使用功能、朝向及内外区均应布置温湿度测点。

测点位置选择应满足以下规定：测点应布置在距地面以上 0.7～1.8m 高度范围内，距墙的水平距离应大于 1m；应避开室内光源直射或设置防辐射通风罩，距电脑、冰箱、冰柜等室内冷源或热源的距离应大于 1m；测点不应位于抽屉、橱柜等密闭的狭小空间内。

检测区域测点数量应符合以下规定：检测区域面积不足 16m^2，设测点 1 个；检测区域面积 16m^2 及以上不足 30m^2，设测点 2 个（区域的对角线三等分点）；检测区域面积 30m^2 及以上不足 60m^2，设测点 3 个（区域的对角线四等分点）；检测区域面积 60m^2 及以上不足 100m^2，设测点 5 个（二对角线四分点附近，梅花设点）；检测区域面积 100m^2 及以上，每增加 20～50m^2 应增加 1～2 个测点，尽量选择两个对角线上的等分点作为测点并均匀布置，如图 10.1.1 所示。

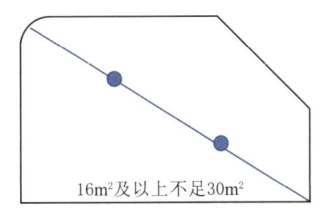

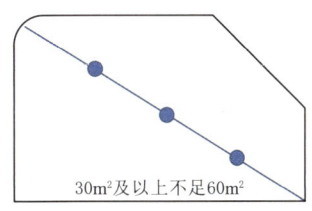

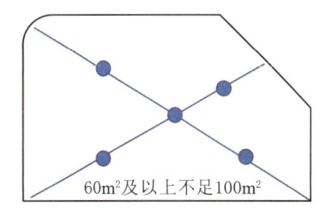

图 10.1.1 室内测点布置方案

10.1.3 数据处理

温度和湿度的数据处理方法可以总结为空间平均和时间平均两个步骤。以 80m^2 的房间为例，布置 5 个测点，在 15：00—16：00 期间每 5min 采集一次数据，每个测点会得到 12 个温湿度值。空间平均是指对同一时刻（如 15：05）所有测点的数据取平均值；时间平均是指将所有时刻（15：05—16：00 共 12 个时间点）的空间平均值再求总平均。这样就能反映 15 时内该房间的整体温湿度状况。

温度和湿度的数据处理相对简单，即对受检区域内的测点取平均值，对受检区域的时间取平均值。举例，某房间 80m^2，需要布置 5 个测点。在 15：00—16：00 之间，每 5min 自动采样一次，那么每个测点都得到 12 个温度值。该房间 15：05 的平均温度就是这 5 个测点取平均值。同样 15：10、15：15 等也是如此。该房间在 15 时内这 60min 的平均温度则是将所有温度值进行平均。

公共建筑空调采暖室内温度合格判定按照每平方米各地对公共建筑室内温度控制的节能管理规定执行。比如很多地市的公共机构节能办法就要求公共机构的夏季空调不得低于 26℃，冬季供暖不得高于 20℃。《建筑节能与可再生能源利用通用规范》（GB 55015—2021）中就规定公共建筑运行期间室内温度，冬季不得高于设计值 2℃，夏季不得低于设计值 2℃。

10.2 围护结构传热系数现场测试

虽然国家和地方的各种建筑节能标准在设计阶段要求了建筑物围护结构的热工性能达到目标，但并不能保证建筑物建造完后能够达到节能要求，因为建筑的施工质量同样非常关键。因此，判定建筑物围护结构热工性能是否达到标准要求，仅靠资料并不能给出结论，需要现场实测。对于既有建筑，测试可以揭示围护结构中存在的问题，如保温层缺失、损坏或安装不当等问题，测试结果可用于指导既有建筑的节能改造工程，帮助确定哪些部分需要改进，以提高整体能效。

建筑物围护结构的检测宜选在最冷月，且应避开气温剧烈变化的天气。建筑物围护结构主体传热系数宜采用热流计法进行检测。热流计的物理性能应符合表10.2.1要求。

表 10.2.1　　　　　　　热流计的物理性能要求

项 目 指 标		指　标
标定系数	范围	$10\sim200\mathrm{W}/(\mathrm{m}^2 \cdot \mathrm{mV})$
	稳定性	在正常使用条件下三年内标定系数变化不应大于5%
	不确定度	≤5%
热阻		≤0.008 $(\mathrm{m}^2 \cdot \mathrm{K/W})$
使用温度		$-10\sim70$ ℃

10.2.1 测点位置

宜用红外热像技术协助确定，测点应避免靠近热桥、裂缝和有空气渗漏的部位，不要受加热、制冷装置和风扇的直接影响。被测区域的外表面要避免雨雪侵袭和阳光直射。将热流计直接安装在被测围护结构的内表面上，要与表面完全接触；热流计不应受阳光直射。

在被测围护结构两侧表面安装温度传感器。内表面温度传感器应靠近热流计安装，外表面温度传感器宜在与热流计相对应的位置安装。温度传感器的安装位置不应受到太阳辐射或室内热源的直接影响。温度传感器连同其引线应与被测表面接触紧密，引线长度不应少于0.1m。

10.2.2 测试过程

检测期间室内空气温度应保持基本稳定，测试时室内空气温度的波动范围在±3K之内，围护结构高温侧表面温度与低温侧表面温度应满足表10.2.2的要求。在检测过程中的任何时刻高温侧温度应始终高于低温侧温度。热流密度和内外表面温度应同步记录，记录时间间隔不应大于30min。

表 10.2.2　　　　　　　高温侧与低温侧表面温度要求

传热系数设计值 $K/[\mathrm{W}/(\mathrm{m}^2 \cdot \mathrm{K})]$	高低温侧表面平均温度差 $\Delta T/\mathrm{K}$
$K \geqslant 0.8$	≥12
$0.4 \leqslant K < 0.8$	≥15
$K < 0.4$	≥20

10.2.3 结束测量条件

测量结束需要满足测量得到的热阻值已经足够稳定。围护结构的热阻计算式为

$$R = \frac{\sum_{i=1}^{n}(T_{ni} - T_{wi})}{\sum_{i=1}^{n} q_i} \quad (10.2.1)$$

式中：R 为围护结构的热阻，$m^2 \cdot K/W$；T_{ni} 为围护结构内表面温度的第 i 次测量值，K；T_{wi} 为围护结构外表面温度的第 i 次测量值，K；q_i 为热流密度的第 i 次测量值，W/m^2。

对于轻型围护结构，宜使用夜间采集的数据计算围护结构的热阻。当经过连续四个夜间测量之后，相邻两次测量的计算结果相差不大于5%时即可结束测量。

对于重型围护结构应使用全天数据计算围护结构的热阻，且只有在下列条件得到满足时方可结束测量。

(1) 末次 R 计算值与24h之前的 R 计算值相差不应大于5%。

(2) 检测期间第一个周期内与最后一个同样周期内的 R 计算值相差不大于5%。且每个周期天数采用2/3检测持续天数的取整值。

10.2.4 传热系数计算

围护结构的传热系数应按下式计算：

$$K = \frac{1}{R_n + R + R_w} \quad (10.2.2)$$

式中：K 为围护结构的传热系数，$W/(m^2 \cdot K)$；R_n 为内表面换热阻，可以取0.11，$m^2 \cdot K/W$；R_w 为外表面换热阻，可以取0.04，$m^2 \cdot K/W$。

10.3 冷热源性能检测

10.3.1 冷水（热泵）机组实际性能系数检测

冷水（热泵）机组的实际性能系数（coefficient of performance，COP）检测可以验证冷水（热泵）机组的质量和性能是否达到了预期的设计目标。这种检测有助于识别设备是否存在制造缺陷或者安装不当等问题。实际性能系数是评估冷水（热泵）机组节能效果的重要指标之一。

检测基本要求

采暖空调水系统各项性能检测均应在系统实际运行状态下进行。冷水（热泵）机组及其水系统性能检测工况应符合以下规定：

(1) 冷水（热泵）机组运行正常，测试时整个水系统的负荷不宜小于全年峰值负荷的60%，且运行机组负荷不宜小于其额定负荷的80%，并处于稳定状态。

(2) 冷水出水温度应在6~9℃之间。

(3) 水冷冷水（热泵）机组冷却水进水温度应在29~32℃之间。

(4) 风冷冷水（热泵）机组要求室外干球温度在32~35℃之间。

对于 2 台及以下同型号机组，应至少抽取 1 台；对于 3 台及以上同型号机组，应至少抽取 2 台。

水系统供冷（热）量检测

检测时应同时分别对冷水（热水）的进出口水温和流量进行检测，根据进出口温差和流量检测值计算得到系统的供冷（热）量。

温度计应设在靠近机组的进出口处，温度测量仪表可采用玻璃水银温度计、电阻温度计或热电偶温度计。流量传感器应设在设备进口或出口的直管段上，应采用超声波流量计。

检测工况下，应每隔 5~10min 读 1 次数，连续测量 60min，并应取每次读数的平均值作为检测值。

$$Q_0 = V\rho c \Delta t / 3600 \tag{10.3.1}$$

式中：Q_0 为冷水（热泵）机组的供冷（热）量，kW；V 为冷水平均流量，m³/h；Δt 为冷水进出口平均温差，℃；ρ 为冷水平均密度，kg/m³；c 为冷水平均定压比热，kJ/(kg·℃)。

ρ、c 可根据介质进出口平均温度下的物性参数确定。

输入功率

电驱动压缩机的蒸气压缩循环冷水（热泵）机组的输入功率应在电动机输入线端测量。可直接采用一台三相数字功率表。功率表精度等级宜为 1.0 级。

实际性能系数计算

电驱动压缩机的蒸气压缩循环冷水（热泵）机组的实际性能系数 COP_d 应按下式计算：

$$COP_d = \frac{Q_0}{N} \tag{10.3.2}$$

式中：COP_d 为机组的实际性能系数；Q_0 为冷水（热泵）机组的供冷（热）量，kW；N 为检测工况下机组平均输入功率，kW。

冷水（热泵）机组实际性能系数的合格判定：检测工况下，冷水（热泵）机组的实际性能系数应符合现行国家标准，如《建筑节能与可再生能源利用通用规范》（GB 55015—2021）第 3.2.9 节。

链接 10.1 COP 合格标准

10.3.2 冷源系统能效检测

冷源系统能效（energy efficiency ratio of cold source system，EER_{sys}）是指冷源系统单位时间总制冷量（kW）与冷水机组、冷冻水泵、冷却水泵和冷却风机功率（kW）之和的比值。这是一个更加全面的性能系数，它不仅考虑了冷水机组本身的制冷效率，还考虑了整个系统的其他组成部分，比如冷却水泵、冷冻水泵和冷却塔能耗。

检测基本要求

EER_{sys} 的检测主要应用在以电制冷的水冷冷水机组和热泵系统的冷源系统（含有冷却塔的系统）。具体测试边界如图 10.3.1 所示。

冷源系统设计工况能效检测应在下列测试工况下进行：冷冻水出水温度应在 6~

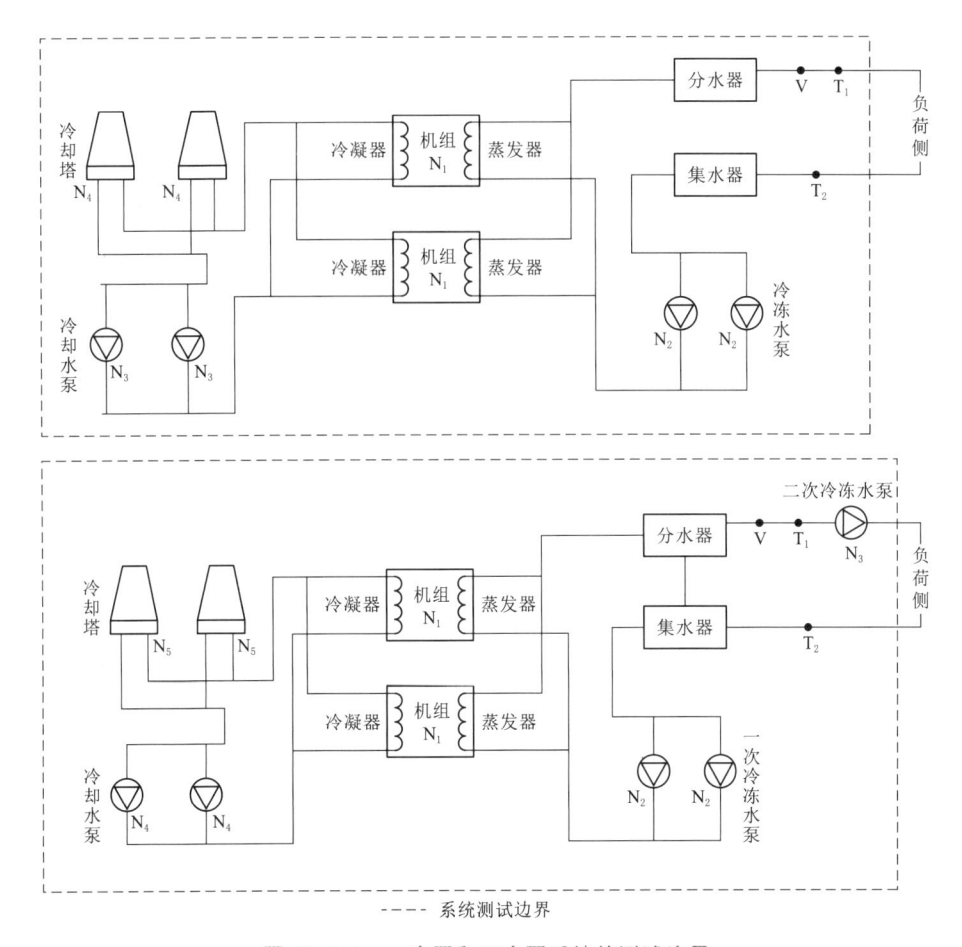

图 10.3.1 一次泵和二次泵系统的测试边界

8℃之间，冷却水进口温度应在 29~32℃ 之间，冷水机组运行正常。系统负荷宜不小于设计负荷的 75%，且运行机组负荷宜不小于额定负荷的 80%，处于稳定状态。

水系统供冷（热）量和功率检测

检测一段时间的水系统供冷量以及所有参与水系统运行的耗电功率。检测工况下，应每隔 5~10min 读数 1 次，连续测量 60min，取每次读数的平均值作为检测值。

水系统供冷（热）量检测同第 10.3.1 节。冷水机组、冷冻水泵、冷却水泵和冷却风机功率应在电动机输入线端同时测量。

冷源系统能效计算

应按下式计算：

$$\mathrm{EER}_{sys}=\frac{Q_0}{\sum N_i} \tag{10.3.3}$$

式中：Q_0 为冷水机组的供冷（热）量，kW；$\sum N_i$ 为冷源系统各用电设备的平均输入功率之和，kW。

对于冷源系统能效的合格判定，近几年在国家标准层面还没有较广泛使用的数值标准。有一些地市和行业标准可供参考，如《公共建筑节能检测标准》（JGJT 177—

2009）第8.6.3节，福建省标准《集中空调冷热源系统能效评价》（DB35/T 2130—2023）第6.5节。

10.3.3 冷水输送检测

水系统供回水温差检测

水系统冷源侧的总供回水温差可以用来评估系统的运行效率，在设计工况下如果供回水温差偏离设计温差较大，可能是制冷机组设计工况与实际负荷不匹配或者发生故障。通过监测供回水温差可以及时发现并解决影响系统效率的问题。

冷水机组或热源设备供回水温度应同时进行检测；测点应布置在靠近被测机组的进出口处；检测工况下，应每隔5~10min读数1次，连续测量60min，并应取每次读数的平均值作为检测值。

水系统供回水温差的合格判定：检测工况下，水系统供回水温差检测值不应小于设计温差的80%。

水泵效率检测

水泵效率的检测方法：检测一段时间水泵平均水流量和水泵平均输入功率。检测工况下，应每隔5~10min读数1次，连续测量60min，并应取每次读数的平均值作为检测值。流量测点宜设在距上游局部阻力构件10倍管径，且距下游局部阻力构件5倍管径处。压力测点应设在水泵进出口压力表处。水泵的输入功率应在电动机输入线端测量。

水泵效率应按下式计算：

$$\eta = V\rho g\Delta H/3.6P \tag{10.3.4}$$

式中：η 为水泵效率；V 为水泵平均水流量，m³/h；ρ 为水的平均密度，kg/m³，可根据水温由物性参数表查取；ΔH 为水泵进出口平均高差，m；P 为水泵平均输入功率，kW。

检测工况下，水泵效率检测值应大于设备铭牌值的80%。

10.4 室内新风量的检测

室内新风量有示踪气体法和风管法两种方法。两个方法适用范围不同，示踪气体法适用于换气次数小于5次/h的无集中空调场所，该场所没有单独的新风系统，新风主要是靠窗、墙、门的缝隙渗透。风管法适用于集中空调系统的场所，只需要测量该系统的新风管送风量即可。如果一套系统有多个新风管，每个新风管均要测定风量，全部新风管风量之和即为该套系统的总新风量。

10.4.1 示踪气体法

原理

示踪气体法测量无集中空调房间的新风渗透量，常利用浓度衰减，常用的示踪气体有 CO_2 和 SF_6。在待测室内通入一定量示踪气体，由于室内外空气渗透交换，示踪气体的浓度随着时间呈指数衰减，根据浓度随时间衰减的曲线，计算出室内的新风量和换气次数。

仪器和材料

主要仪器有便携式气体浓度测定仪、直尺或卷尺、电风扇。

示踪气体：无色、无味、使用浓度无毒、安全、环境本底低，易采样、易分析的气体，装于10L气瓶中，气瓶应有安全阀门。

测量步骤

用尺测量并计算出室内容积 V_1 和室内物品（桌、沙发、柜、床、箱等）总体积 V_2，两者相减，得到计算室内自由空气体积 V，单位 m^3。

如果选择的示踪气体是环境中存在的气体，如 CO_2，应首先测量本底浓度。关闭门窗，用气瓶在室内通入一定量的示踪气体后将气瓶移至室外，同时用电风扇搅动空气 3~5min，使示踪气体分布均匀。示踪气体的初始浓度应稍高一些，以保证经过 30min 浓度衰减后仍高于仪器最低检出限。

打开示踪气体浓度测量仪器电源，在室内中心点记录示踪气体浓度，根据示踪气体浓度衰减情况，测量从开始至 30~60min 时间段示踪气体浓度，在此时间段内测量次数不少于 5 次。

结果计算

$$A = \frac{\ln(c_1 - c_0) - \ln(c_t - c_0)}{t} \tag{10.4.1}$$

式中：A 为换气次数，单位时间内由室外进入室内的空气总量与该室内空气总量之比，次每小时（1/h）；c_0 为示踪气体的环境本底浓度，mg/m^3 或 %；c_1 为测量开始时示踪气体浓度，mg/m^3 或 %；c_t 为时间为 t 时示踪气体浓度，mg/m^3 或 %；t 为测定时间，h。

由于在测试过程中多次测量了浓度衰减情况，对换气次数 A 取平均后，新风量 Q 为

$$Q = AV \tag{10.4.2}$$

式中：Q 为新风量，单位时间内由室外进入室内的空气量，m^3/h；A 为换气次数，次每小时（1/h）；V 为室内空气体积，m^3。

10.4.2 风管法

原理

在机械通风或集中空调系统处于正常运行或规定的工况条件下，通过测量新风管某一断面的面积及该断面比平均风速，计算出该断面的新风量。如果一套系统有多个新风管，每个新风管均要测定风量，全部新风管风量之和即为该套系统的总新风量。

仪器

主要仪器是热电风速仪，检测的最低限要大于 0.1 m/s。

测点要求

检测点所在的断面应选在气流平稳的直管段，避开弯头和断面急剧变化的部位。将风速仪放入新风管内测量各测点风速，以全部测点风速算术平均值作为平均风速。

圆形风管测点位置和数量：将风管分成适当数量的等面积同心环，测点选在各环面积中心线与垂直的两条直径线的交点上，参见第 5.6 节。直径小于 0.3m、流速分

布比较均匀的风管,可取风管中心一点作为测点。气流分布对称和比较均匀的风管,可只取一个方向的测点进行检测。

矩形风管测点位置和数量:将风管断面分成适当数量的等面积矩形(最好为正方形),各矩形中心即为测点。矩形风管测点数参见第 5.6 节。

结果计算

$$Q = \sum_{i=1}^{n}(3600 \times S_i \times \overline{v_i}) \tag{10.4.3}$$

式中:Q 为新风量,m³/h;n 为一个机械通风系统内新风管的数量;S_i 为第 i 个新风管测量断面面积,m²;$\overline{v}$ 为第 i 个新风管中空气的平均速度,m/s。

10.5 洁净室颗粒物检测

良好的空气洁净度对医疗场所防止交叉感染、车间中保证产品质量和提高生产效率都至关重要。对内部环境的空气洁净有要求并采取一定措施的场所常叫做洁净室、洁净区、洁净车间和洁净厂房等。

空气洁净度中的重要指标就是悬浮粒子的数量,并根据悬浮粒子浓度划分了洁净度等级,见表 10.5.1。洁净度等级目前国际上更常用的是 ISO 14644-1 标准,它将洁净度等级细分为 1~9 级,其中 1 级为最洁净,我国也采取这种等级。不同的场所和功能所要求的洁净度等级不同,比如手术室和无菌灌装内部就需要 5 级极其清洁的环境,而一般的食品包装和汽车零部件加工 8 级洁净度就可以了。

表 10.5.1　　　　　　　　　　洁净度等级及悬浮粒子浓度限值

洁净度等级	大于或等于表中粒径 D 的最大浓度 $C_n/(\text{pc/m}^3)$					
	0.1μm	0.2μm	0.3μm	0.5μm	1.0μm	5.0μm
1	10	2	—	—	—	—
2	100	24	10	4	—	—
3	1000	237	102	35	8	—
4	10000	2370	1020	352	83	—
5	100000	23700	10200	3520	832	29
6	1000000	237000	102000	35200	8320	293
7	—	—	—	352000	83200	2930
8	—	—	—	3520000	832000	29300
9	—	—	—	35200000	8320000	293000

空气洁净度等级的检测应在设计时指定的状态(空态、静态、动态)下进行。空态指洁净室在净化空气调节系统已安装且功能完备,但是没有生产设备、原材料或人员的状态。静态指洁净室在净化空气调节系统功能完备,生产工艺设备已安装但未启动,也没有生产人员的状态。动态指已处于正常生产状态,且有人员正常操作的情况。如对洁净室设计时就要求静态 6 级,在后期就要按照静态的状态下进行检测

验收。

10.5.1 检测仪器的选用

应使用采样速率大于 1L/min 的光学粒子计数器，在仪器选用时应考虑粒径鉴别能力、粒子浓度适用范围和计数效率。仪表应有有效的标定合格证书。

10.5.2 采样点的规定

采样点应均匀分布于整个面积内，并位于工作区高度（取距地 0.8m，或根据工艺协商确定），当工作区分布于不同高度时，可以有 1 个以上测定面。乱流洁净室（区）内采样点不得布置在送风口正下方。同时满足最低限度的采样点数 N_L（表 10.5.2）。

表 10.5.2　　　　　　　　最低限度的采样点数 N_L

N_L	2	3	4	5	6	7	8	9	10
洁净区面积 /m²	2.1~6.0	6.1~12.0	12.1~20.0	20.1~30.0	30.1~42.0	42.1~56.0	56.1~72.0	72.1~90.0	90.1~110.0

10.5.3 采样量的确定

每一测点上每次的采样必须满足最小采样量要求，最小采样量见表 10.5.3。同时洁净度等级定级的粒径范围为 0.1~5.0μm，用于定级的粒径数不应大于 3 个，且其粒径的顺序级差不应小于 1.5 倍。

表 10.5.3　　　　　　　　每次采样的最小采样量

洁净度等级	最小采样量/L					
	0.1μm	0.2μm	0.3μm	0.5μm	1.0μm	5.0μm
1	2000	8400	—	—	—	—
2	200	840	1960	5680	—	—
3	20	84	196	568	2400	—
4	2	8	20	57	240	—
5	2	2	2	6	24	680
6	2	2	2	2	2	68
7	—	—	—	2	2	7
8	—	—	—	2	2	2
9	—	—	—	2	2	2

比如某洁净室在设计时要求静态 5 级洁净度，由于 5 级洁净度对 0.1~5.0μm 粒径的颗粒物都有数量要求，那么实际用于定级的粒径可以选择其中的三种，如 5.0μm、0.5μm 和 0.1μm 粒径。在检测时，任一个采样点建议至少采样空气 680L，以满足 5.0μm 粒径的要求，如果测量仪表可以同时测量其他粒径，那么这 680L 也就满足了 0.5μm 和 0.1μm 粒径颗粒物最小采样量的要求。

每个采样点的最少采样时间为 1min，最少采样次数为 3 次。

10.5.4 检测采样的规定

采样时采样口处的气流速度应尽可能接近室内的设计气流速度。

对单向流洁净室,其粒子计数器的采样管口应迎着气流方向;对于非单向流洁净室,采样管口宜向上。采样管必须干净,连接处不得有渗漏。采样管的长度不宜大于 1.5m。

室内的测定人员必须穿洁净工作服,且不宜超过 3 名,并应远离采样点或位于采样点的下风侧静止不动或微动。

10.5.5 记录数据评价

空气洁净度测试中,当全室测点为 2~9 点时,必须计算每个采样点的平均粒子浓度值、全部采样点的平均粒子浓度及其标准差,导出 95% 置信上限值;采样点超过 9 点时,可采用算术平均值 N 作为置信上限值。每个采样点的平均粒子浓度应小于或等于洁净度等级规定的限值,见表 10.5.1。

全部采样点的平均粒子浓度的 95% 置信度上限值应小于或等于洁净度等级规定的限值。

$$(N_i + t \times s/\sqrt{n}) \leqslant C_n \tag{10.5.1}$$

式中:C_n 为级别规定的含尘浓度限值,pc/m³;N_i 为室内各测点平均含尘浓度,pc/m³;n 为测点数;s 为室内各测点平均含尘浓度 N 的标准差;t 为置信度上限为 95% 时,单侧 t 分布的系数,见表 10.5.4。

表 10.5.4　　　　　　　　　　　　t 系 数

点数	2	3	4	5	6	7~9
t	6.3	2.9	2.4	2.1	2.0	1.9

10.6 室内空气质量测试

10.6.1 测试环境要求

采样前,应关闭门窗、空气净化设备及新风系统至少 12h。采样时,门窗、空气净化设备及新风系统仍应保持关闭状态。使用空调的室内环境,应保持空调正常运转。

10.6.2 采样点数量

采样点数量应根据所监测的室内面积和现场情况而定,正确反映室内空气污染物水平。单间小于 25m² 的房间应设 1 个点;25~50m² 应设 2~3 个点;50~100m² 应设 3~5 个点;100m² 及以上应至少设 5 个点。

单点采样在房屋的中心位置布点,多点采样时应按对角线或梅花式均匀布点。采样点应避开通风口和热源,离墙壁距离应大于 0.5m,离门窗距离应大于 1m。

原则上应与成人的呼吸带高度一致,相对高度在 0.5~1.5m 之间。在有条件的情况下,也可以考虑坐卧状态的呼吸高度和儿童身高。

10.6.3 采样时间和频次

年平均浓度（如氡）应至少采样 3 个月（包括冬季），24h 平均浓度（如苯并[a]芘、$PM_{2.5}$、PM_{10} 等）应至少采样 20h，8h 平均浓度应至少采样 6h，小时平均浓度应至少采样 45min，根据测定方法的不同可连续或间隔采样。

10.6.4 采样方法

各类指标的采样方法参照检验方法中的具体规定，见表 10.6.1。为便于室内监测需求，标准限值采用年均值、日均值和 8h 平均的指标，在检验方法允许的情况下，可先进行筛选法采样。颗粒物（$PM_{2.5}$、PM_{10}）、苯并[a]芘等指标因检验方法限制，无法采用筛选法，需直接采用累积法采样。

表 10.6.1　　　　　　　　室内空气中各类指标的检验方法

序号	具体指标	检验方法	方法来源	备注
1	温度	第一法，玻璃液体温度计法	GB/T 18204.1 (3.1)	
		第二法，数显式温度计法	GB/T 18204.1 (3.2)	
2	相对湿度	第一法，电阻电容法	GB/T 18204.1	
		第二法，干湿球法	GB/T 18204.1	
		第三法，氯化锂露点法	GB/T 18204.1	
3	空气流速	电风速计法	GB/T 18204.1	
4	新风量	第一法，示踪气体法	GB/T 18204.1	
		第二法，风管法	GB/T18204.1	
5	臭氧	第一法，靛蓝二磺酸钠分光光度法	GB/T 18204.2	第一法连续采样至少 45min，推荐采样流量 0.4L/min；第二法为直读法，监测至少 45min，推荐监测间隔 10~15min，结果以时间加权平均值表示
		第二法，紫外光度法	HJ 590	
6	二氧化氮	第一法，改进的 Saltzaman 法	GB/T 12372	第一法和第二法连续采样至少 45min，推荐采样流量 0.4L/min；第三法为直读法，监测至少 45min，推荐监测间隔 10~15min，结果以时间加权平均值表示
		第二法，Saltzaman 法	GB/T15435	
		第三法，化学发光法	HJ/T 167	
7	二氧化硫	甲醛溶液吸收-盐酸副玫瑰苯胺分光光度法	GB/T 16128	连续采样至少 45min，推荐采样流量 0.5L/min
8	二氧化碳	不分光红外分析法（非分散红外法）	GB/T 18204.2	直读法，筛选法监测至少 45min，推荐监测间隔 10~15min，累积法监测至少 20h，推荐监测间隔至少 1h，结果均以时间加权平均值表示
9	一氧化碳	不分光红外分析法（非分散红外法）	GB/T 18204.2	直读法，监测至少 45min，推荐监测间隔 10~15min，结果以时间加权平均值表示

续表

序号	具体指标	检验方法	方法来源	备注
10	甲醛	第一法，AHMT 分光光度法	GB/T 16129	连续采样至少 45min，第一法推荐采样流量 0.4L/min，第二法推荐采样流量 0.2L/min，第三法推荐采样流量 1.0L/min
		第二法，酚试剂分光光度法	GB/T 18204.2	
		第三法，高效液相色谱法	GB/T 18883	
11	氨	第一法，靛酚蓝分光光度法	GB/T 18204.2	连续采样至少 45min，第一法推荐采样流量 0.4L/min，第二法推荐采样流量 1.0L/min，第三法推荐采样流量 0.5L/min
		第二法，纳氏试剂分光光度法	HJ 533	
		第三法，离子选择电极法	GB/T 14669	
12	苯	第一法，固体吸附-热解吸-气相色谱质谱法	GB/T 18883	
13	甲苯	第二法，固体吸附-热解吸-气相色谱法		
14	二甲苯	第三法，活性炭吸附-二硫化碳解吸-气相色谱法		
		第四法，便携式气相色谱法		
15	苯并[a]芘	高效液相色谱-荧光检测器法	GB/T 18883	
16	可吸入颗粒物	撞击式-称量法	GB/T 18883	
17	细颗粒物	撞击式-称量法		
18	总挥发性有机化合物	固体吸附-热解吸-气相色谱质谱法	GB/T 18883	
19	三氯乙烯	固体吸附-热解吸-气相色谱质谱法	GB/T 18883	
20	四氯乙烯	固体吸附-热解吸-气相色谱质谱法	GB/T 18883	
21	细菌总数	撞击法	GB/T 18883	
22	氡 ^{222}Rn	第一法，固体径迹测量方法	GB/T 18883	
		第二法，连续测量方法（筛选法）		
		第三法，活性炭盒测量方法（筛选法）		

筛选法一般至少采样 45min。如使用直读仪器，采样间隔时间为 10~15min，每个点位至少监测 4~5 次，最终结果以时间加权平均值表示。特殊情况（如氡），连续采样至少 24h（连续测量方法）。

筛选法采样的检验结果不符合年均值、日均值或 8h 平均限值要求的，必须采用累积法（按年平均、日平均、8h 平均）采样，根据检验方法的不同可连续或间隔采样，间隔采样的最终结果以时间加权平均值表示。

10.6.5 采样记录、运输和保存

采样时要对现场情况、可能的污染源、监测项目、采样日期、时间、地点、采样点数量、布点方式、大气压力、温度、相对湿度、空气流速、采样编号（采样点位、采样器、采样管等）及采样者签字等做出详细记录，随样品一同送到实验室。样品按采样记录清点后由专人运送，运送过程中做好有效处理和防护，防止因物理、化学、生物等因素的影响，使组分和含量发生变化。样品运抵后要与接收人员交接并登记，注意保存条件，并及时进行实验室检测。

10.6.6 检验方法

室内空气中各类指标的检验应优先选择表 10.6.1 中指定的方法。一个指标有多个方法的，应根据不同的适用范围选择对应的检验方法。若适用范围相同，可根据实验室的实际情况选择合适的检验方法，第一法为仲裁法。

10.6.7 质量保证措施

现场仪器应符合国家有关标准和技术要求，并通过计量检定。使用前按说明书要求进行检验和校准。采样系统的流量要保持恒定。

现场采样时，每批次需准备至少 2 个未开封的采样管（膜）作为现场空白样品，并确保其与同批次实际采样样品同时暴露于采样环境（包括运输、保存及操作流程），但不实际采样。采样结束后，空白样品应与实际样品同步送交实验室分析。例如，在挥发性有机物检测中，空白吸附管需与样品管同步开、封帽，模拟采样流程，并同步经历后续的采样、运输、保存及分析全流程。若空白值超标（如超过方法检出限或样品值的 5%），则整批数据作废。

每批样品采集过程中，均应采集平行样，平行样数量不得低于 10%。每次平行样的测定值之差与平均值比较的相对偏差不得超过 20%。

气态污染物的最终浓度是指参比状态下的校正浓度，其他污染物（如 PM_{10}、$PM_{2.5}$、苯并[a]芘等）的浓度则为监测时大气压力和温度下的浓度。对于气态污染物，采样体积按下式换算成参比状态下的体积，并计算最终污染物浓度。

$$V_r = V \frac{T_r}{T} \frac{P}{P_r} \tag{10.6.1}$$

式中：V_r 为换算成参比状态下的采样体积，L；V 为实际采样体积，L；T_r 为参比状态的绝对温度，298.15K；T 为采样时采样点的绝对温度，K；P_r 为参比状态下的大气压力，101.325kPa；P 为采样时采样点的大气压力，kPa。

10.6.8 最终评价

本书第 8 章的表 8.1.1 是室内空气质量指标及标准限值要求。化学性、生物性和放射性指标的全项检验结果均符合标准限值要求时，应评价为室内空气质量符合标准。任一项指标的检验结果未达到标准限值要求时，应评价为室内空气质量不符合标准。

先做筛选法采样检验的指标，若检验结果符合本标准限值要求，可直接进行评价；若不符合标准限值要求，必须按年平均、日平均、8h 平均的要求进行累积法采样检验，并根据此结果作为判据进行最终评价。

课后思考与任务

1. 分析为何在进行建筑围护结构传热系数现场测试时，应选择在最冷月且避开气温剧烈变化的天气条件？在此类测试中，热流计的选择与安装有哪些关键要点？

2. 探讨在冷水机组的实际性能系数检测过程中，为何需要确保冷水出水温度、进水温度以及冷却水温度维持在一定范围内，并分析这些参数如何影响冷水机组的运行效率和能耗。

3. 在进行室内新风量检测时，分别阐述示踪气体浓度衰减法和风管法的适用场合、工作原理及优缺点，并设计一种示踪气体检测实验方案，用于测定一栋无集中空调系统的三层民居的新风量。

4. 设计一份公共建筑室内热环境测试计划，确定一个 800m^2 的办公楼内各楼层的温湿度测点布置方案，根据相关标准计算所需测点数量、采样时间和间隔。设计一套连续 3h 的温度检测流程，并解释如何根据检测结果判断室内空调采暖系统是否达到节能标准。

5. 有一间设计为静态 5 级洁净度的洁净室，要求检测 0.1～5.0μm 粒径范围内的颗粒物浓度。请查阅资料了解，至少需要多少采样点及它们的布置位置，不同粒径对应的采样量有多少，并了解其标准的采样流程。

参考文献

[1] JGJ/T 347—2014 建筑热环境测试方法标准 [S]
[2] GB/T 50785—2012 民用建筑室内热湿环境评价标准 [S]
[3] GB/T 18883—2022 室内空气质量标准 [S]
[4] JGJ T 347—2014 建筑热环境测试方法标准 [S]
[5] JGJ 357T—2015 围护结构传热系数现场检测技术规程 [S]
[6] DBJ64/T 056—2015 建筑物围护结构传热系数现场检测标准（热箱法）[S]
[7] DGJ08-2068—2017 公共建筑用能监测系统工程技术标准 [S]
[8] GB 50591—2010 洁净室施工及验收规范 [S]
[9] T/CECS 549—2018 空调冷源系统能效检测标准 [S]
[10] DBJ/T 15-234—2021 广东省绿色建筑检测标准 [S]
[11] DB35/T 2130—2023 集中空调冷热源系统能效评价 [S]
[12] JGJT 177—2009 公共建筑节能检测标准 [S]

第 11 章　建筑自控系统

建筑自控系统是现代楼宇智能化的核心组成部分，其有效运行依赖于传感器、控制器、执行器这三个关键部件组成的闭环控制系统。传感器如同系统的感官，实时监测物理量如温度、湿度、光照等，并转化为可处理的电信号；控制器依据预设策略分析这些信息，比较实际与目标状态，生成控制指令；执行器接收到指令后，调控设备如空调、照明、阀门等，使其动作以维持系统在预设范围运行。此外，集散式控制系统通过三级结构实现全面监控与管理，包括管理级、控制级与现场级，利用诸如BACnet、KNX等开放标准协议确保各设备间的通信兼容性与数据交换。随着技术进步，5G和Wi-Fi6无线通信技术的应用，简化了布线与设备接入，提高了楼宇自控系统的灵活性与稳定性，但也需关注无线信号质量、安全性等问题。

11.1　自控系统的核心概念

11.1.1　传感器、控制器、执行器

传感器、控制器、执行器是自动化控制系统中的三个关键部件，它们之间存在着紧密的互动关系，共同构成了闭环控制系统的基础架构。

传感器（sensor）是一种检测元件或装置，负责从环境中获取信息，如温度、湿度、压力、速度、光照、声音、位置、流量等，并将其转化为模拟信号或数字信号。传感器就像自动化系统的眼睛和耳朵，实时监测系统的输入变量或工作状态，并将这些变化转换成机器可以理解的信号。

控制器（controller）是系统的"大脑"，它接收传感器传送过来的信号，并根据预先设定的控制策略和算法对这些信号进行分析和处理。控制器会比较当前状态与期望值（设定点），计算出偏差，并据此产生控制指令。

执行器（actuator）则是系统的"手"，它接收控制器发出的控制指令信号，并执行具体的物理动作，驱动被控对象做出相应改变。执行器可以是电动的、气动的、液压的或其他形式的能量转换装置，通过转动、直线移动、开关等方式调整设备的运行状态，如打开或关闭阀门、调整电机转速、改变风扇角度等。

总结起来，在闭环控制系统中，传感器首先监测并反馈系统状态，控制器基于这些反馈信息做出决策，然后通过执行器实施必要的动作去调整系统状态，最终使得系统朝着预期的目标状态发展。这个过程不断循环，直到系统达到稳定。这种相互关联、协调工作的机制确保了自动化系统的精确控制和高效运行。

举个例子，在保持恒温的空调房间中，温度传感器作用是监测室内温度，将实际温度转化成电信号。空调系统的控制器是一个微处理器，它连接着温度传感器，并持续接收传感器发送过来的温度信号。控制器内预设有理想的室内温度（设定点），它会将实际温度与设定温度进行比较。如果实际温度高于设定温度，控制器就会决策需要降低房间温度。于是，控制器向空调单元的执行器（制冷压缩机或送风系统的变频器）发出指令。执行器接到指令后，开始启动或加大功率运行，进而降低室内温度。这就是传感器、控制器和执行器三者在恒温控制系统中的典型配合和工作流程。

再举一个智能照明系统的例子，会议室在工作时间需要保持一定的照度，也想尽量地利用自然光。会议室中的光照度传感器可以感知会议室内的照度。当自然光线发生变化（例如因为天气变化或日间时间推移），传感器会实时监测并把光照度信息转换为电信号。智能照明系统的控制器接收光照度传感器的数据，并对比设定的光照水平。当实际光照低于预设值时，控制器会判定需要增加照明。控制器向照明设备的执行器（智能灯泡或调光器）发送命令。执行器则开启照明设备或者调节灯光亮度。

11.1.2　闭环控制

在上面会议室照明的例子中，光照度传感器负责检测环境变化，控制器负责分析数据并发出指令，而执行器则负责执行指令，调整照明设备的实际状态。但执行器执行后是否达到了照明要求，执行到什么程度，这都需要闭环控制来解决。

闭环控制（closed-loop control）的特点是包含了目标变量的反馈机制。在这种系统中，系统的输出被反馈回来并与输入进行比较，以调整输出。闭环控制的核心概念是使用反馈来减小或消除目标变量的设定值和实际值（测量值）之间的偏差，如图11.1.1所示。过程如下：

（1）给定设定值：首先确定系统的设定值，这是期望达到的目标值，如房间设定温度 25℃。

（2）测量实际值并比较：传感器测量系统的实际输出或实际参数，这就是测量值。比较器将测量值与设定值进行比较，得出偏差值。

（3）控制决策：偏差值输入控制器，控制器根据偏差生成控制动作信号。

（4）执行调节：执行器根据控制器的控制动作信号执行相应的操作，作用于被控制对象。

（5）系统响应并反馈：执行器动作后，被控对象的目标变量发生变化，传感器随时检测目标变量，转换为测量值并反馈至偏差计算环节，反馈到比较器，形成一个闭环。

（6）重复上述步骤：系统不断地测量、比较、调整，直到误差被减小到可接受范围内。

闭环控制原理如图11.1.1所示。

闭环控制的目的是实现精确、稳定和自主调节的控制效果，即使在环境条件变化或有扰动的情况下，系统也能通过自身的反馈机制，不断校正输出状态，以逼近或保持在设定的目标值附近。这种控制方式广泛应用于工业自动化、航空航天、汽车、机器人技术、家用电器等各种需要精确控制的领域。

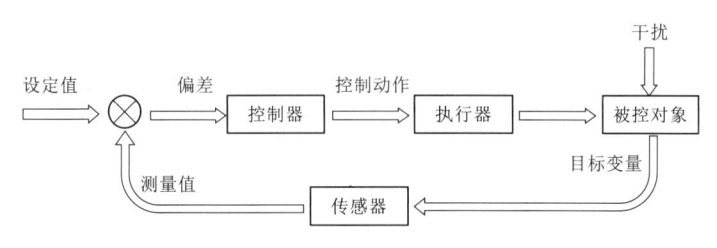

图 11.1.1 闭环控制原理图

11.1.3 PID 控制

上一节提到了闭环控制，PID 控制就是闭环控制中最为常见的控制算法，是一种广泛应用于工业控制系统的反馈控制机制，PID 已经有 100 多年的历史了。PID 三个字母代表比例（proportional）、积分（integral）、微分（derivative）三个组成部分，它们共同作用以实现对系统输出的精确控制，如图 11.1.2 所示。

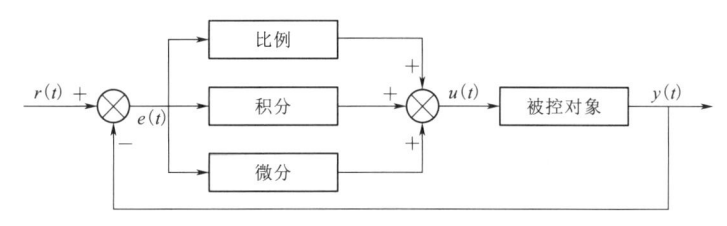

图 11.1.2 PID 控制原理图

PID 控制的表达式为

$$u(t) = K_p e(t) + K_i \int_0^t e(t) \mathrm{d}t + K_d \frac{\mathrm{d}e(t)}{\mathrm{d}t} \tag{11.1.1}$$

式中：$u(t)$ 为控制量；$e(t)$ 为偏差，即期望值与实际值之差；K_p 为比例系数；K_i 为积分系数；K_d 为微分系数。

比例（P）控制：根据当前的误差大小来调整输出。误差越大，调整的力度也就越大。比例系数 K_p 是比例控制的核心参数，它决定了对误差的响应速度和强度。但是仅有比例控制时系统输出会存在稳态误差。

积分（I）控制：为了消除比例控制不足引起的稳态误差，必须引入"积分项"。积分项是对误差取决于时间的积分，随着时间的增加，积分项会增大。这样，即便误差很小，积分项也会随着时间的增加而加大，使稳态误差进一步减小，直到等于零。因此，比例＋积分（PI）控制，可以使系统在进入稳态后无稳态误差。

微分（D）控制：自动控制系统在克服误差的调节过程中可能会出现振荡甚至失稳，微分控制关注误差的变化率，它通过预测误差的未来趋势来减少系统的超调和振荡。微分系数 K_d 决定了对误差变化的敏感度，有助于抑制系统的过度振荡和严重超调。

为了更好地理解 PID 控制中三种作用的思路，举一个水缸注水的例子。假设正在往一个底部漏水的水缸注水，目标是保持水缸水位恒定在 0.5m，因此要精准调节注水的水龙头的开关。P 控制，代表根据目前水位偏差，立即反应。当水缸里的水位远

低于 0.5m，肯定是立刻打开水龙头，加大水流，尽快提升水位。这就像是比例控制，对当前的水位偏差做出迅速反应。I 控制，代表累积调整，逐渐消除偏差。在注水一段时间后发现只能达到 0.49m，这时就要通过不断累积的微小调整，逐渐达到预期的水位。D 控制，代表预见未来的趋势并减少震荡的频率和振幅。当从低水位快要到达 0.5m 时，你不会等到达到 0.5m 才开始关闭水龙头，你肯定会提前做出预测和调整，防止超过 0.5m。

本书没有介绍 PLC 的编程代码，是因为目前市场上主流控制器（见第 11.4.1 节）都集成了 PID 控制功能，并不需要编写底层的 PID 算法，而是通过配置界面来设置 PID 公式中的系数。在调试过程中，也是对系数的数值进行调整。所以要理解 PID 中三种作用的效果，在参数调试工作中根据系统效果，可以快速判断哪种作用效果不足。

11.2 模拟与数字通道

11.2.1 四种信号类型

首先要介绍信号中的数字量和模拟量的概念。在时间和数量上都是离散的物理量称为数字量，由数字量组成的信号叫数字信号，用 D（digital）表示。在时间和数值上都是连续的物理量称为模拟量，由模拟量组成的信号叫模拟信号，用 A（analog）表示。如图 11.2.1 所示，数字信号就是只有二进制的 0 和 1 组成，数值不连续，而且时间离散。模拟信号就是连续的波形信号。

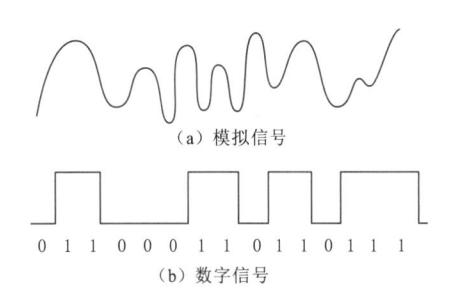

图 11.2.1 数字信号与模拟信号

信号还需要再区分一下输入和输出。输入信号是指从系统外部传递到系统内部的信息，在控制系统中是传感器传递给控制器的信号，传感器把监测到的外界信息传递给控制器，这是从外到内的过程，用 I（input）表示。输出信号是系统内部处理后向外传递的信息或指令，在控制系统中是控制器向执行器传递的指令，或是给显示和存储装置的信息，这是从内到外的过程，用 O（output）表示。所以输入与输出都是相对于控制器而言的，一般进入控制器的是输入信号，从控制器发出的是输出信号。

将数字、模拟、输入、输出组合一下，就得到了四种信号，即 AI、AO、DI、DO，它们是自动化控制系统中常见的信号类，必须要透彻理解和区分。

AI（analog input）

模拟输入，是指从现场设备（如温度传感器、压力变送器、液位计等）传输到控制器的连续变化的物理量信号。这类信号通常是电压、电流（如 4～20mA、0～10V 等）形式。因为信号是连续变化的数值，可以反映被测参数的连续变化情况。

常见的 AI 信号有温度、压力、流量、液位等。比如温度传感器将环境温度转换为 4～20mA 或 0～10V 的模拟信号，传送到控制器，使控制器得知当前的温度值。

同时还有可调节开度的阀门，在动作后反馈给控制器目前阀门开度是多少，或者变频器定时反馈给控制器目前的频率。

AO（analog output）

模拟输出，是由控制器向现场执行设备（如电动执行器、变频器、阀门定位器等）提供的连续变化的控制信号，同样也是电压或电流信号。控制器根据需要调节输出信号的大小，实现对执行设备的连续精确控制。

AO 信号常用于控制可调节开度的阀门，就可以实现精确的流量控制。AO 信号也常用于变频器控制，调节变频器的输出频率，从而控制电机转速。

DI（digital input）

数字输入，是指二进制信号输入到控制器，一般是有两种状态的信息——开（ON，1）或关（OFF，0），用于表示事件的发生（如机器是否到位、阀门是否打开等）。

常见的 DI 信号，可以来自流量开关、温度开关、液位开关、压差开关等。比如流量开关是监控管道中流体的流量是否达到预定值的传感器，液体从静止开始流动，流量开关则发出 DI 信号给控制器。液位开关是检测液体高度是否达到预定水位的传感器，当水箱水位低于预定值（缺水），则液位开关发出 DI 信号。当过滤器两侧堵塞，压差过高超过限值，压差开关则会发出 DI 信号。

还包括故障传感器、报警传感器、结露和结霜传感器，会发出 DI 信号，告诉控制器是否故障、报警或结露结霜。

还包括只能开闭的阀门、继电器和各种设备，在动作后给控制器发出 DI 信号，告诉控制器目前自己开闭的状态，或者定时给控制器发送自己是否故障，是手动还是自动状态。

DO（digital output）

数字输出，是指控制器向现场设备发送开关量控制信号，它控制诸如继电器、接触器、电磁阀等执行元件的工作状态，也仅有两种状态，用来驱动外部设备的动作（如启动电机、开启或关闭阀门等）。常用的 DO 信号也是控制以上设备的开闭或高低档。

11.2.2 模拟与数字信号标准

AI、AO、DI 和 DO 实际上都是电压或者电流信号。在实际应用中，传感器、控制器和执行器品牌型号千差万别，为了保证不同设备之间的兼容性，要采用普遍适用和约定俗成的电压和电流信号标准。对于模拟信号的标准电压或电流，有比较确切的绝对值，而对于数字信号，重点在于定义逻辑电平而非电流或电压绝对值。

模拟信号的电流标准

4～20mA：这是工业过程控制中最常见的模拟电流信号标准。4mA 通常表示信号的最小值（对应零点或故障状态），20mA 表示最大值（对应满量程或正常工作状态），中间电流值与被测参数呈线性比例关系。这种信号标准的优势在于其稳定可靠，与电压信号相比，不易受到外界干扰的影响，适用于长距离传输（可达数千米）的数据传输。

模拟信号的电压标准

0~10V 或 0~5V：在工业自动化领域中，0~10V 或 0~5V 的电压信号常作为模拟信号标准，其中 0V 代表最小值，10V 或 5V 代表最大值。

数字信号的电平标准

TTL（transistor-transistor logic）电平：逻辑"1"（高电平），通常为 2.0~5.5V，典型值为 5V。逻辑"0"（低电平），通常为 0~0.8V，典型值为 0。

CMOS（complementary metal-oxide-semiconductor）电平：逻辑"1"（高电平），一般大于电源电压的一半（如电源为 5V 时，逻辑"1"≥4.45V）。逻辑"0"（低电平），一般小于电源电压的一半（如电源为 5V 时，逻辑"0"≤0.5V）。

RS-485/422 电平：逻辑状态由差分信号（A 与 B 的相对电压）决定，逻辑"1"的差分电压在 200mV~6V 之间，逻辑"0"的差分电压在 -6V~-200mV 之间。

另外，数字信号在工业自动化领域中也有特定的通信协议标准，如 Modbus、PROFIBUS、PROFINET、EtherNet/IP 等，它们对信号的传输格式、速率和电气特性有着详细的规范，但并非直接规定电流或电压的具体数值，见第 11.5.2 节。

11.3 建筑自控系统基础

11.3.1 建筑自控系统的子系统

建筑自控系统是一种集成化的控制系统，对建筑物内部的各种机电设备和系统进行自动化监控和管理。这个系统将建筑内部诸如暖通空调、电气与照明、给排水、电梯和扶梯、消防、安防、停车管理、能源管理等多个子系统连接起来，形成统一的中央监控平台。

暖通空调子系统：监测和控制空调机组、新风系统、冷热源设备（例如冷水机组、冷却塔、热泵）、风柜、风机盘管、风阀、温湿度传感器等。

电气与照明子系统：实现配电监控、电源管理和照明设备的智能控制，包括回路开关、照明灯具、节能灯具及相应的感应器。

给排水子系统：监控供水、排水泵、水箱、水处理设备、液位传感器以及其他相关管道阀门的状态和流量。

电梯和扶梯子系统：对电梯运行状态、故障诊断、乘客流量统计、智能调度等功能进行监控。

消防子系统：包括火警报警系统，如烟感、温感、手动报警装置、消防广播等；并可能与消防联动控制系统整合，控制消防设备（如防火门、排烟风机等）的开启与关闭。

安防子系统：门禁控制系统、视频监控系统、入侵报警系统、紧急疏散指示系统等。

停车管理子系统：负责停车场的车位引导、车辆进出控制、收费管理、车牌识别等。

能源管理子系统（EMS）：对整座建筑的能耗进行实时监测、统计分析和优化控制。

如果注重室内环境和空气质量的场所，还会有如空气污染物监测和噪声控制等功能。

集合以上这些子系统，建筑自控系统的主要功能和特点包括以下几个方面：

实时监测：系统持续收集各个子系统的工作状态数据，例如温度、湿度、压力、电量消耗等，并通过传感器和仪表将这些数据实时传送到中央控制器。

智能控制：基于预设的控制逻辑和策略，系统可以自动调整设备运行状态以保持最佳效能，比如自动调节空调的温度设定、按需开启关闭灯光、根据人流情况控制电梯运行等，以及为建筑使用者提供舒适的室内环境，增强建筑空间的使用体验。

能源管理：通过精确控制和优化能源使用，建筑自控系统有助于大幅度节约能源消耗，降低运营成本，同时符合绿色环保建筑的要求。

设备维护与故障预警：系统可以检测设备运行状况，提前预报可能出现的故障，便于及时维修和更换，延长设备寿命，减少非计划停机时间。

安全管理：涵盖火警报警、消防联动、视频监控、入侵报警、门禁控制等多个方面，确保建筑的安全运行。

11.3.2 建筑自控系统的实际组成

传感器：传感器用于监测环境参数，如温度、湿度、光照强度等，以及监测管道流量和压力的流量计、压力传感器，监测管道风速的风速传感器，安防需要的运动传感器或摄像头，用于监测水箱水池的液位传感器，各类火灾探测器，供配电的电表和能源计量装置等。

现场控制器：安装在现场设备附近，负责直接接收传感器数据，并根据预设策略控制设备运行。

网络控制器：用于汇总现场控制器的信息，并将指令分发到整个系统，具备更高层次的控制逻辑和数据分析能力。

中央监控站：中央监控站是整个系统的控制中心，通过图形用户界面提供对所有子系统的监控和控制功能。用户可以通过中央监控站调整设置、查看实时数据、接收警报信息等。

执行器：各类实际执行动作的设备，如空调和给排水系统用的电动风阀、水阀、风机、水泵启动器，控制电路的通断的接触器，电加热器，照明控制模块等。

综合布线与接口模块：综合布线不仅涉及线缆的铺设，还包括整个建筑物内部通信基础设施的设计和安装，以支持各种设备和技术的需求。接口模块用于与其他子系统或外部系统进行通信，实现数据交换，同时要兼容不同的设备。

操作及应用软件：包括监控软件，提供可视化界面，显示楼宇各项参数，实现设备状态监控、报警提示和历史数据查询等功能，还可以能耗统计、设备效率评估、故障诊断和预测性维护。控制软件用于编写和编辑控制逻辑、设定点和时间表，实现对建筑设备的自动化控制。

11.4 控制器的介绍

11.4.1 PLC 与 DDC

控制器属于自动控制系统的现场控制设备，通过读取检测装置的输入信号，按照预定的控制策略，产生输出信号，控制相关设备，从而达到控制目的。目前常在建筑自控系统中使用的控制器为可编程控制器（programmable logic controller，PLC）和直接数字控制器（direct digital control，DDC）。

PLC 是一种专门为在工业环境下应用而设计的数字运算操作的电子装置。它采用可以编制程序的存储器，用来在其内部存储执行逻辑运算、顺序运算、计时计数和运算等操作的指令，并能通过数字和模拟的输入和输出，控制各种类型的生产过程。PLC 也逐渐应用于建筑自动化领域，尤其是需要高性能和高度可编程控制的大型建筑系统。PLC 设备示意图如图 11.4.1 所示。

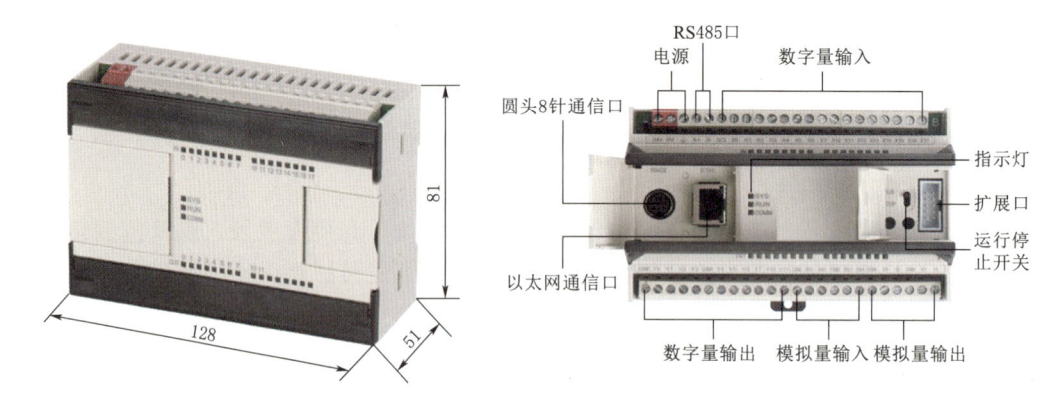

图 11.4.1 PLC 设备示意图

DDC 是专为楼宇自动化系统设计的，尤其适合用于暖通空调、照明和楼宇管理系统中，具有针对性强、易集成的特点。DDC 系统通常包括中央控制设备、现场 DDC 控制器、通信网络，以及相应的传感器、执行器、调节阀等元器件。适用于暖通空调系统的 DDC 如图 11.4.2 所示。

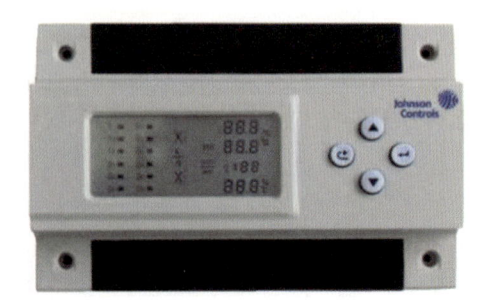

图 11.4.2 适用于暖通空调系统的 DDC

可以说 DDC 是专门针对建筑自控专业版的 PLC，常用的空调或建筑设备的控制程序已包含在 DDC 内，选择 DDC 型号的时候注意其固有的特定程序与实际应用模式相匹配。而 PLC 就不一样，只要硬件满足，软件基本上可以根据具体要求自由编写。也就是说 DDC 更专业一些，也可以说比较局限，程序可编的灵活范围很小，而 PLC 可以自由编写。

这里再进一步解释一下两者的区别和实际应用。

PLC 更通用，可编程，控制精度高（毫秒级响应速度）。PLC 应用水平取决于编程者对工艺或设备的熟悉程度。

DDC 对于空调自控有更好的性价比（秒级反应速度）。DDC 固化了大量的控制程序，例如焓差控制、新风补偿控制等，常见的空调控制要求几乎都有现成的程序，大大减少了编程调试工作量。DDC 常备显示界面，更容易使用和维护。

PLC 系统偏向于数据集中处理与控制，现场常规的 PLC 控制柜会配置一块触摸屏用于本地系统控制。监控中心会配置一台监控工控机，安装上位监控软件，通过 TCP/IP 协议与现场 PLC 进行通信并控制现场设备。

DDC 为集散式设计架构，每个设备有单独的 DDC 控制器，所有的逻辑和控制策略都在这里完成。例如冷却水泵、冷冻水泵、冷却塔等都会配置单独的 DDC 控制器，所有的设备都支持热插拔。目前对于暖通空调场景选用 DDC 较多，内部已经固化了较多的专家级控制策略。

近年来，随着新型 PLC 和 DDC 等工业级别控制器在存储容量和运算能力方面的迅速发展，许多生产厂家在硬件水平大幅提升的同时，又开发出适于各种控制场景的运算和分析的指令集系统，并制造了一系列运算和通信等专用模块。从发展趋势来看，PLC 和 DDC 在运算能力上已经与台式机没有多少差别。

11.4.2 PLC 与 DDC 的性能指标

输入输出（I/O）点数

输入输出（I/O）点数是衡量 PLC 或 DDC 规模和处理能力的一个重要指标，每个输入点可以检测一个独立的物理量或状态，每个输出点可以控制一个独立的设备或系统状态。由于一个控制器上的点位就对应了一个输入或输出信号的通路，所以也称一个点位为一个通道，I/O 点数也称为通道数。

在选择 PLC 或 DDC 时，必须根据实际应用所需的输入和输出设备数量来确定需要多少个 I/O 点数。一般来说，系统越大、越复杂，所需要的 I/O 点数就越多。控制器的 I/O 点应该有适当的余量。通常根据统计的输入输出点数，再增加 10%～20% 的可扩展余量后，作为输入输出点数估算数据。实际订货时，还需根据制造厂商 PLC 的产品特点，对输入输出点数进行调整。

当然输入点和输出点不能混用，要分别统计。同样一般数字信号和模拟信号的点位也很少混用。因此在实际统计 I/O 点数或控制器选型时，要对 AI、AO、DI、DO 分别统计。

内存容量

内存容量直接影响控制器能够处理的数据量以及能够执行的复杂程度。分为程序存储器和数据存储器，程序存储器用于存储用户编写的控制程序，数据存储器用于存储输入/输出数据、中间变量。一般小型号的PLC可能只有几KB到几十KB的程序存储空间，而较大型号则可能拥有MB级别的程序存储空间。DDC存储器容量通常较小，可能在几KB到几十KB之间。

控制功能

实际就是选择内置的楼宇控制算法，如温度控制、湿度控制、节能策略等。能够支持能源管理和优化策略，如峰值削峰、夜间模式等。是否容易与其他楼宇自动化系统集成，如照明、安防、消防等系统。设备是否具有模块化设计，能够根据需要扩展I/O点数。以及环境适应性，包括工作温度、湿度、电磁兼容性等方面的适应能力。

11.5　自控系统架构与协议

11.5.1　分布式控制系统

由于建筑物设备众多且分布分散，为提高系统工作的可靠性，减少施工工作量，目前楼宇自控系统通常都采用分布式控制系统，也称集散控制系统（distributed control systems，DCS）。DCS的控制器、传感器和执行器并非集中在一个位置，而是分布在整个建筑的不同区域，每个区域或设备组由自己的控制器进行就地控制，同时又通过网络与中央控制室的主控计算机或其他中央处理器进行数据交换和协调控制。如图11.5.1所示，一般DCS系统有三级模式。

管理级

位于整个控制系统顶端，由中央监控站或服务器组成，通过网络与各个区域控制器相连。中央监控站负责对整栋楼宇或整个园区的所有设备进行全面的监控和管理，包括数据显示、报警处理、策略制定、数据统计分析以及远程操作等功能。工作人员可通过中央工作站或人机交互界面查看整个系统的运行状态，对系统进行集中管理和调度。

控制级

控制级是DCS的核心部分，由多个分散的控制器组成，每个控制器负责一部分现场设备的控制。控制器根据从现场级接收到的数据，按照预设的控制策略进行计算，生成控制信号，并将其发送到相应的执行器。这一级的控制器可以独立工作，也可以相互协作，实现更复杂的控制逻辑。这一层多是DDC和PLC，监测采集的AI、DI信号，处理并输出控制动作的AO、DO信号，它们能独立工作，也能将数据上传至管理级。

现场级-现场被控制的工艺设备

这是DCS的最底层，由以下设备组成：传感器（温湿度、压力等模拟量输入，压差开关、水流开关、温度开关等数字量输入）；执行器（用于水阀和风门），包括受控设备的电气控制箱。这些设备将数据发送给上级控制器。同时，它还接收来自上级控制器的指令，进行相应动作。

图 11.5.1 DCS 系统的三级控制

11.5.2 协议与通信标准

为确保信息正常传送，有关信息传输顺序、信息格式和信息内容等方面必须有一组约定或规则，这组约定或规则就是网络协议。

各种通信协议标准和性能差异，存在着系统间通信兼容和互换性问题，需要一个统一开放式标准来实现各种产品相互兼容和交换。这样做的好处是所有厂家仪表、系统都可进行互相通信，使各制造商产品不受专有协议限制，给用户使用带来极大方便。

长期以来，用户一直希望打破楼宇控制厂家垄断局面，迫切盼望采用标准通信协议。人们已经看到，一个不具备开放性、不能实现互操作系统会给系统运行维护、升级改造带来极大不便。

在建筑自控系统中，最常用的通信协议之一是 BACnet（building automation and control networks）。BACnet 由于其开放性、通用性和强大的互操作性，已被全球许多国家和地区广泛采纳。BACnet 标准由 ASHRAE（美国采暖制冷与空调工程师学会）制定，并已获得 ANSI（美国国家标准学会）、ISO（国际标准化组织）和 IEC（国际电工委员会）的认可，这进一步增强了其在全球范围内的普及程度和影响力。

另外，KNX（konnex）也是一个非常流行的楼宇自动化协议，尤其在欧洲地区应用广泛。它是经过认证的欧洲和国际标准，适用于住宅和商业楼宇的多种控制功

能,如照明、遮阳、HVAC、安全系统等。

然而,具体使用哪种协议,往往取决于具体的地理区域、行业习惯、项目需求和客户偏好等因素。在我国市场以及其他亚洲地区,可能还会看到 LonWorks、Modbus 等协议的应用,而在智能家居领域,则更多地出现了 ZigBee、Z-Wave、Wi-Fi 等无线通信技术的身影。总体而言,BACnet 和 KNX 因其广泛的适用性和良好的兼容性,目前是建筑自控领域最常用的通信协议。

11.5.3 5G 和 Wi-Fi 的应用

基于 5G 和 Wi-Fi6 的建筑自控无线通信系统主要由设备层、传输层、控制层、监控层和控制中心组成。

设备层是系统的感知层和执行层,基本功能主要是信息采集和执行控制命令。即通过带有支持 5G 和 Wi-Fi 无线收发功能的各类智能传感器、智能环控、智能照明等智能终端,获取现场设备、环境以及基础设施的状态、参数等信息,供云计算及大数据处理之用,并接收控制层下发的各种控制命令。

传输层以 5G 和 Wi-Fi 网络为核心,用于数据接收和发送。

控制层以 PLC 为核心,接收建筑监控层和控制中心的控制命令,进行逻辑处理后下发到设备层,并将各类建筑自控数据上传到监控层和控制中心,对设备进行科学、高效的监控。

监控层和控制中心数据共享,运用大数据、人工智能对建筑内各类数据进行智能分析,实现智能调度和智能控制。基于 5G 和 Wi-Fi 的建筑自控无线通信系统架构如图 11.5.2 所示。

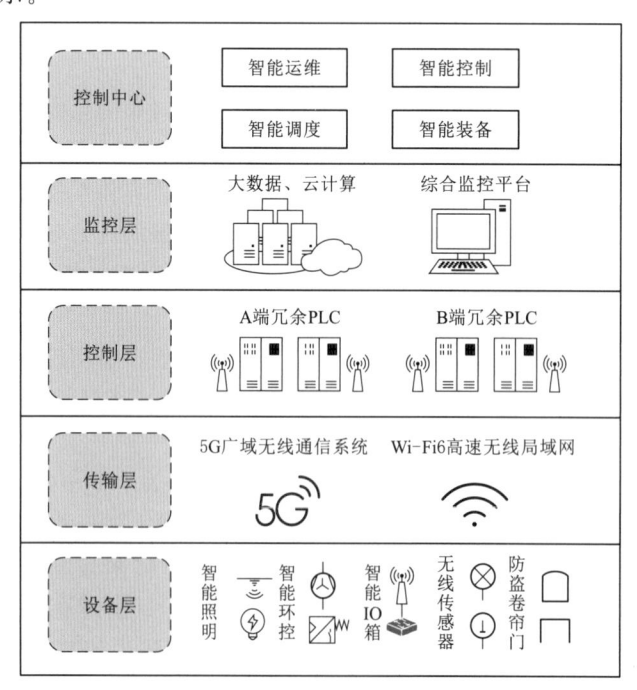

图 11.5.2 无线通信的建筑自控系统架构

相比传统有线网络方案，基于 5G 和 Wi-Fi6 的无线通信方案省去了设备层大量通信电缆、通信光缆的铺设以及设备接线工作，大大简化了工程的图纸设计和现场施工，节省了材料和人力成本，同时避免了线缆铺设和通信传输质量问题。新设备接入网络时，只需配置无线连接，无需增加物理线路，有利于后期的系统扩展。

5G 网络提供的高带宽和低延迟能力显著优于传统的有线网络和早期的无线网络，适合大数据量传输和实时控制，5G 支持百万级连接密度，可以承载大量物联网设备的接入。

但同时也要注意无线网络的缺点，无线信号受环境影响较大，如墙体、电磁干扰等可能导致信号衰减或不稳定，而有线网络在稳定的环境下提供更可靠的连接质量。无线网络相比有线网络更容易遭受恶意攻击和数据窃取。无线设备通常比有线设备消耗更多的电能，尤其是在维持无线通信时。5G 网络可能涉及额外的运营商服务费用。

课后思考与任务

1. 请查阅资料了解，在设计室内智能照明系统时，如何合理布局光照度传感器、控制器和执行器（如智能灯泡或调光器），以实现实时、节能、舒适的光照控制？

2. 某建筑内安装了温度、湿度和 CO_2 浓度传感器，请设计一个基于 DDC 的恒温恒湿恒氧控制系统，并描绘闭环控制的全过程，包括设定点设置、反馈比较、控制决策和执行调整环节。

3. 请搜索网络找一找 DDC 在市场中的常见品牌，从官方网站或其他销售网页，下载其产品样本，了解其功能、结构和使用特点，并简单总结和摘录。

参考文献

[1] 王子若. 建筑电气智能化设计 [M]. 北京：中国计划出版社，2021.
[2] 牛云陞，徐庆继. 建筑智能化应用技术 [M]. 天津：天津大学出版社，2020.
[3] 汪明，谢浩田，逯广浩，等. 建筑运维智慧管控平台设计与实现 [M]. 北京：北京大学出版社，2022.
[4] 江亿，姜子炎. 建筑设备自动化 [M]. 北京：中国建筑工业出版社，2017.
[5] 郑浩，伍培. 智能建筑概论 [M]. 4 版. 重庆：重庆大学出版社，2022.

第 12 章　空调水系统自控

空调水系统监控与控制技术聚焦于冷水机组、冷却水系统及冷冻水系统的自动化运行与优化管理。冷水机组应用微处理器控制，实时监测温度、电流等参数，精准调控导叶开度，确保出水温度恒定，根据实际负荷、电流和温度变化适时增减机组运行台数。冷却水系统监控包括冷却塔风机、水泵运行状态及冷却水温度等关键参数，采用变频技术动态调整风机转速和水泵流量以适应负荷需求和外界气候条件变化。冷冻水系统中，一次泵定流量与二次泵变流量系统根据末端需求和系统阻力特点进行差异化设计，二次泵变流量系统尤其适合大系统和负荷特性差异大的场景，以实现按需分配水量、节约能源。同时，强化冷水机组与楼宇自控系统的通信互联，实现整体优化控制，是提升系统能效、安全性及节能水平的关键发展方向。

12.1　冷水机组的监控

12.1.1　冷水机组监控参数与功能

冷水机组设备本身通常都配有十分完善的计算机监控系统，能实现对机组各部件状态参数的监测，实现故障报警、机组的安全保护和制冷量的自动调节。

离心冷水机组控制系统的主要任务是：根据冷冻水出口温度与设定值的偏差以及机组设定的控制该温度的变化速率，控制离心压缩机导叶的开度大小，从而将冷冻水出水温度控制在设定的范围内，并保证冷水机组的安全运行，延长机组的使用寿命。下面以离心冷水机组为例，对其控制方案中的要点进行介绍。

机组通过 8 个温度传感器和 7 个压力传感器及 1 个压力开关监测和控制整个机组的运行状态，即压缩机排气温度、电机绕组温度、轴承温度、油温、冷却水进水温度、冷却水出水温度、冷冻水进水温度、冷冻水出水温度，蒸发压力（可换算得出蒸发温度）、冷凝压力（可换算得出冷凝温度）、油压（可换算得出油压差）、冷却水进水压力、冷却水出水压力、冷冻水进水压力、冷冻水出水压力，排气压力断路开关。

启动控制

机组启动前进行逐项检查及确认，冷水机组启动前需严格执行以下标准化检查流程：①电气系统检查，确认电源电压（380V±38V）、相序正确且接地可靠；②油系统检查，油位处于视窗 1/2～2/3 处，油温不小于 25℃（加热器已工作 24h）；③水系统检查，启动冷冻/冷却水泵，确认水流开关动作正常；④阀门状态确认，蒸发器/冷凝器进出口阀门全开，导叶执行机构归零；⑤控制系统检查，设定参数核对（出水温度 7℃±0.5℃），保护装置测试正常。特别注意：连续启动间隔不小于15min，停机后重启间隔不小于3min，所有联锁信号（水流、油压等）必须就位。

冷冻水温度控制

与活塞机组的阶跃调节不一样，离心冷水机组的控制是根据实际需求负荷的大小来控制压缩机的运行状态，最终通过改变导叶开度的大小来控制。

改变导叶开度的大小，可调节制冷剂循环流量，控制蒸发温度，调节制冷量，最终达到加载和卸载，控制出水温度的目的。这种调节可实现无级连续调节，可精确匹配负荷需求，精密控制出水温度。

模糊逻辑根据温度误差（与设定值的偏差）和变化速度求出所需的加载/卸载量，从而将冷冻水温度控制在设定的范围内。

导叶电机根据4~20mA的电流输入信号，每0.3%的增大或减小导叶开度，以保证经导叶调节后流量的连续性，实现无级调节。加载时，导叶开度增大；卸载时导叶开度减小。

高精度的导叶连续调节可精确控制水温在±0.3℃以内。

安全保护功能

机组配备有安全阀及排气压力断路开关，使机组在压力过高等异常现象发生时起到机械式保护作用。一旦流量开关或外部启停触点断开，冷水机组将停止运行。

机组故障停机的原因有：冷凝压力过高；排气压力过高；排气温度过高；蒸发温度过低；轴承温度过高；油压差过高、过低；冷冻水出口温度过低；电机电流过高；电机温度过高；欠电压、过电压；流量开关断开等。同时机组超出保护设定值时，将进行安全保护停机。

自调节优先控制

在控制软件中设有优先控制功能，在系统工况接近安全阈值时进行优先控制，避免频繁地因安全保护而停机。

优先控制能防止由于电流超限、蒸发温度过低、电机温度过高、冷凝压力过高超出安全极限而引起的安全关机。在以上各项指标达到安全极限前进行优先控制，最终通过控制导叶开度，将各项指标调整到正常范围。

12.1.2 冷水机组与楼宇自控系统的配合

冷水机组与楼宇自控系统配合的做法有以下三种：

（1）楼宇自控系统不与冷水机组单元控制器通信，而是采用干触点接口进行监控，实现功能简单，制冷机房还需有人常驻值班管理，只用于小型系统，实际使用越来越少。

（2）冷水机组厂商推出中央控制器，能够与自己的主机控制单元通信，从而根据负荷相应地改变启停台数，实现群控。此时，辅助系统（如冷却水泵、冷却塔风机、冷冻水泵等）也一同由中央控制器统一控制。可以实现冷水机组、冷冻水泵、冷却水泵、冷却塔等设备的启停控制、故障检测报警、参数监视、能量调节与安全保护和多台主机的台数调节，以及冷冻机与辅助设备的程序开启控制。采用这种方式可提高控制系统的可靠性和简便性。但从优化的角度看，由于冷冻站的控制还与空调水系统有关，把空调水系统与制冷机房分割开来控制难以很好地实现系统整体的优化控制与调节。

（3）设置冷水机组的控制单元与建筑自控系统通信，这是最彻底的解决方法，也是最终的发展方向。冷水机组需要配有相应的异型机接口装置或上网设备，并且制造厂商公开其协议，就可以实现两种通信协议间的转换，进行相应的通信处理及数据变换，实现系统整体的优化控制与调节。

12.2 冷却水系统的监控

空调冷却水系统由水冷式冷水机组的冷凝器、循环水泵、冷却塔、除污器和水处理装置等组成。建筑物空调冷源系统的冷却水循环主要任务是将冷水机组从冷冻水循环中吸取的热量释放到室外。冷却水系统回路的监控内容主要包括冷却塔的监控、冷却水泵的监控及冷却水进回水各项参数的监测。

冷却水系统基本的监控内容包括：冷却塔风机启/停控制及状态监视；冷却塔风机故障报警监视；冷却塔风机的手/自动控制状态监视等；冷却水泵的启/停及状态监视；冷却水泵故障报警监视；冷却水泵的手/自动控制状态监视等；设备间联动及冷水机组的群控。

12.2.1 冷却塔风机定频的冷却水系统

首先介绍最常见的冷却水系统，即冷却塔风机定频运转。图 12.2.1 有 2 台冷却塔、3 台冷水机组和 3 台冷却水循环泵（不设备用）。其系统配置和各个组件的功能见表 12.2.1。每台冷却塔有 4 个风机，每个风机都只能启停控制，不能控制转速。

该系统的控制策略为：

（1）启动顺序：冷却塔风机—冷却水蝶阀—冷却水泵—冷水机组。停止顺序：冷水机组—冷却水泵—冷却水蝶阀—冷却塔风机。

（2）冷却塔风扇控制：风扇的开启数量控制，系统通过检测流入冷却塔的冷却水温度，并结合室外温湿度，计算冷却塔的最佳工作点，然后通过控制风扇的开启数达到控制空气流量的目的。但必须注意的是，冷水机组只能在一定的冷却水温度下工作。如果冷却水进水温度低于冷水机组的设计范围，就会出现系统故障。

（3）液位控制：冷却塔上设置有水盘，应在水盘内设置液位传感器，监控水盘内冷却水的液位。当系统检测到水盘内冷却水液位高于或低于上下限值时会发出报警，防止由于缺水导致制冷效果下降。

（4）旁通控制：在冷却水系统中应设置冷却塔旁通管，当系统在冬季或室外温度较低时开启，有可能会使进入主机的冷却水温度过低导致机组运行故障，此时应打开旁通管路上的旁通阀混合一部分常温水，以提高冷却水温度，使系统正常运行。

12.2 冷却水系统的监控

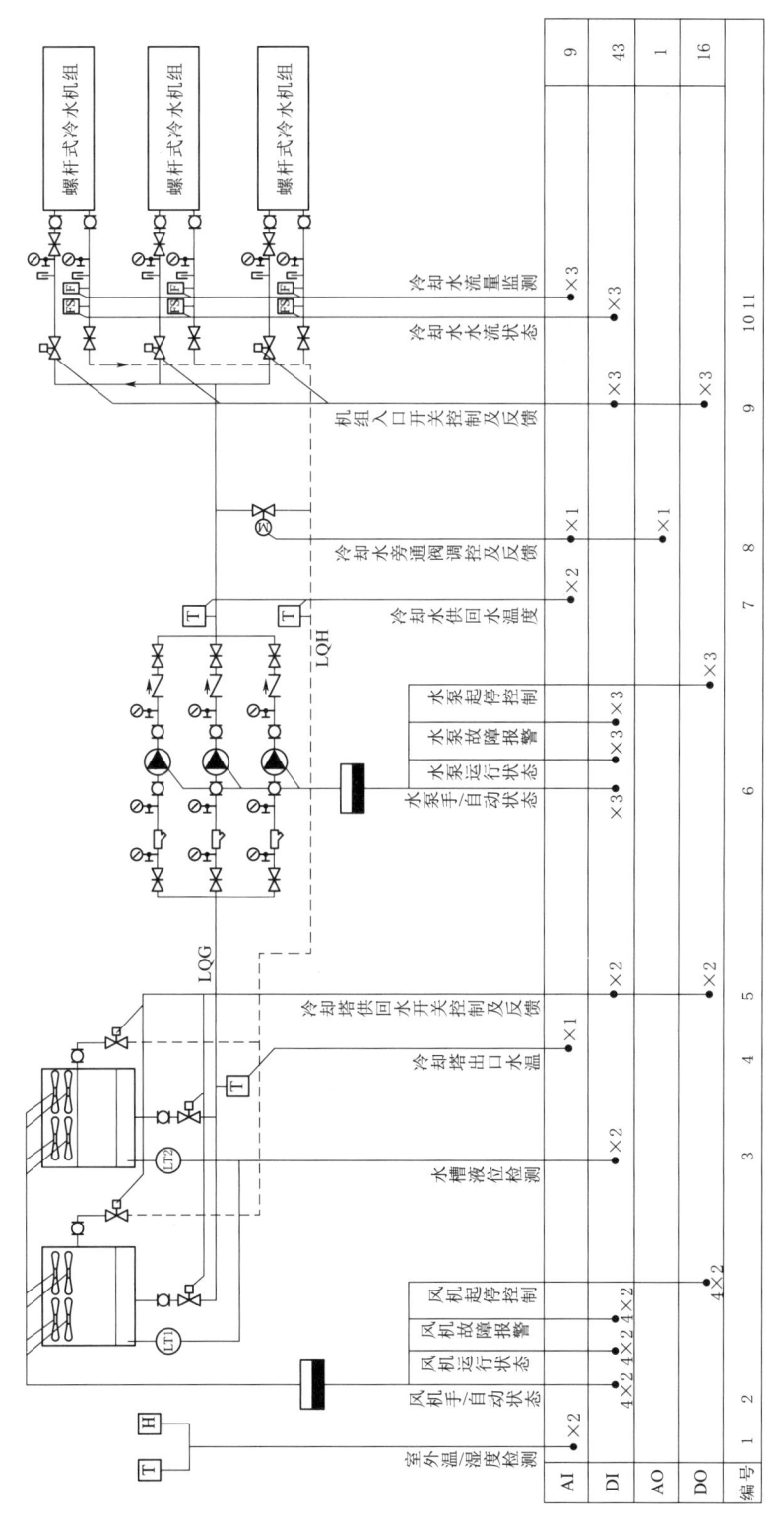

图 12.2.1 冷却塔风机定频的冷却水系统监控原理图

表 12.2.1　　　　　　　　　　　　冷却塔风机定频的冷却水系统组件

编号	名称	信号	功能及简要说明	
1	温度传感器	1×AI	测量室外温度	
	湿度传感器	1×AI	测量室外湿度，是监测冷却塔运行的重要参数	
2	冷却塔风机	3×DI	监测风机手/自动状态、运行状态和故障状态	启停和台数调节根据冷却水温度，冷却水泵开启台数来决定
		1×DO	控制风机启停	
3	液位传感器	1×DI	测量水槽的高低水位	
4	温度传感器	1×AI	测量冷却塔出口水温	
5	水阀执行器	1×DI	测量阀位反馈	冷却塔进水管一般采用电动蝶阀，与冷却塔启停连锁
		1×DO	控制阀门开闭	
6	冷却水循环泵	3×DI	监测水泵手/自动状态、运行状态和故障状态	启停和台数调节应根据冷水机组开启台数来确定
		1×DO	控制水泵启停	
7	温度传感器	1×AI	测量冷却塔供回水温度	
8	水阀执行器	1×AI	测量阀位反馈	过渡季和冬季运行时，调节混水量以保证进入冷凝器的水温不致过低
		1×AO	控制阀门开度	
9	水阀执行器	1×DI	测量阀位反馈	冷凝器出水管一般采用电动蝶阀，与冷水机组启停连锁
		1×DO	控制阀门开闭	
10	水流开关	1×DI	测量冷凝器进口水流，水流低于限制值给出报警。可以监测水泵运行状态并作为冷水机组的保护	
11	流量传感器	1×AI	测量冷冻水的总流量	

注 1. 如冷水机组内部带有水流开关的保护装置，那么水流开关可以取消。
　　2. 若冷却水泵与冷水机组一一对应连接时，可不设置与水泵连锁的电动阀，即水阀执行器可以取消。

12.2.2 冷却塔风机变频的冷却水系统

下面介绍当风机可以调节转速的冷却水系统，即冷却塔风机变频运转。图 12.2.2 有 2 台冷却塔、3 台冷水机组和 3 台冷却水循环泵（不设备用）。其系统配置和各个组件的功能见表 12.2.2。每台冷却塔上的风机可以变频运转，控制转速。

该系统的控制策略为：

（1）启动顺序：冷却塔风机—冷却水蝶阀—冷却水泵—冷水机组。停止顺序：冷水机组—冷却水泵—冷却水蝶阀—冷却塔风机。

（2）冷却塔风扇变频控制：由于冷却塔的设备容量是根据在夏天最大热负载的条件下选定的，也就是考虑到最恶劣的条件。然而在实际设备运行中，由于季节、气候、工作负载的等效热负载等诸多因素都决定了机组设备经常是在较低热负载的情况下运行。据统计，机组设备满载运行时间在舒适性空调中通常不超过 10%，也就是说，全年 90% 以上的时间都有节能的余地。大量的实验证明，冷却塔风机如采用变频控制，比工频状况下可省电 30% 左右，节能效果显著。

12.2 冷却水系统的监控

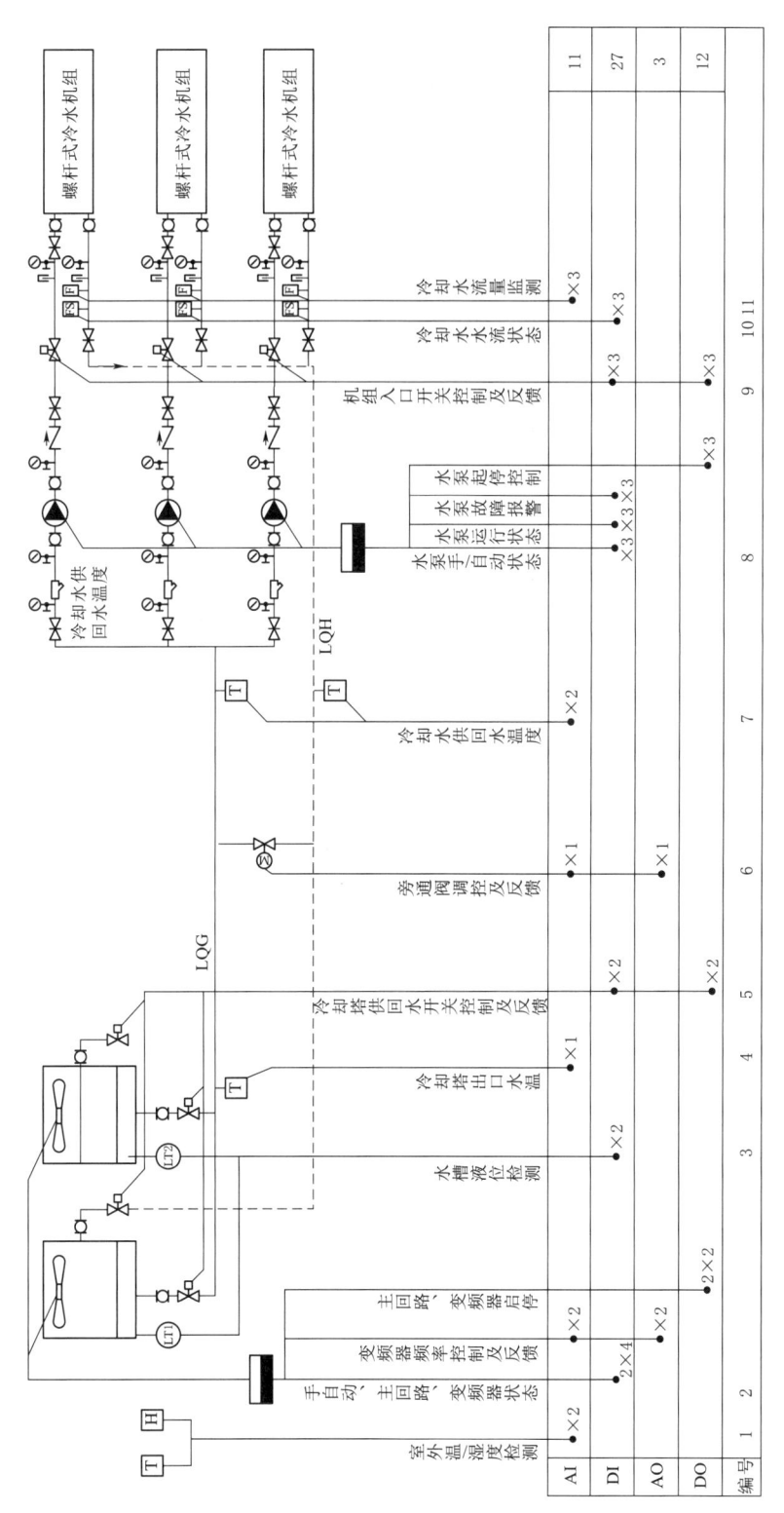

图 12.2.2 冷却塔风机变频的冷却水系统监控原理图

表 12.2.2 冷却塔风机变频的冷却水系统组件

编号	名称	信号	功能及简要说明	
1	温度传感器	1×AI	测量室外温度	
	湿度传感器	1×AI	测量室外湿度,是监测冷却塔运行的重要参数	
2	冷却塔风机	4×DI	监测风机手/自动状态、电气主回路状态、变频器状态和变频器故障状态	频率调节根据冷却水温度来确定
		1×AI	变频器频率反馈	
		2×DO	控制电气主回路、变频器启停	
		1×AO	控制变频器频率	
3	液位传感器	1×DI	测量水槽的高低水位	
4	温度传感器	1×AI	测量冷却塔出口水温	
5	水阀执行器	1×DI	测量阀位反馈	冷却塔进水管一般采用电动蝶阀,与冷却塔启停连锁
		1×DO	控制阀门开闭	
6	水阀执行器	1×AI	测量阀位反馈	过渡季和冬季运行时,调节混水量以保证进入冷凝器的水温不致过低
		1×AO	控制阀门开度	
7	温度传感器	1×AI	测量冷却水供回水温度	
8	冷却水循环泵	3×DI	监测水泵手/自动状态、运行状态和故障状态	启停和台数调节应根据冷水机组开启台数来确定
		1×DO	控制水泵启停	
9	水阀执行器	1×DI	测量阀位反馈	冷凝器出水管一般采用电动蝶阀,与冷水机组启停连锁
		1×DO	控制阀门开闭	
10	水流开关	1×DI	测量冷凝器进口水流,水流低于限制值给出报警。可以监测水泵运行状态并作为冷水机组的保护	
11	流量传感器	1×AI	测量冷水的总流量	

在典型的冷却塔风机变频控制系统中,变频器可以利用内置 PID 功能,组成以冷却塔出水温度为控制对象的闭环控制。冷却塔风机的作用是将出水温度降到一定的值,其降温的效果可通过调整变频器的速度来进行。被控量(出水温度)与设定值的差值经过变频器内置的 PID 控制器后,送出速度命令,最终调节冷却塔风机的转速。

由于冷却塔风机驱动部分的转动惯量一般都较大,所以给定加减速时间要长一些,如 30~50s。在实际运转中经常会由于外界风力的作用使冷却风机自转,此时如果启动变频器,电动机会进入再生状态,就会出现故障跳闸。变频器应该将启动方式设为转速跟踪再启动,这样就可在变频器启动前,通过检测电机的转速和方向来实现对旋转中电机的平滑无冲击启动。为防止在较宽运转频率范围内(一般 20~50Hz)冷却风机出现特定转速下的机械共振现象,应该在试运转中分析这种情况,并采取修改参数的方法将系统的固有频率列为跳跃频率。

(3)液位控制:冷却塔上设置有水盘,应在水盘内设置液位传感器监控水盘内冷却水的液位。当系统检测到水盘内冷却水液位高于或低于上下限值时会发出报警,防止由于缺水导致制冷效果下降。

（4）旁通控制：在冷却水系统中应设置冷却塔旁通管，当系统在冬季或室外温度较低时开启，有可能会使进入主机的冷却水温度过低导致机组运行故障，此时应打开旁通管路上的旁通阀混合一部分常温水，以提高冷却水温度，使系统正常运行。

12.3 冷冻水系统的监控

冷冻水系统是中央空调设备的冷冻水回水经集水器、除污器、循环水泵进入冷水机组蒸发器内吸收了冷量，使其温度降低，进入分水器后再送入末端空调设备的表冷器或冷却盘管内，与被处理的空气进行热交换后，再回到冷水机组内进行循环再处理。

冷冻水系统最基本的监控内容包括：冷冻水泵的启/停及状态监视；冷冻水泵故障报警监测；冷冻水泵的手/自动控制状态监视；冷冻水供/回水温度监测；冷冻水供/回水总管压力监测；冷冻水循环流量监测等。

12.3.1 一次泵定流量系统

首先介绍最基本、最简单的冷冻水系统，即一次泵定流量系统。图12.3.1有4台冷水机组和4台冷冻水循环泵（一一对应，不设备用）。分水器和集水器各有6条支路供给6个分区。其系统配置和各个组件的功能见表12.3.1。冷冻水循环泵都只能启停控制，不能控制转速。

该系统的控制策略为：

（1）启动顺序：冷却水阀—冷却塔进水阀—冷却水泵—冷却塔风机—冷冻水阀—冷冻水泵—冷水机组。停止顺序与启动顺序相反。

（2）系统内流量与旁通管：一次泵定流量系统，即当泵的开启数量一定时，通过蒸发器的冷冻水流量是不变的，而负荷侧的各个末端开关不同，负荷侧的流量肯定和冷源处的流量是不一致的。因此，在冷冻水的供水总管和回水总管上设置一根旁通管，旁通管内流量是冷源侧流量与用户侧流量之差，旁通管上装有电动阀。旁通水量由旁通阀控制，而旁通阀开度则由压差控制器控制。当空调负荷减小到相当的程度，通过旁通管路的水量基本达到一台循环泵的流量时，就可停止一台冷水机组的工作，从而达到节能的目的。旁通管上电动两通阀的最大设计水流量应是一台循环泵的流量，旁通管的管径按一台冷水机组的冷冻水量确定。

（3）加减机条件：一次泵定流量系统中的冷水机组加减机条件并不唯一，以下给出一种思路：根据开启冷水机组电流百分比、冷冻水出水温度、冷冻水出水温度变化率3个变量来决策冷水机组台数。

加机条件：①运行电流与额定电流之比大于95%；②冷冻水出水温度大于设定值＋允许区间，如设定值7℃，允许区间1.0℃；③冷冻水出水温度降低率＜0.3℃/min。同时满足3个条件，延迟10分钟（可调），冷机台数加1。

减机条件：①运行电流与额定电流之比小于40%～60%；②冷冻水出水温度小于设定值＋允许区间；③冷冻水出水温度降低率＜0.3℃/min。同时满足3个条件，延迟10分钟（可调），冷机台数减1（保证开启台数不低于1台）。

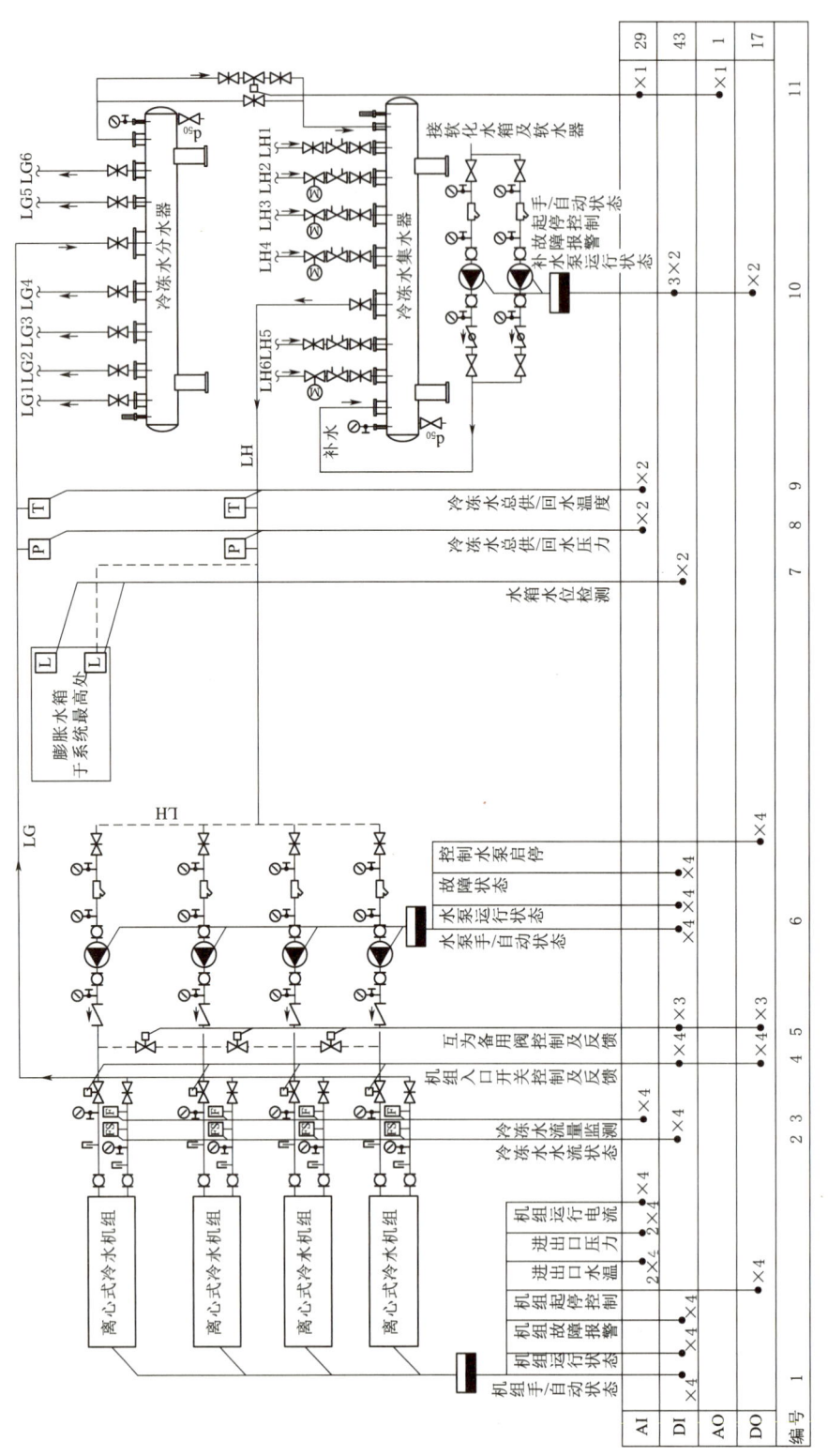

图 12.3.1 一次泵定流量的冷冻水系统监控原理图

表 12.3.1　　　　　冷冻水监控系统——一次泵定流量的系统组件

编号	名称	信号	功能及简要说明	
1	冷水机组	5×AI	测量进出口水温、进出口压力、机组运行电流	
		3×DI	监测机组手/自动状态、运行状态和故障状态	
		1×DO	控制机组启停	
2	水流开关	1×DI	测量冷冻水水流，可以监测冷冻水泵的运行状态	
3	流量传感器	1×AI	测量冷冻水的流量	
4	水阀执行器	1×DI	测量阀位反馈	蒸发器出水管一般采用电动蝶阀，与冷水机组启停连锁
		1×DO	控制阀门开闭	
5	水阀执行器	1×DI	测量阀位反馈	一般为常闭，某一水泵或冷水机组发生故障时可开启相邻设备作为备用
		1×DO	控制阀门开闭	
6	冷冻水循环泵	3×DI	监测水泵手/自动状态、运行状态和故障状态	启停和台数调节应根据冷水机组开启台数来确定
		1×DO	控制水泵启停	
7	水位开关	1×DI	测量膨胀水箱的高低水位	
8	压力传感器	1×AI	测量冷冻水供回水压力	
9	温度传感器	1×AI	测量冷冻水供回水温度	
10	补水泵	3×DI	监测水泵手/自动状态、运行状态和故障状态	启停应根据膨胀水箱水位开关来确定
		1×DO	控制水泵启停	
11	水阀执行器	1×AI	测量阀位反馈	供回水旁通管电动调节阀应根据蒸发器进出口压差调节开度，压差大时关小，压差下降时开大，以维持蒸发器压差（流量）恒定
		1×AO	控制阀门开度	

注　1. 冷水机组内部自带水流开关等保护装置时，水流开关可以取消。
　　2. 当循环泵与机组之间一一对应连接时，可以不设置与水泵连锁的电动阀，水阀执行器可以取消。

（4）补水控制：应在膨胀水箱内设置高低水位传感器来控制软化水补水泵的启停，需要软化水处理装置，一般放置在地下室机房内，设置电接点浮球式液位传感器，补水泵为定速泵，实行液位控制的开停运行模式。

12.3.2　一次泵变流量系统

一次泵定流量系统按设计工况选定水泵流量，运行时保持固定流量。负荷增加时开启机组及水泵，减少时则关闭。实际运行中，尽管机组可调节制冷量，但蒸发器水流量固定且水泵满载，易出现大流量小温差现象，影响节能效果。

一次泵变流量系统采用可变流量的冷水机组。机组运行时，蒸发器的供回水温差基本恒定，蒸发侧流量随负荷侧流量的变化而改变，从而达到"按需供应"。当建筑物处于部分负荷时，系统通过变频水泵降低冷冻水流量，最终降低系统运行能耗。其系统形式类似于一次泵定流量系统，但增加了一套自控系统，同时定流量水泵变为变流量水泵，按照一定的控制逻辑运行。

一次泵变流量系统的实现需要有几个前提：

（1）末端与水泵的要求。一次泵变流量系统的末端采用模拟量的两通阀控制，房间温度传感器控制两通阀的开度。当房间的负荷增加时，两通阀开大，供回水间压差随之减小；反之，当房间的负荷减少时，室内温度低于房间的设定温度，两通阀关小，供回水间压差随之增大。利用压差传感器控制水泵的流量，保证末端所需的水量（冷量），同时维持末端的压差设定值。在一次泵变流量系统中，压差信号直接控制系统中变流量水泵。

（2）采用变流量冷水机组。变流量冷水机组是指蒸发器的流量可在较大范围内变化的机组，机组蒸发器的许可流量变化范围和许可流量变化率是衡量冷水机组性能的重要指标。机组蒸发器的许可流量变化范围越大，越有利于冷水机组的加减机控制，节能效果越明显；机组蒸发器的许可流量变化率越大，冷水机组变流量时出水温度波动越小。

在实际的机组设计选型中，选择蒸发器流量许可变化范围大、最小流量尽可能低的冷水机组，如离心式冷水机组的流量变化范围宜为30%～130%，螺杆式冷水机组宜为45%～120%，最小流量宜小于额定流量的50%；选择蒸发器许可流量变化率大的冷水机组，每分钟许可流量变化率宜大于30%。

为了保证冷水机组出水温度稳定，变流量冷水机组不仅具有反馈控制功能，还具有前馈控制功能。这种控制不仅能根据冷水机组的出水温度变化调节机组负荷，还能根据冷水机组的进水温度变化来预测和补偿空调负荷变化对出水温度的影响。目前，各大厂家的变流量冷水机组基本上都能满足上述要求。

（3）监测进入机组的最小流量。当进入机组的流量低于机组允许的最小值（通常为额定流量的30%），蒸发器会结冰，造成设备损坏。当进入机组的流量过小时，可通过旁通管来增大循环流量。冷水机组的最小流量检测有两种方式。

1）设置精度较高的电磁流量传感器监测机组的最小流量。当制冷量较大、冷冻水总管管径较大时，电磁流量传感器的造价将会很高，采用这种方式不经济。

2）可使用压差传感器测量蒸发器的压降。根据机组的压降-流量特性得到流过蒸发器的流量。当机组达到最小流量时，末端流量还需进一步减小时，开启旁通阀。使流过蒸发器的流量等于旁通流量加上末端的流量。

图12.3.2有3台离心式冷水机组和4台冷冻水循环泵（不一一对应，不设备用）。分水器和集水器各有6条支路供给6个分区。其系统配置和各个组件的功能见表12.3.2。冷冻水循环泵可以变频控制转速，同时冷水机组也可以调节。

该系统的控制策略为：

（1）启动顺序：冷却水阀—冷却塔进水阀—冷却水泵—冷却塔风机—冷冻水阀—冷冻水泵—冷水机组。停止顺序与启动顺序相反。

（2）冷水机组控制。

加机条件：以系统供水设定温度7℃为依据，当供水温度大于7℃+0.5℃，并且持续10～15分钟，则开启另一台机组。或者，以压缩机运行电流为依据，当机组运行电流与额定电流之比大于设定值（如95%），并且持续10～15分钟，则开启另一台机组。利用电流控制方式的好处是可以维持较高的供水温度精度，在系统供水温度尚未偏离设定值时，机组就提前加载了。

12.3 冷冻水系统的监控

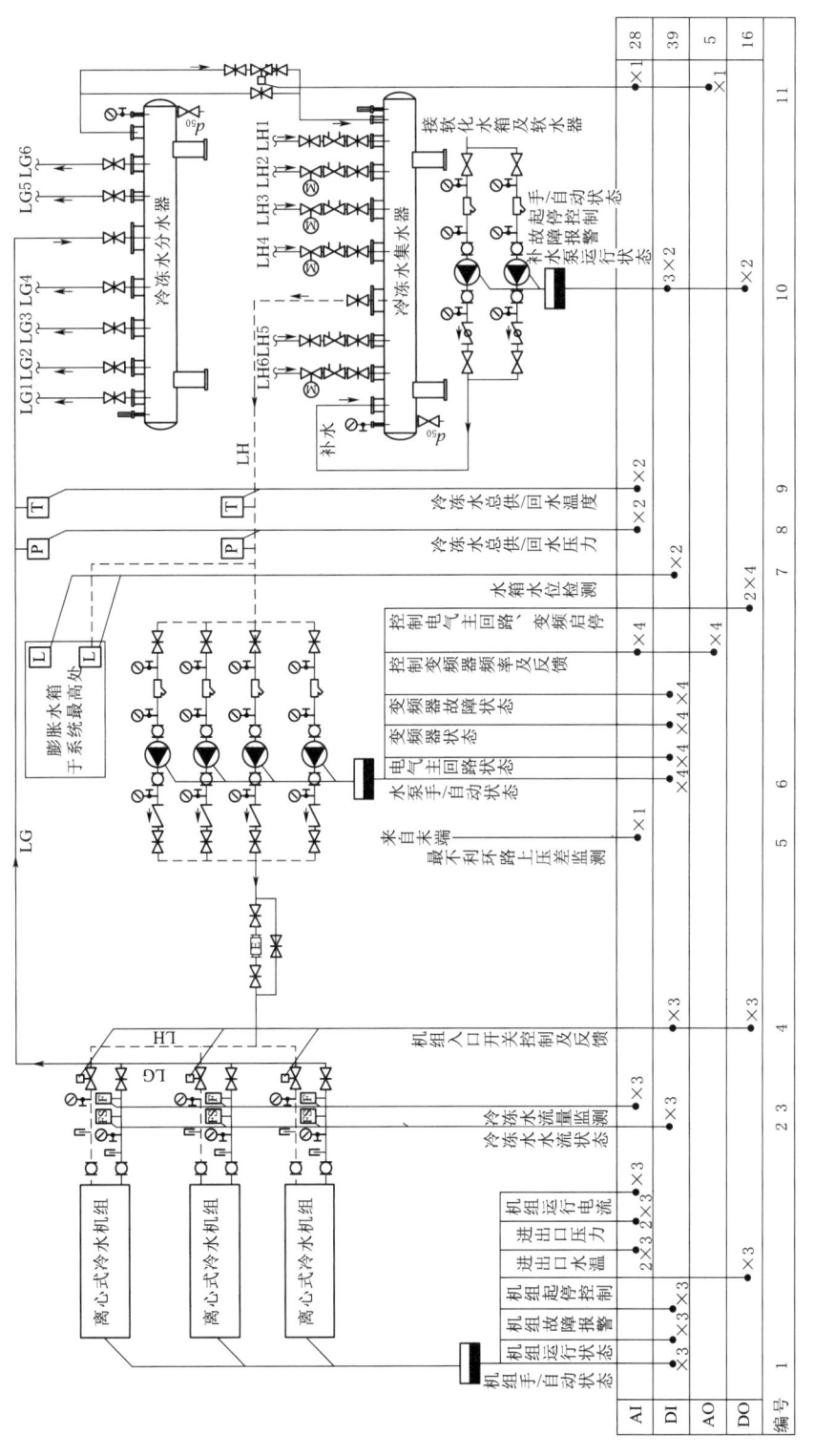

图12.3.2 一次泵变流量的冷冻水系统监控原理图

表 12.3.2　　　　　　冷冻水监控系统——一次泵变流量的系统组件

编号	名称	信号	功能及简要说明	
1	冷水机组	5×AI	测量进出口水温、进出口压力、机组运行电流	
		3×DI	监测机组手/自动状态、运行状态和故障状态	
		1×DO	控制机组启停	
2	水流开关	1×DI	测量冷冻水流,可以监测冷冻水泵的运行状态	
3	流量传感器	1×AI	测量冷冻水的总流量	
4	水阀执行器	1×DI	测量阀位反馈	蒸发器出水管一般采用电动蝶阀,与冷水机组启停连锁
		1×DO	控制阀门开闭	
5	压力传感器	1×AI	测量最不利环路压差	
6	冷冻水循环泵	1×AI	变频器频率反馈	频率调节应根据用户需求来确定,常用方法为保证末端最不利回路的压差
		4×DI	监测水泵手/自动状态、电气主回路状态、变频器状态和变频器故障状态	
		1×AO	控制变频器频率	
		2×DO	控制电气主回路、变频器启停	
7	水位开关	1×DI	测量膨胀水箱的高低水位	
8	压力传感器	1×AI	测量冷冻水供回水压力	
9	温度传感器	1×AI	测量冷冻水供回水温度	
10	补水泵	3×DI	监测水泵手/自动状态、运行状态和故障状态	启停应根据膨胀水箱水位开关来确定
		1×DO	控制水泵启停	
11	水阀执行器	1×AI	测量阀位反馈	当进入单台冷水机组的流量小于额定流量的30%,打开旁通,增大并保持循环流量。当进入单台冷水机组的流量大于60%时,关闭旁通
		1×AO	控制阀门开度	

减机条件:当每台机组电流与额定电流的百分比之和除以运行台数减1,得到的商小于80%,则关闭一台机组。

$$0.8 \geqslant \frac{\sum \frac{单台运行电流}{额定电流}}{运行台数-1} \tag{12.2.1}$$

(3) 水泵的控制:根据回水流量与冷冻水泵额定流量比较确定冷却水泵开启台数。并根据回路中最不利环路上代表性的压差信号,控制水泵变速运行。

(4) 旁通管的控制:当单台冷水机组的流量小于额定流量的30%时,打开旁通。当单台机组的流量大于额定流量的60%时,关闭旁通。

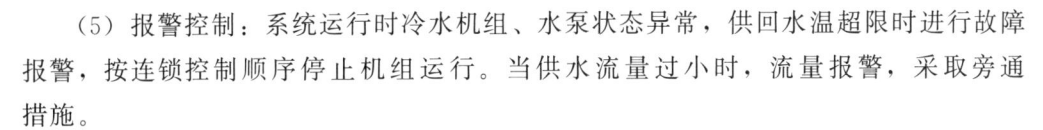

(5) 报警控制：系统运行时冷水机组、水泵状态异常，供回水温超限时进行故障报警，按连锁控制顺序停止机组运行。当供水流量过小时，流量报警，采取旁通措施。

12.3.3　二次泵变流量系统

二次泵变流量系统是在冷水机组蒸发侧流量恒定前提下，把传统的一次泵分解为两级，形成一次环路和二次环路，其特点是减少了冷冻水制备与输送之间的相互干涉。

一次环路由冷水机组、一次定频泵、供回水管路和旁通管路组成，主要负责冷冻水制备，并按定流量运行。一次定频泵主要用来克服冷水机组蒸发器和一次环路的流动阻力，即自蒸发器出口到旁通管路再到蒸发器入口的阻力。二次环路由二次变频泵、空调末端设备、供回水管路和旁通管组成，负责冷冻水输送，按变流量运行。二次变频泵用来克服从旁通管路的蒸发器侧到末端设备再到用户侧的水环路阻力，可以根据该环路负荷变化进行独立控制、变频调节。

二次变频泵的流量与扬程可以根据各个环路的负荷特性分别配置，如对于阻力较小的环路，就可以降低二次变频泵的设置扬程。因此，二次泵变流量系统比较适合系统大、各环路空调负荷特性相差较大或阻力相差悬殊的情况（如高层建筑和远距离输送系统）。

图 12.3.3 有 4 台离心式冷水机组和 4 台冷冻水一级泵（一一对应，不设备用）。分水器和集水器各有 6 条支路供给 6 个分区，每个分区的支路都设有二级循环泵。其系统配置和各个组件的功能见表 12.3.3。冷冻水一级循环泵不能变频，二级循环泵可以变频控制转速。

该系统的控制策略为：

(1) 二次泵的控制要点：中小型工程宜采用一次泵系统；系统较大、阻力较高，且环路之间负荷特性或阻力相差悬殊时，宜在空气调节水的冷热源侧和负荷侧分别设置一次泵和二次泵（两者对比见表 12.3.4）；设置二次泵的原因是冷热源侧需定流量运行，负荷侧采用变流量运行的水泵以减少输送能耗。应根据分区的供回水压差控制二级泵转速（如该分区并联多台泵，也可以控制运行台数），控制调节循环水量适应空调负荷的变化。系统压差测定点宜设在最不利环路干管靠近末端处。

(2) 旁通管：冷热源侧和负荷侧的供回水共用集管（或分集水器）之间应设旁通管（平衡管）或耦合罐，旁通管管径不宜小于空调总供回水管管径，旁通管上不应设置阀门。一级泵和二级泵流量在设计工况完全匹配时，平衡管内无水量通过，即接管点之间无压差。当一级泵和二级泵的流量调节不完全同步时，平衡管内有水通过，使一级泵和二级泵保持在设计工况流量，并保证冷水机组蒸发器的流量恒定，同时二级泵根据负荷侧的需求运行。在旁通管内有水流过时，也应尽量减小旁通管阻力保证旁通流量，因此管径应尽可能加大，不宜小于总供回水管管径。

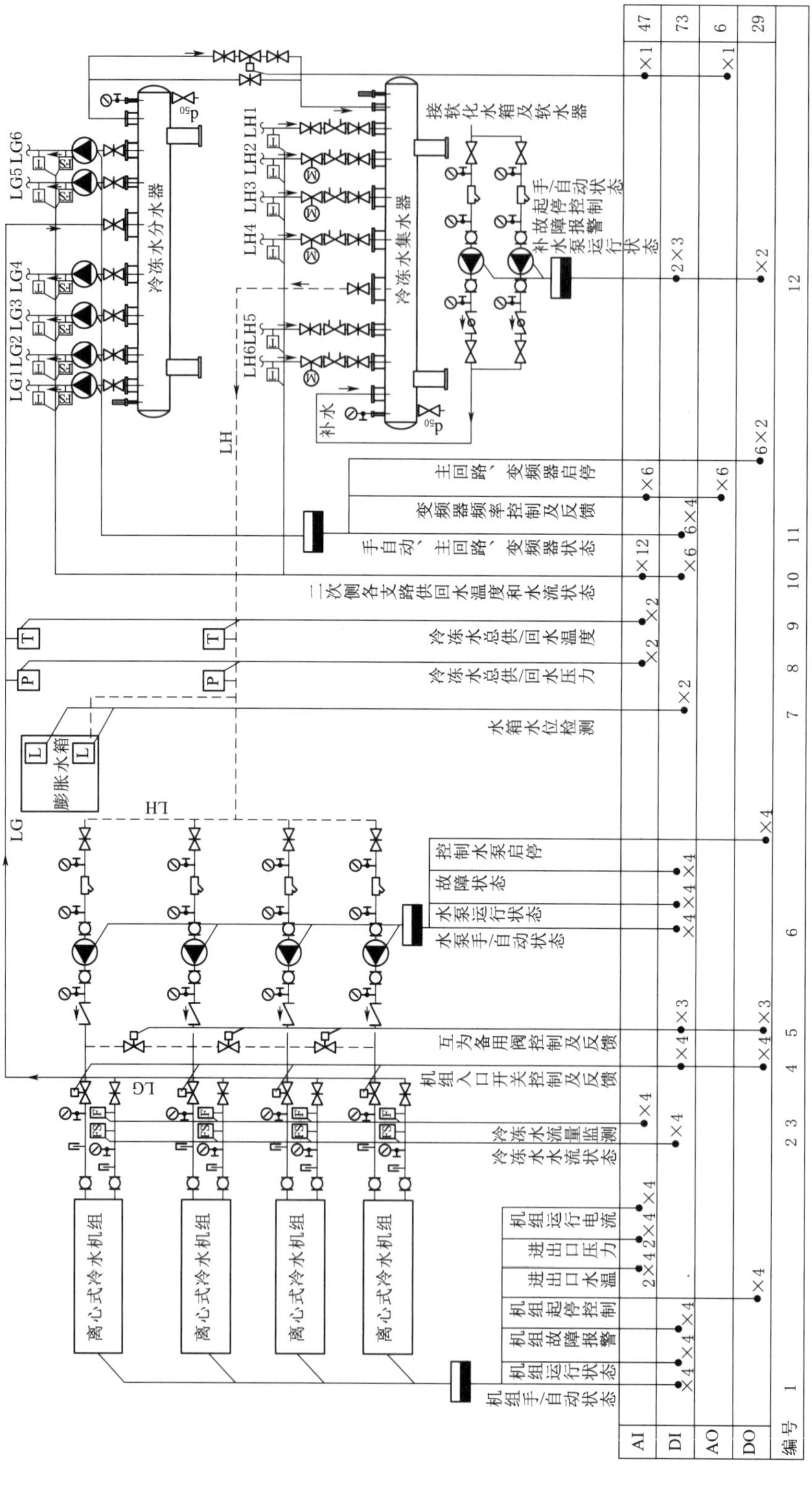

图 12.3.3 二次泵变流量的冷冻水系统监控原理图

12.3 冷冻水系统的监控

表 12.3.3　　冷冻水监控系统——二次泵变流量的系统组件

编号	名称	信号	功能及简要说明	
1	冷水机组	5×AI	测量进出口水温、进出口压力、机组运行电流	
		3×DI	监测机组手/自动状态、运行状态和故障状态	
		1×DO	控制机组启停	
2	水流开关	1×DI	测量一次水流，可以监测一次水泵的运行状态	
3	流量传感器	1×AI	测量一次侧冷冻水的总流量	
4	水阀执行器	1×DI	测量阀位反馈	蒸发器出水管一般采用电动蝶阀，与冷水机组启停连锁
		1×DO	控制阀门开闭	
5	水阀执行器	1×DI	测量阀位反馈	一般为常闭，某一水泵或冷水机组发生故障时可开启相邻设备作为备用
		1×DO	控制阀门开闭	
6	一次冷冻水循环泵	3×DI	监测水泵手/自动状态、运行状态和故障状态	与冷水机组一一对应启停和台数调节应根据冷水机组开启台数来确定
		1×DO	控制水泵启停	
7	水位开关	1×DI	测量膨胀水箱的高低水位	
8	压力传感器	1×AI	测量一次侧冷冻水供回水压力	
9	温度传感器	1×AI	测量一次侧冷冻水供回水温度	
10	温度传感器	1×AI	测量二次侧冷冻水供回水温度	
	水流开关	1×DI	测量二次水流，可以监测二次水泵的运行状态	
11	二次冷冻水循环泵	1×AI	变频器频率反馈	频率调节应根据用户需求来确定，常用方法为保证末端最不利回路的压差
		4×DI	监测水泵手/自动状态、电气主回路状态、变频器状态和变频器故障状态	
		1×AO	控制变频器频率	
		2×DO	控制电气主回路、变频器启停	
12	补水泵	3×DI	监测水泵手/自动状态、运行状态和故障状态	启停应根据膨胀水箱水位开关来确定
		1×DO	控制水泵启停	

表 12.3.4　　一次泵变流量系统与二次泵变流量的对比

指标	一次泵变流量系统	二次泵变流量系统
经济性	不需要二次泵等设备及相关管件，投资相对较低	二次泵等设备及相关管件，投资相对较高
占地面积	所需要的机房面积小，降低了机房投资的费用	占地面积大，管路系统复杂，不方便安装
电气功率	不使用二次泵及附加管件，故在大多数情况一次泵系统平均泵效率较高	二次泵及附加管件均耗功或存在能量损失，功率较一次泵变流量系统略低
能耗	水泵的功率和其转速呈三次方关系，所以节能效果比较显著	一次环路中一次定频泵的电功率固定，加上相应的二次泵及管路耗能，二次泵系统的总能耗相对较高

193

续表

指标	一次泵变流量系统	二次泵变流量系统
系统复杂性	一次泵管路系统较二次泵系统简单,但旁通控制系统更复杂	管路系统较复杂,但相比较而言,其控制系统相对简单一些
使用场合	用于节能要求较高,控制系统成熟的系统	系统较大、阻力较高,各环路负荷特性相差较大和压力损失相当悬殊的场合

课后思考与任务

1. 冷却水系统中冷却塔风机变频与定频运转有何区别?如何根据室外环境条件及冷却水温合理控制风机数量和转速?

2. 设计一个包含 4 台离心式冷水机组和二级循环泵的空调水系统,在满足用户需求的同时,最大化实现节能减排的效果,写出设计方案。要求画出自控原理图,其中包含设备的自控点和通道数量,并列表进行说明,最后写出控制策略。

3. 设计一个包含 3 台螺杆式冷水机组一次泵变流量空调水系统,写出设计方案。要求画出自控原理图,其中包含设备的自控点和通道数量,并列表进行说明,最后写出控制策略。

4. 假设有一栋建筑面积较大的商业综合体,其空调水系统中冷却水循环泵和冷却塔风机采用变频控制,请计算在夏季极端高温天气下,若要确保冷水机组稳定运行,应如何根据冷却水温度变化和室外温湿度调整冷却塔风机的启停数量和转速,请写出设计方案。要求画出自控原理图,其中包含设备的自控点和通道数量,并列表进行说明,最后写出控制策略。

参考文献

[1] 高殿策,孙勇军. 高层建筑中央空调系统稳健优化控制及诊断技术 [M]. 北京:科学出版社,2022.

[2] 中国建筑标准设计研究院. 建筑空调循环冷却水系统设计与安装 [M]. 北京:中国计划出版社,2008.

[3] 赵亚伟,马最良. 空调水系统的优化分析与案例剖析 [M]. 北京:中国建筑工业出版社,2015.

[4] 方忠祥,戎小戈. 智能建筑设备自动化系统设计与实施 [M]. 北京:机械工业出版社,2013.

[5] 郭福雁,黄民德,张哲. 建筑电气控制技术 [M]. 天津:天津大学出版社,2009.

[6] 张树臣,龚威,由玉文,等. 实用建筑设备与电气施工图集 [M]. 北京:中国电力出版社,2015.

[7] 金久炘,张青虎. 智能建筑设计与施工系列图集楼宇自控系统 [M]. 2 版. 北京:中国建筑工业出版社,2009.

第 13 章 空气处理设备的监测与控制

本章详述了新风机组与一次回风空调机组的自动化监测与控制机制。新风机组抽取室外空气处理后送入室内，控制系统监测其运行状态、送风温湿度、过滤器状况，并自动控制风机启停、调节温湿度以及防范低温导致的冻结破坏。对于一次回风空调系统，对比分析了单风机和双风机配置的特点，强调双风机系统便于精细调节新风量和排风量。同时，变风量（variable air volume，VAV）空调系统因其节能特性和对室内负荷变化的动态适应性而备受推崇，通过变风量控制器、温控器及风道静压监测装置，确保室内温度恒定并随负荷变化调整送风量。

13.1 新风机组的自控

新风机组工作原理是在室外抽取新鲜的空气，经过除尘、降温（或升温）等处理后，通过风机送到室内，替换室内原有的空气。功能配置需根据使用环境需求确定，功能越齐全造价越高。在公共建筑内，一般新风机组是和风机盘管配合起来使用的。新风机组提供经过处理的新风，风机盘管处理回风，新风机组一般来说不承担空调区域的热湿负荷。

图 13.1.1 为典型的新风机组示意图。过滤段根据需要选配粗效过滤器、中效过滤器、高效过滤器等，主要用于有效捕集颗粒直径不等的尘粒。表冷段用表冷器对新风进行冷却、减湿，控制送风温湿度，冬天时为加热功能。风机段可根据需要选用离心风机、轴流风机，一般选用的是离心风机。新风机组自控系统的配置见表 13.1.1，监控原理如图 13.1.2 所示。

图 13.1.1 新风机组示意图

监控策略为：
（1）监测功能：检查风机电机的工作状态，确定是处于"开"还是"关"；测量风机出口空气温湿度参数,以了解机组是否将新风处理到要求的状态;测量新风过滤器两侧压差,以了解过滤器是否需要更换;检查新风阀状况,以确定其是否打开。

表 13.1.1　　　　　　　　　新风机组自控系统的配置

编号	名称	信号	功能及简要说明	
1	温度传感器	1×AI	测量室内温度	
	湿度传感器	1×AI	测量室内湿度	
2	湿度传感器	1×AI	测量送风湿度	
3	温度传感器	1×AI	测量送风温度	
4	压差开关	1×DI	测量风机前后压差,用来判断风机运行状态	
5	风机	3×DI	监测风机手/自动状态、运行状态和故障状态	
		1×DO	控制风机启停	
6	压力传感器	2×AI	测量冷/热水供回水压力	
7	温度传感器	2×AI	测量冷/热水供回水温度	
8	水阀执行器	1×AO	调节阀门开度	调节表面式换热器的冷/热量、保证送风温度;即根据送风实测温度与设定温度的偏差按 PID 规律调节阀门开度
		1×AI	测量阀位反馈	
9	压差开关	1×DI	测量过滤器压差,堵塞时给出报警信号 成本低廉、可靠耐用 特殊场合可选用微压差测量传感器 IAO	
10	风阀执行器	1×DI	控制新风阀的开闭,测量阀位反馈	
		1×DO	须与风机连锁,不需调节	
11	湿度传感器	1×AI	测量新风湿度	
12	温度传感器	1×AI	测量新风温度	

(2) 控制功能:根据要求启/停风机;控制空气-水换热器水侧调节阀,以使风机出口空气温度达到设定值;如果机组还有加湿段,可以控制干蒸汽加湿器调节阀,使冬季风机出口空气相对湿度达到设定值。

(3) 保护功能:冬季,当某种原因造成热水温度降低或热水停止供应时,为了防止机组内温度过低,冻裂空气-水换热器,应自动停止风机,同时关闭新风阀门。当热水恢复供应时,应重新启动风机,打开新风阀,恢复机组的正常工作。

(4) 集中管理功能:一座建筑物内可能有若干台新风机组,这样就希望采用分布式计算机系统,通过通信网络将各新风机组的现场控制机与中央控制管理机相连。中央控制管理设备能对每台新风机组实现如下管理:显示新风机组启/停状况、送风温湿度,风阀、水阀状态;通过中央控制管理机启/停新风机组,修改送风参数的设定值;当过滤器压差过大、冬季热水中断、风机电机过载或其他原因停机时,通过中央控制管理机报警。

13.1 新风机组的自控

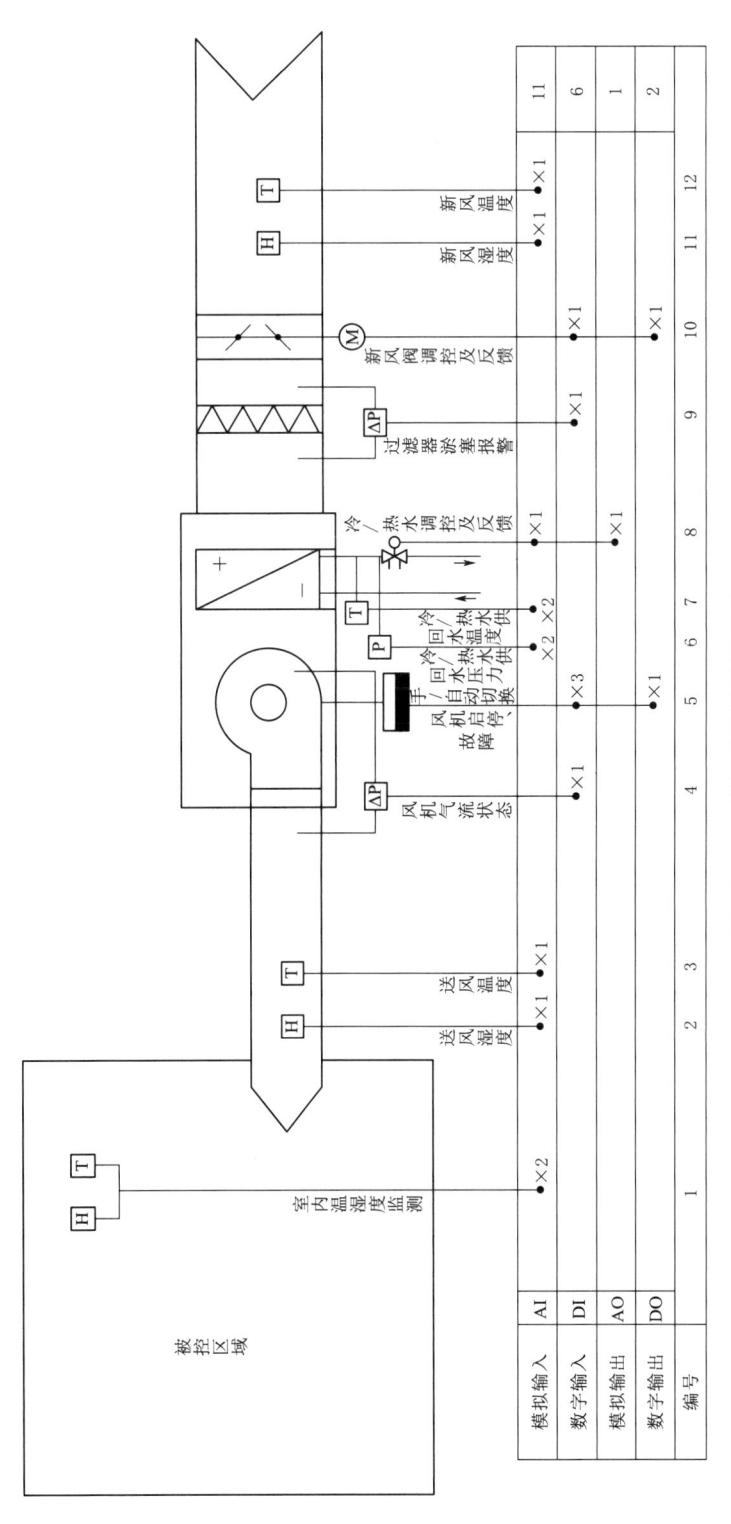

图 13.1.2 新风系统监控原理图

		1	2	3	4	5	6	7	8	9	10	11	12	
模拟输入	AI	×2	×1	×1			×2	×2	×1			×1	×1	11
数字输入	DI				×1	×3				×1	×1			6
模拟输出	AO								×1		×1			1
数字输出	DO					×1								2
编号		1	2	3	4	5	6	7	8	9	10	11	12	

13.2 一次回风空调机组的自控

全空气空调系统是一种广泛应用于商场、影剧院、会场和体育馆等公共场所的空调方式，除此之外，宾馆、写字楼的大堂以及医院门诊等大空间也经常采用此种空调系统形式。主要特征为：回风与新风在热湿处理设备前混合。

在一次回风系统中什么是单风机，什么是双风机的系统呢？所谓单风机系统，顾名思义，就是只设一台送风机的空调系统为单风机系统。风机的作用压头包括从新风进口至空气处理机组的整个吸入侧的全部阻力、送风管道阻力和回风管道阻力。此系统简单、一次投资省、运行时耗电量少，应用广泛，但是存在如下问题：需要变换新排回风量时，单风机系统不好调节；系统阻力过大时，风机风压高耗电量大噪声也大。双风机系统，则有两台风机，送风管道设有一台，排风管道也设有一台。

13.2.1 单风机系统

图 13.2.1 为一次回风系统（四管制）监控原理图，四管制为热水供回水、冷冻水供回水分别设置，因此其表面式换热器也有四根水管接入。配置见表 13.2.1。

监控策略为：

（1）水量调节保证送风温度：一次回风空调系统通过监测回风温度，根据测量的回风温度与设定值的偏差，经 PID 调节，通过安装于冷/热水管上的动态平衡调节阀来控制冷/热水流量，从而保证送风温度恒定。

（2）新回风百分比：当室外空气温度接近或者低于室内温度，可以调节新回风百分比，甚至采用全新风模式。同时，当室外空气温度与室内温度差值较大时，应限制新回风百分比，但要保证最小新风量要求。新风阀与回风阀动作相反（阀位和为100%，送入室内的总风量保持不变）。

（3）启停顺序：开启新风阀、回风阀，单风机直接启动。热水供暖时，先开热水供应阀，再启动风机，以免送冷风过长。停机时，热水供暖时，新风阀应与机组连锁，即机组停机，新风阀关闭。

（4）保护功能：冬季，当某种原因造成热水温度降低或热水停止供应时，为了防止机组内温度过低，冻裂空气-水换热器，应自动停止风机，同时关闭新风阀门。当热水恢复供应时，应重新启动风机，打开新风阀，恢复机组的正常工作。

（5）集中管理功能、监测功能可以参照第 13.1 节新风机组的监控策略。

13.2.2 双风机系统

一般大空间都采用双风机的一次回风空调机组，这样方便调节，尤其是可以较准确调节新风比和排风量。图 13.2.2 为一次回风空调机组（双风机）示意图，该空调水系统为四管制系统。监控原理图如图 13.2.3 所示，配置见表 13.2.2。

监控策略为：

（1）水量调节保证送风温度：一次回风空调系统通过监测回风温度，根据测量的回风温度与设定值的偏差，经比例微分积分规律，通过安装于冷/热水管上的动态平衡调节阀来控制冷/热水流量，从而保证送风温度恒定。

13.2 一次回风空调机组的自控

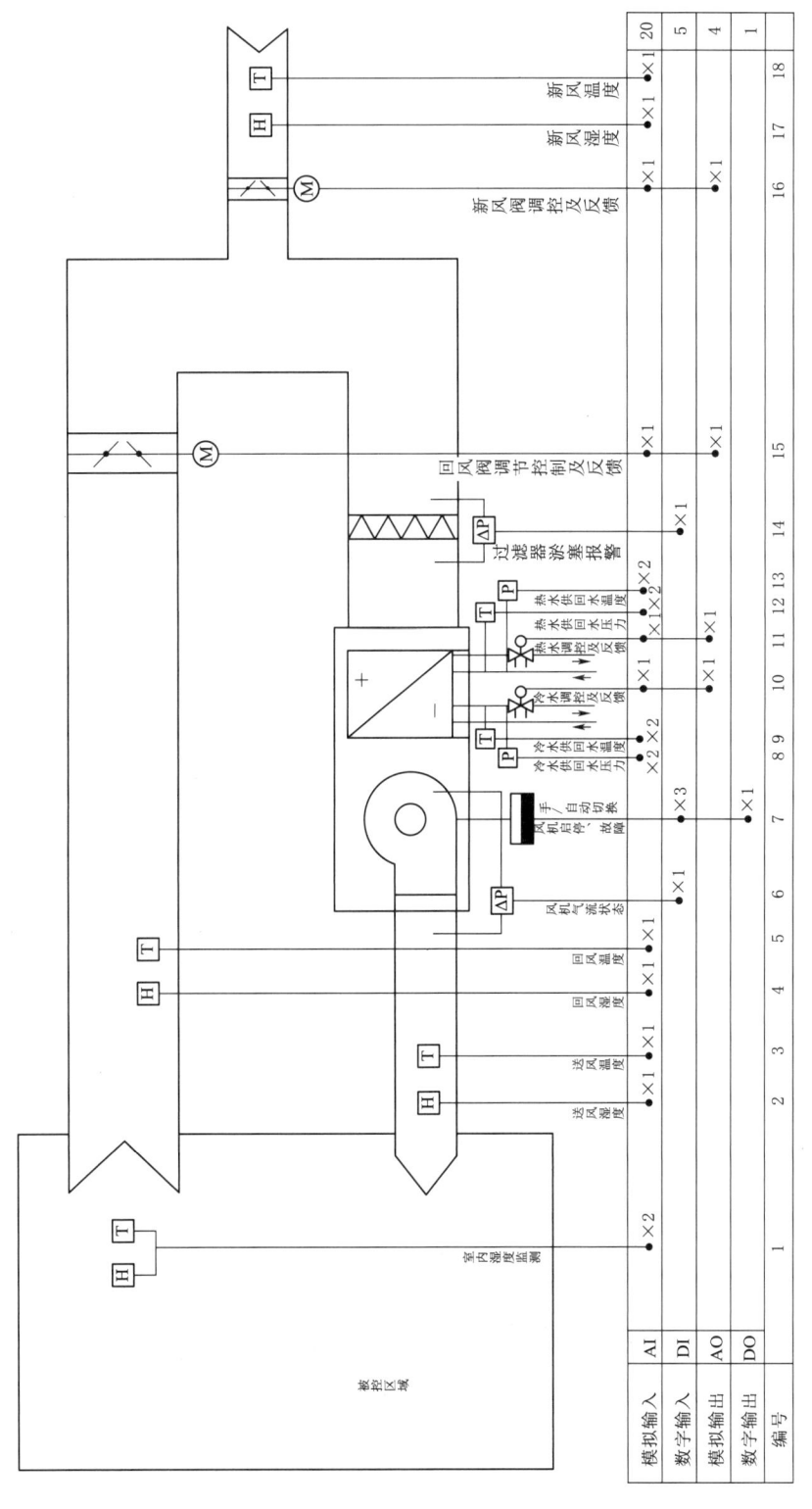

图 13.2.1 一次回风系统（四管制）监控原理图

第 13 章 空气处理设备的监测与控制

表 13.2.1 　　　　　　　　　一次回风系统（四管制）的配置

编号	名称	信号	功能及简要说明	
1	温度传感器	1×AI	测量室内温度	
	湿度传感器	1×AI	测量室内湿度	
2	湿度传感器	1×AI	测量送风湿度	
3	温度传感器	1×AI	测量送风温度	
4	湿度传感器	1×AI	测量回风湿度	
5	温度传感器	1×AI	测量回风温度	
6	压差开关	1×DI	测量风机前后压差，用来判断风机运行状态	
7	风机	3×DI	监测风机手/自动状态、运行状态和故障状态	
		1×DO	控制风机启停	
8	压力传感器	2×AI	测量冷冻水供回水压力	
9	温度传感器	2×AI	测量冷冻水供回水温度	
10	水阀执行器	1×AO	调节阀门开度	调节表面式换热器的冷/热量、保证送风温度，即根据送风实测温度与设定温度的偏差按 PID 规律调节阀门开度
		1×AI	测量阀位反馈	
11	水阀执行器	1×AO	调节阀门开度	
		1×AI	测量阀位反馈	
12	压力传感器	2×AI	测量热水供回水压力	
13	温度传感器	2×AI	测量热水供回水温度	
14	压差开关	1×DI	测量过滤器压差，堵塞时给出报警信号，成本低廉、可靠耐用，特殊场合可选用微压差测量	
15	回风阀执行器	1×AO	调节阀门开度	新风阀与回风阀动作相反（阀位和为 100%，送风的总风量保持不变）。电动风阀与送风机连锁，风机关闭时，新风阀、排风阀均关闭。新风阀有最小开度限制
		1×AI	测量阀位反馈	
16	新风阀执行器	1×AO	调节阀门开度	
		1×AI	测量阀位反馈	
17	湿度传感器	1×AI	测量新风湿度	
18	温度传感器	1×AI	测量新风温度	

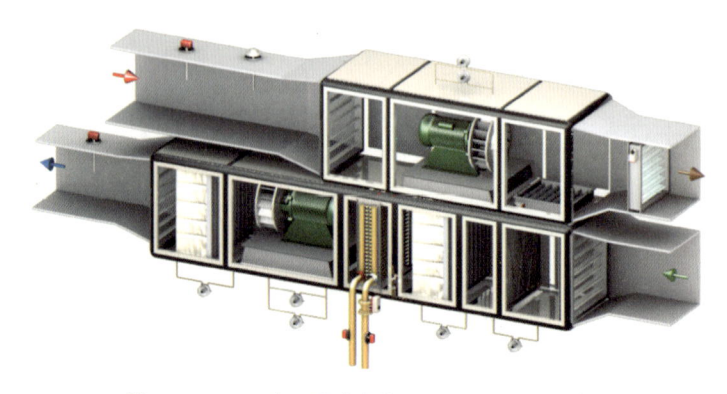

图 13.2.2　一次回风空调机组（双风机）示意图

13.2 一次回风空调机组的自控

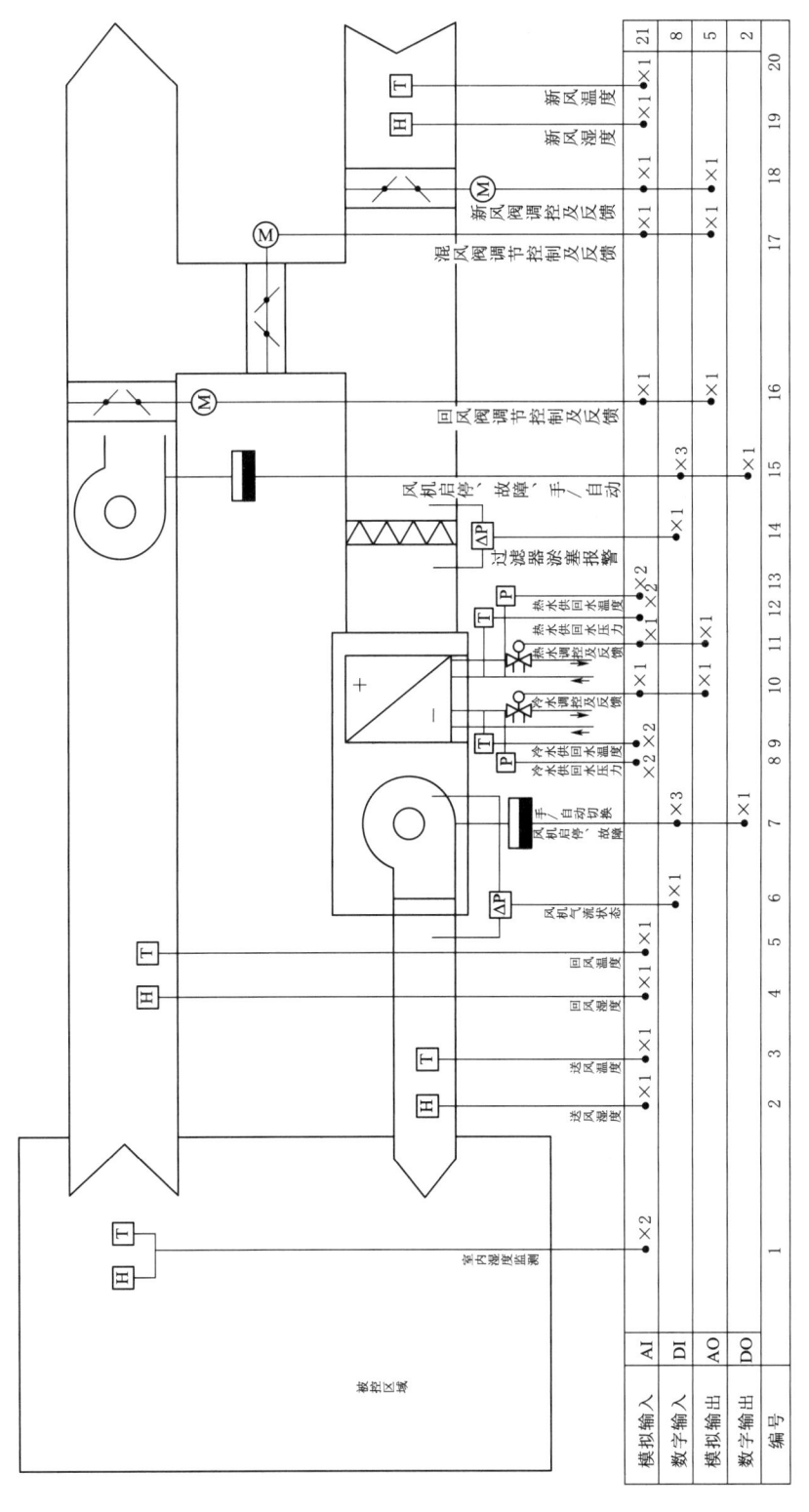

图 13.2.3 一次回风空调机组（双风机）监控原理图

表 13.2.2　　　　　　　　　　一次回风空调机组（双风机）的配置

编号	名称	信号	功能及简要说明	
1	温度传感器	1×AI	测量室内温度	
	湿度传感器	1×AI	测量室内湿度	
2	湿度传感器	1×AI	测量送风湿度	
3	温度传感器	1×AI	测量送风温度	
4	湿度传感器	1×AI	测量回风湿度	
5	温度传感器	1×AI	测量回风温度	
6	压差开关	1×DI	测量风机前后压差，用来判断风机运行状态	
7	送风机	3×DI	监测风机手/自动状态、运行状态和故障状态	双风机连锁，启停顺序为：先开送风机、延时开回风机；先关回风机、延时关送风机
		1×DO	控制风机启停	
8	压力传感器	2×AI	测量冷冻水供回水压力	
9	温度传感器	2×AI	测量冷冻水供回水温度	
10	水阀执行器	1×AO	调节阀门开度	调节表面式换热器的冷/热量、保证送风温度；即根据送风实测温度与设定温度的偏差按PID规律调节阀门开度
		1×AI	测量阀位反馈	
11	水阀执行器	1×AO	调节阀门开度	
		1×AI	测量阀位反馈	
12	压力传感器	2×AI	测量热水供回水压力	
13	温度传感器	2×AI	测量热水供回水温度	
14	压差开关	1×DI	测量过滤器压差，堵塞时给出报警信号，成本低廉、可靠耐用，特殊场合可选用微压差测量传感器	
15	回风机	3×DI	监测风机手/自动状态、运行状态和故障状态	双风机连锁，启停顺序为：先开送风机、延时开回风机；先关回风机、延时关送风机
		1×DO	控制风机启停	
16	排风阀执行器	1×AO	调节阀门开度	新风阀、排风阀保持同步动作。与混风阀动作相反（新、混风阀阀位和为100%，送风总风量保持不变）。电动风阀与送、回风机连锁，风机关闭时，新风阀、排风阀均关闭。根据新风、送风和室内焓值的比较，调节风门开度。新风阀有最小开度限制
		1×AI	测量阀位反馈	
17	混风阀执行器	1×AO	调节阀门开度	
		1×AI	测量阀位反馈	
18	新风阀执行器	1×AO	调节阀门开度	
		1×AI	测量阀位反馈	
19	湿度传感器	1×AI	测量新风湿度	
20	温度传感器	1×AI	测量新风温度	

（2）新回风百分比：当室外空气温度接近或者低于室内温度，可以调节新回风百分比，甚至采用全新风模式。同时，当室外空气温度与室内温度差值较大时，应限制新回风百分比，但要保证最小新风量要求。新风阀、排风阀保持同步动作，与混风阀动作相反（新风阀、混风阀的阀位和为100%，送入室内的总风量保持不变）。

（3）启停顺序：先开启新风阀、混风阀、排风阀。双风机时，先开送风机，再开回风机，避免室内相对于周围环境形成负压。热水供暖时，先开热水供应阀，再启动风机，以免送冷风过长。停机时，先停回风机，再停送风机。热水供暖时，新风阀和排风阀应与机组连锁，即机组停机，新风阀、排风阀关闭。

（4）保护功能：冬季，当某种原因造成热水温度降低或热水停止供应时，为了防止机组内温度过低，冻裂空气-水换热器，应自动停止风机，同时关闭新风和排风阀门。当热水恢复供应时，应重新启动风机，打开新风阀、排风阀，恢复机组的正常工作。

（5）集中管理功能、监测功能可以参照第 13.1 节新风机组的监控策略。

13.3 变风量系统的自控

13.3.1 变风量空调系统介绍

变风量空调系统可以根据室内负荷需求变化和室内温度要求，自动调节空调系统送风量。这是一种全空气空调系统，它的最大特色是能够精确灵活地控制区域温度及新风量并改善室内空气质量，为不同使用者带来舒适的体验。与此同时，它还具有巨大的节能优势。总结下来其优点如下：

（1）节能：由于空调系统在全年大部分时间里是在部分负荷下运行，而变风量空调系统是通过改变送风量来调节室温的，因此可以大幅度减少送风风机的动力耗能。据模拟测算，当风量减少到 80% 时，风机耗能将减少到 51%；当风量减少到 50% 时，风机耗能将减少到 15%。全年空调负荷率为 60% 时，变风量空调系统（变静压控制）可节约风机动力耗能 78%。

（2）系统灵活性好：现代建筑工程中常需进行二次装修，若采用带 VAV 空调箱装置的变风量空调系统，其送风管与风口以软管连接，送风口的位置可以根据房间分隔的变化而任意改变，也可根据需要适当增加风口。而在采用定风量系统或风机盘管系统的建筑工程中，任何小的局部改造都显得很困难。

（3）不会发生过冷或过热：带 VAV 空调箱的变风量空调系统与一般定风量系统相比，能更有效地调节局部区域的温度，实现温度的独立控制，避免在局部区域产生过冷或过热现象。

变风量空调系统的结构示意图如图 13.3.1 所示，其组成有以下四部分。

（1）室内变风量温控器，测量室内温度。

（2）变风量末端（VAVbox），负责风量调节的关键执行器。由 VAV 执行器、电动调节阀、毕托管、分风静压箱、手动调节阀组成。VAV 执行器接收房间温度，进行风阀调节，使风量满足室内需求。工作原理是当室内温度高于设定值时，根据温差，计算出需求风量，达到需求阀位。电动调节阀收集 VAV 执行器的信号，相应调整阀位。毕托管测量通过 VAVbox 的风量。手动调节阀，每一个分风箱出风口都会配备一个手动调节阀，目的是在初始状态下的人工初调节。

（3）风道静压测量装置，测量送风主管内静压，为空调机变频提供参数。

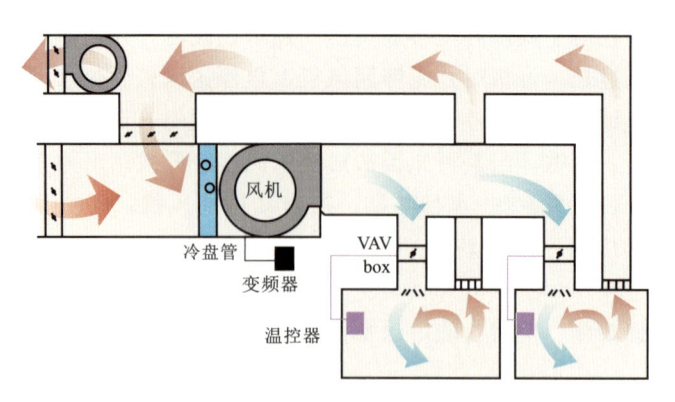

第 13 章 空气处理设备的监测与控制

图 13.3.1 变风量空调系统的结构示意图

（4）变风量空调机（带有变频器）：负责将室内回风与新风混合，并与冷冻水/热水进行热交换，从而使风的温度降低，再输送到室内。变频器控制空调机运行频率，从而达到室内送风平衡，且节省能耗。

变风量控制器和房间温控器一起构成室内串级控制，采用室内温度为主控制量，空气流量为辅助控制量。变风量控制器按房间温度传感器检测到的实际温度，与设定温度比较差值，以此输出所需风量的调整信号，调节变风量末端的风阀，改变送风量，使室内温度保持在设定范围。同时，风道压力传感器检测风道内的压力变化，采用 PI 或者 PID 调节，通过变频器控制变风量空调机送风机的转速，消除压力波动的影响，维持送风量。

13.3.2 常用的控制策略

定静压控制

工作原理：保证系统风道内某一点（或几点平均）静压一定的前提下，室内所需风量由 VAVbox 风阀调节；系统送风量由风道内静压与该点所设定值的差值控制变频器工作调节风机转速确定。同时，可以改变送风温度来满足室内舒适性要求。

控制过程举例：假设有这样一个办公楼，其空调系统采用的是变风量系统，其中包括一台变频驱动的送风机、一段风管网络以及分布在各个办公室内的 VAV 末端装置。在这个系统中，采用定静压控制策略。

（1）在风管系统的关键位置（例如离风管出口 2/3 长度的位置）安装一个静压传感器。这个位置的选择基于风管的压力损失特性，能够较好地代表整个风管系统中的平均压力水平。静压值设定为 150Pa，空调柜运行为 30Hz。

（2）当室内温度传感器检测到某个办公室的热负荷变化，对应的 VAV 末端装置会自动调整风阀开口大小以改变送入该房间的风量。当夏季中午的时候，太阳辐射强，房间温度上升，各个房间的 VAV 风阀增大阀位，主风管静压值降低至 100Pa。

（3）静压传感器实时监测到风管内的静压变化，控制器收到静压过低的信号后，会通过变频器提高空调机中风机的转速，进而调节送风量，确保风管内始终保持预定的恒定静压值。通过这种方式，无论各个 VAV 末端装置如何调整风量，系统都能自动保持合适的送风压力，保证风量的有效分配和系统的稳定运行，同时也能根据实际负荷需求进行动态调整,实现节能目标。

定静压值的设定:静压值设定太低,不能满足全部房间(最大风量)要求;静压值设定太高,会增加能耗、增加噪声,对控制不利。定静压值具体数值应在调试时确定,多数供应商建议定静压值为 250Pa,对于普通空调系统,静压值可能在 150~300Pa 之间,低压系统为 100~200Pa 之间。

定静压点位置:单环路取距风机 2/3 管长的位置;多环路时,需要将各分支距风机 2/3 管长的静压进行比较,取静压最小值,如图 13.4.2 所示。

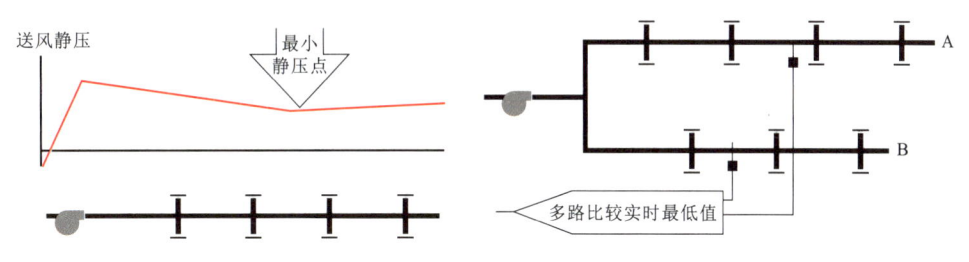

图 13.3.2 定静压点位置

定静压控制法的优点:控制简单,最适合国内的物业管理水平;运行稳定,故障率低,维护费用低;传输数据少,不必联网,不需要 box 阀位反馈。此法应用最广泛,占 VAV 项目 90% 以上。

变静压控制

工作原理:在保证 VAVbox 风阀尽可能地处于全开位置(85%~100%),系统送风量由风道内所需静压来控制变频器工作,调节风机转速确定。同时,可以改变送风温度来满足室内舒适性要求。

总风量控制

工作原理:通过改变送风量调整室内温度,并使送风与回风的差值保持恒定,以满足构筑物排风的需求。

课后思考与任务

1. 根据新风机组的自控策略,讨论为什么在冬季热水供应不足或温度降低时,新风机组需要自动停止运行并关闭新风阀门?请阐述这一设计背后的原理和安全考虑。
2. 在全空气空调系统中,一次回风空调机组采用单风机和双风机有何区别?试分析两种系统在新风比例调节、能耗、噪声控制以及复杂性等方面的优势和局限性。
3. 请解释变风量空调系统如何通过变频技术和风阀调节来达到节能效果,并结合实际应用场景,描述其相对于定风量系统的优越性。
4. 假设某商场采用了一次回风空调系统(双风机),请写出自控设计方案。要求画出自控原理图,其中包含设备的自控点和通道数量,并列表进行说明,最后写出控制策略。

参考文献

[1] 叶水泉. 变风量空调系统设计与应用 [M]. 北京：中国电力出版社，2016.
[2] 赵继洪. 中央空调运行与管理技术 [M]. 北京：电子工业出版社，2013.
[3] 张树臣，龚威，由玉文，等. 实用建筑设备与电气施工图集 [M]. 北京：中国电力出版社，2015.
[4] 金久炘，张青虎. 智能建筑设计与施工系列图集楼宇自控系统. [M]. 2版. 北京：中国建筑工业出版社，2009.
[5] 赵文成. 中央空调节能及自控系统设计 [M]. 北京：中国建筑工业出版社，2018.

第 14 章 建筑环境自控案例

在当今社会，随着科技的飞速发展，建筑环境自控技术已成为提高生活和工作效率的关键因素。本章汇集了一系列生动的自控案例，覆盖医院、办公楼、数据机房和智慧农业等多个重要领域。这些案例不仅展示了自控系统在不同环境下的应用与创新，而且深刻阐释了自控技术如何有效地优化环境条件、提高能源利用效率、确保安全与健康，以及推动可持续发展。

14.1 负压病房与正压手术室

14.1.1 负压病房设计简介

负压病房是指通过特殊通风系统使病房内气压低于周围环境，确保空气单向流动（外部新鲜空气流入，内部污染空气经消毒后定向排放），从而有效隔离呼吸道传染病病原体向外界传播。负压病房采用了不同于普通病房的特殊空调和通风系统。病房内分为洁净、半洁净和污染区域，都配备了独立的新风空调系统和消毒设备。新风空调会引入室外新鲜空气，经过专业空气处理器和高效过滤器净化，再通过机械方式送入病房，排风设备严格设计，确保排出病房的空气经过多层过滤，细菌含量要求低于 $500cfu/m^3$。同时，病房内部维持 $-15Pa$ 的气压，既能避免病毒扩散，又能保障患者的正常呼吸。

每个负压隔离病房区均有独立的空调排风系统，全天候运行。

各病房采用全新风直流空调系统，必要时改造旧系统，需添加高效过滤器，保证新风质量。

通风系统的送排风机联动控制，开机先启动排风机，关机先停送风机。

室内空气流向有序，送风一侧和床头排风一侧形成定向气流，防止回流污染。

维持病房恒温 20~27℃，湿度 30%~60%。

负压病房内部还需实施严格的压差控制，各区间的压差逐步增大，确保空气从清洁区域流向污染区域，负压病房设计原理如图 14.1.1 所示。医护人员通道（潜在污染走廊）相对于病房和卫生间至少保持 10Pa 以上的正压；缓冲区对患者卫生间保持 10Pa 以上的正压；清洁走廊相对于病房保持 15Pa 以上的正压。具体压差控制布局如图 14.1.2 所示，负压病房内部示意图如图 14.1.3 所示。

第 14 章 建筑环境自控案例

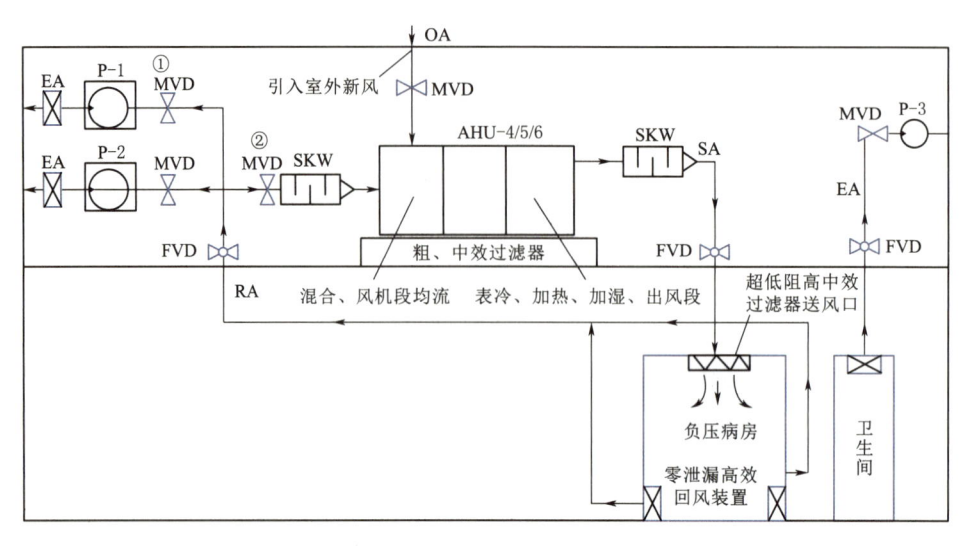

图 14.1.1 负压病房设计原理图

OA—新风；SA—送风；AHU—组合式空气处理机组；P—排风机；FVD—防火调节阀；
MVD—电动风阀；SKW—微孔板消声器；RA—回风；EA—排风

注：接收一般传染病人，阀门 MVD①关闭，阀门 MVD②开启，P-1 排风机关闭；P-2 开启；
接到烈性传染病人；阀门 MVD①开启，阀门 MVD②关闭，P-1 排风机开启，P-2 开启。

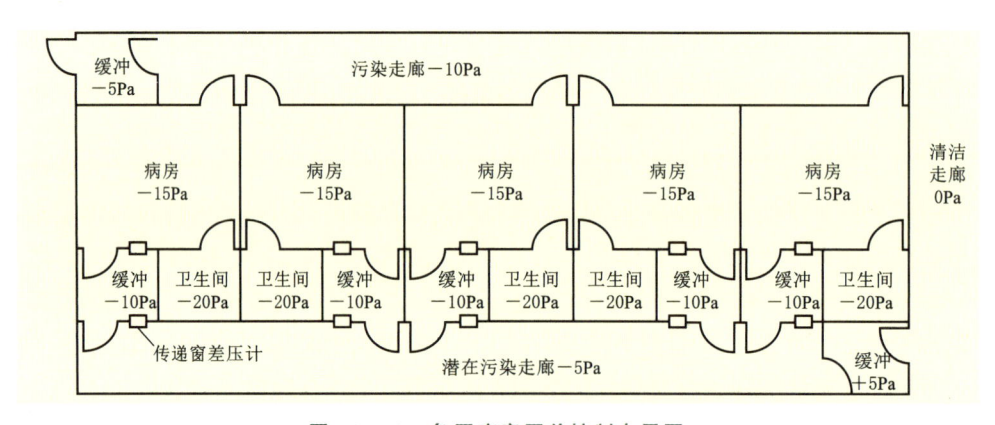

图 14.1.2 负压病房压差控制布局图

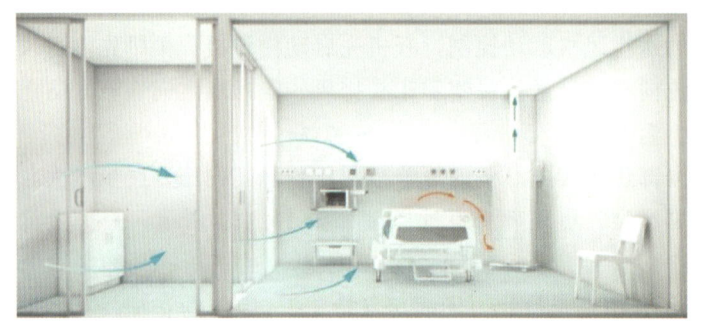

图 14.1.3 负压病房内部示意图

14.1.2 负压自控系统

负压病房自控系统由实时现场风压数据监控、屋顶风机运行状态监控和上位机远程监控系统组成。负压病房自控系统架构如图 14.1.4 所示。

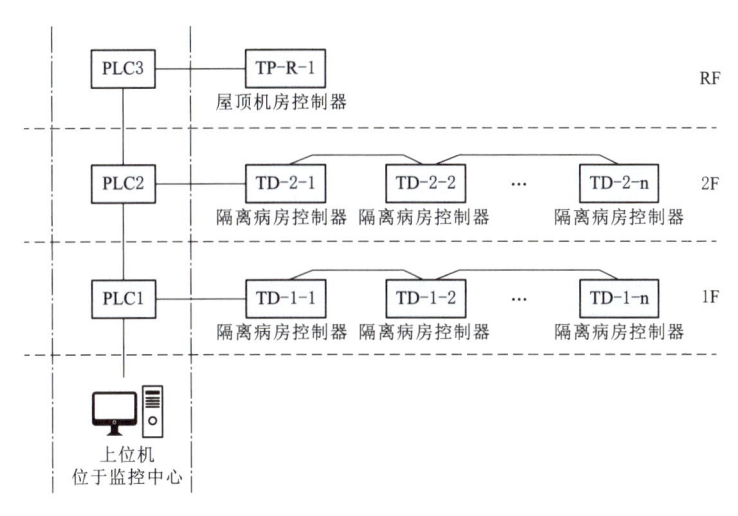

图 14.1.4　负压病房自控系统架构示意图

负压病房配置了温湿度和气压传感器,实时收集数据并传至 PLC 控制器,对照预设参数自动调节室内环境及气压平衡,支持变频调节。同时,上位机界面可远程手动设定参数并监控所有实时温湿度、气压数值,以及风机运行状态、气密阀门控制状态。

屋顶风机监控系统

屋顶风机监控系统运行时,风机启动、回风阀开启,对室内污染空气进行过滤排放,随后进风阀开启引入新风并深度过滤后送入病房。监控系统实时跟踪压差、风机状态和过滤器效能,完成空气更新后自动停止风机运行。遇检测设备故障,可通过手动控制现场设备柜进行手自动切换。

上位机远程监控系统

上位机远程监控系统集中展示各数字输入输出（DI/DO）、模拟输入输出（AI/AO）点数值及其动态变化,实时呈现温湿度数据及设备运行状况。病房的所有数据采集、处理、记录、存储、传输流程均通过控制器与上位机交互,一旦系统发生故障,能够即时生成报警报告。

现场控制器

现场控制器通过压差传感器持续测量和控制病室与缓冲间或走廊之间的压差。如果病室压差变小,控制器将快速调节（开大）病室变风量排风阀门直至病室负压达到设定值。如果病室负压增大,此时控制器将调节（关小）病室变风量排风阀门直至病室负压达到设定值。定送变排系统初投资和运行维护要求较定风量系统要高,但智能化程度要高,可以实现集中监视与控制,同时在节能方面也会有一定的优势。在调试阶段,定送变排系统可以通过自控手段实现相对精确的压力梯度控制,但同时需要注意的是压差传感器的取压点需要慎重选择，避免在气流扰动区域取压以减少系统的波动及震荡。

14.1.3 手术室空调机组自控系统

手术室空调循环机组自控系统通过精准调控温度（22～25℃）、湿度（40%～60%）、压差（5～10Pa）及空气洁净度（百级标准），确保手术环境参数符合医疗规范。系统采用二管制设计，集成风管、送风、表冷、电加热和电极加湿功能段，其中冷热盘管布置于正压段以优化冷凝水排放，防止细菌滋生。

空气处理采用三级过滤体系：初效过滤器（压差≥150Pa报警）、中效过滤器（压差≥250Pa更换）及静压箱高效过滤器，确保空气洁净度。控制系统实施湿度优先策略：当湿度超标时优先调节表冷阀除湿，再通过电加热补偿温度，同时维持新风量与排风量动态平衡。单个手术室空调机组自控系统控制点设置如图14.1.5所示。监控策略如下：

（1）状态监视检测。检测初效、中效、高效过滤器和风机压差开关状态，风机变频器运行状态和故障报警，过滤器堵塞报警等。

（2）温度、湿度调节。

1）送风温度自动控制。冬季自动调节热水阀开度，保证回风温度为设定值；夏季自动调节冷水阀开度，保证回风温度为设定值。

2）回（送）风湿度自动控制，监测回风湿度。洁净手术部以湿度优先。根据湿度设定值调节加湿阀，使湿度满足各洁净手术部需求。除湿控制为自动调节冷水阀开度及冷冻除湿机（新风机）。同时，根据温度需要调节电加热，进行再加热处理，保证湿度达到设定值。

（3）压差调节。各洁净手术室空调循环机组的新风支管上均设置电动双位定风量器，向各循环风系统分配新风，即手术室空调启用时，定风量器设定为高档风量，满足新风量及正压要求。在手术室空调停用时，定风量器设定为低档风量，维持手术室内压力稳定。新风机组及空调机组内，风机根据系统阻力进行变频调节，保证风量达到设定值。

（4）空气洁净度控制。通过设置初效、中效、高效空气过滤网3级过滤，使空气达到所要求的洁净度。

（5）风机控制。风机控制箱设有手动/自动选择开关，平时位于自动状态。护士站（或监控中心）可以通过自动控制系统远程控制或按预先设计好的时间程序自动控制风机起/停。

（6）联锁控制。新风阀与风机联锁启停。当送风机启动时，开冷水阀（热水阀）和新风风门，调节冷水阀（热水阀）。风机停止后，新回风风门、电动调节阀、电磁阀自动关闭；风机启动后，其前后压差过大时故障报警，并联锁停机。新风机组与空调机组联锁，先启动新风机组才能启动空调机组。

图14.1.6展示了医院手术部空调机组自动控制系统的架构设计（包括多个手术室和ICU），采用"中央控制站＋DDC"的分层管理模式，实现对ICU及1～9号手术室净化空调机组、新风机组、排风机等设备的精准调控。系统通过接口实时采集温度、

14.1 负压病房与正压手术室

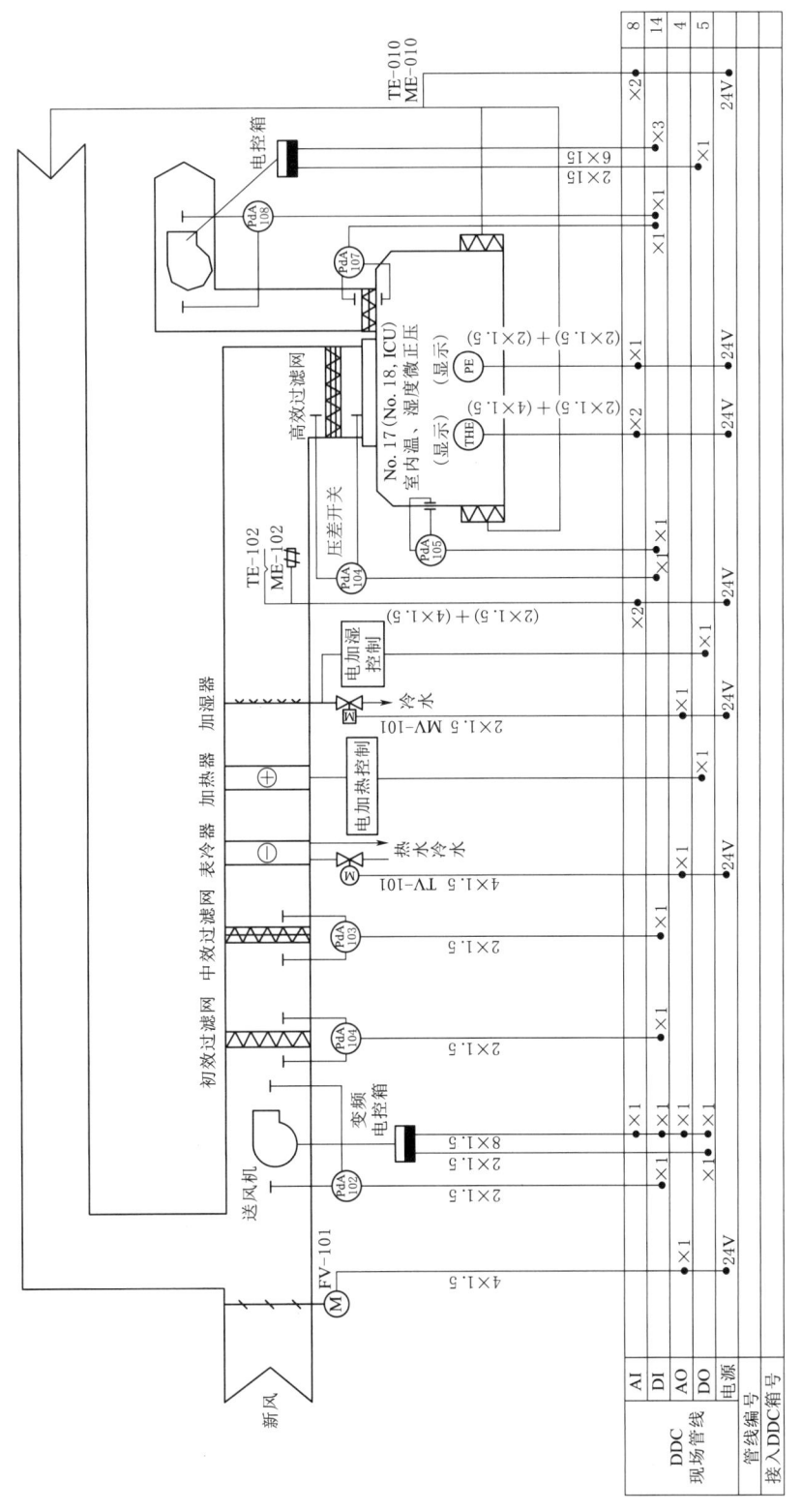

图 14.1.5 单个手术室空调机组自控系统控制点

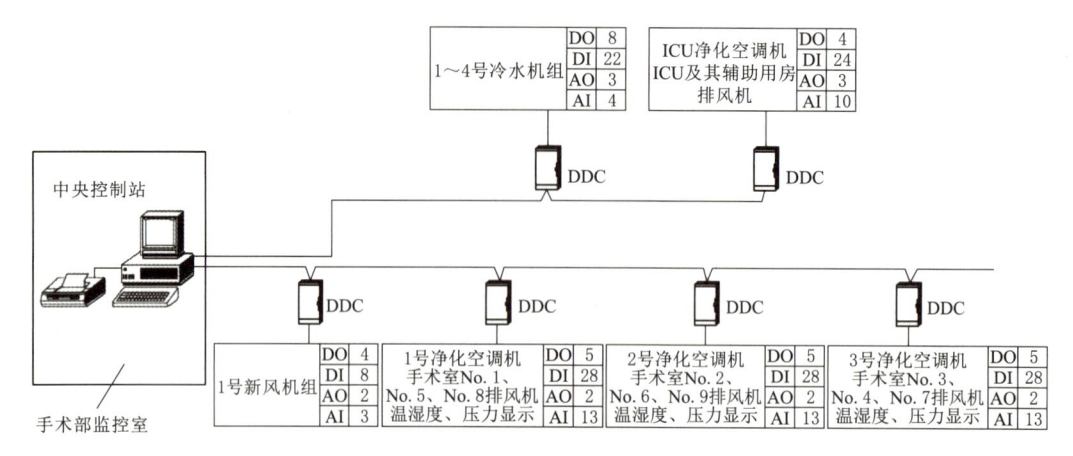

图 14.1.6　医院手术部空调机组自控系统

压力和洁净相关参数，经 DDC 处理后发送控制指令（如调节风阀开度或启停设备）。其中，ICU 净化空调机确保高精度环境控制，新风机组与排风机则通过变频技术实现风量动态调节，维持正压梯度与洁净度要求。整体设计兼顾独立控制与联动联锁（如新风机与循环机组启停联锁），体现了手术部净化空调系统在恒温恒湿和压力稳定运行方面的综合优化。

14.2　办公楼的应用案例

14.2.1　办公楼自控设计的总体需求

某高层楼宇自控系统的模式应采用分层分布式三层集成模式，包括管理层、自动化层、现场设备层，如图 14.2.1 所示。系统结构必须是开放式的，采用全以太网接入方式，方便与第三方系统进行集成。

系统设计总体要求如下：

（1）系统设计和设备配置必须充分反映实用性、先进性、扩展性及经济性。

（2）BAS 监控中心对建筑物内所有受控设备均可集中进行有效监控。

（3）该网络架构应该由各种级别的以太网设备组成，以保证通信效率。

（4）应以以太网通信为基础，由高性能的点对点（peer-to-peer）楼宇级网络、DDC 控制器、楼层级本地网络组成，其访问权限对用户完全透明，以便访问系统的数据或改进控制程序。

（5）所有动力机械设备在自动控制方式上，除了应该满足各自特定的启停及作息条件外，还必须兼顾与系统内其他设备、设施的因果及内在关系，保证系统的可靠和安全。

（6）所有受控设备在中央监控站停止工作时，均可在直接数字控制器的作用下实现就地控制。

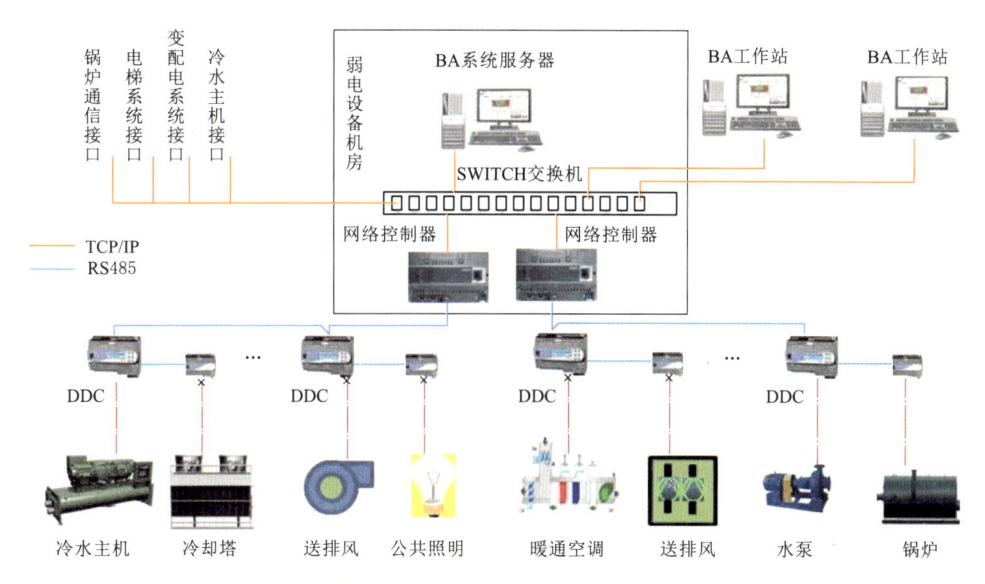

图 14.2.1　分布式三层集成模式

（7）当系统设置为手动操作模式时，所有的受控设备均可实现就地手动单独控制。

（8）当设备故障时，备用设备能快速自动投入使用，同时锁定故障设备。在未检修完好前不再投入使用。

（9）中央监控站应能显示所有监控设备的运行状态、故障报警、监测参数、调节设定值、实时记录每一次报警、离线、禁用、超越，并能协调处理一般的突发事件。系统调试完毕后，中央监控站应完全能够自动控制整个系统的日常运作。

工程范围

工程范围如图 14.2.2 所示。

空调系统：空调机组、新风机组、热回收新风机组、风机盘管、变风量（VAV）末端、VAV 空调机组等。

通风系统：送排风机、消防兼平时风机、事故风机、厨房补风机和油烟净化器等。

照明与电梯系统：公共区域照明、泛光照明、景观照明等，电梯及扶梯系统。

给排水系统：集水井、潜污泵、生活和消防水箱、生活水泵、减压阀组等。

冷热源系统：冷水机组、热水锅炉、板式换热器、冷热水循环泵等。

第三方接口系统：燃气锅炉、变配电系统、中水系统、在线水质监测系统、雨水回收系统等。第三方系统接口通常是指只监不控，由于这些设备通常内部有自控软件，因此只要将自控系统与设备软件对接即可。

14.2.2　设备自控设计举例

热源来源是城市热力管网、锅炉、热水机组等。作为热源的热水或蒸汽，一般是通过换热器，得到二次热水再供给中央空调系统（空调机组、新风机组、风机盘管

第14章　建筑环境自控案例

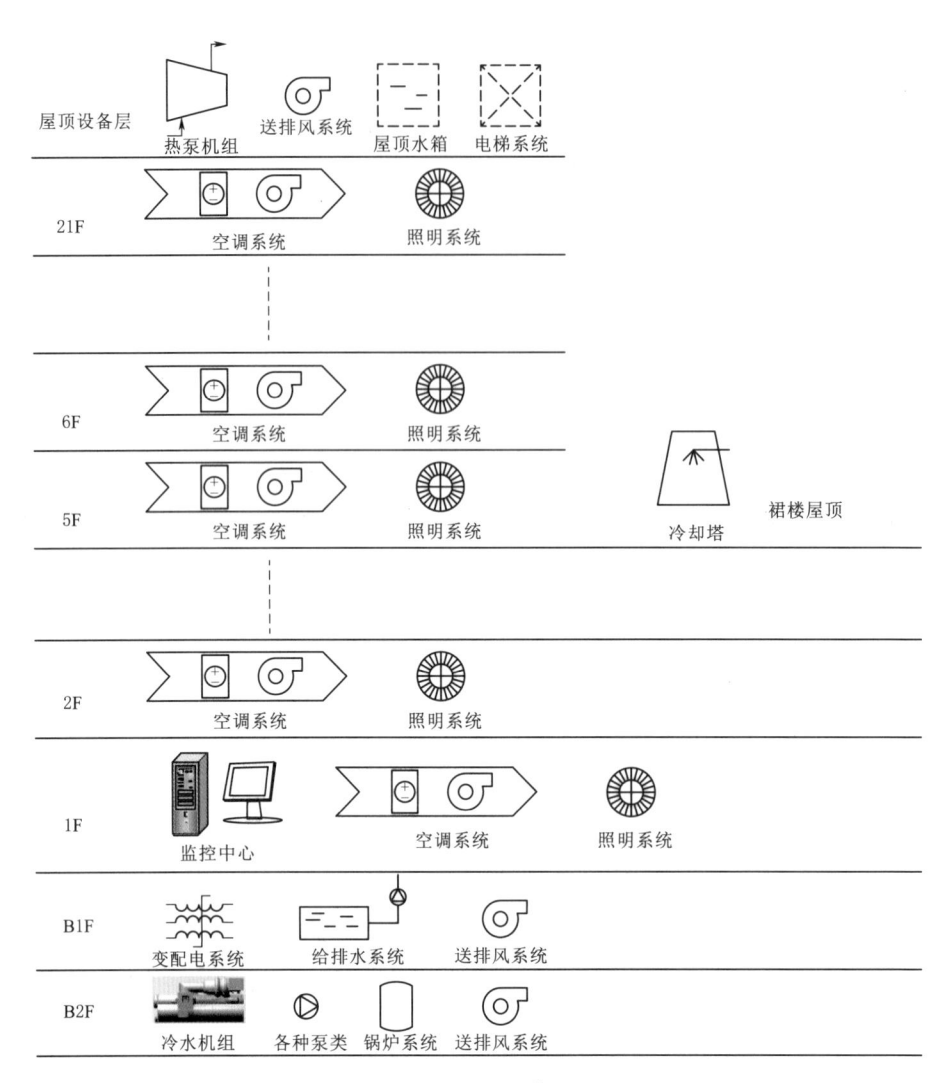

图 14.2.2　工程范围图

等），通常是 60℃ 的热水。DDC 监测换热器二次侧水温度，来调节一次侧（水蒸汽、热水）阀的开度，并根据换热器二次侧回水温度，来确定热水循环泵的启/停。热源系统的监控如图 14.2.3 所示。

送排风机的监控主要是监测风机的运行状态、故障报警和手自动状态。监测空气质量，当该区域的空气质量超过设定值时，系统自动运行相应的送风机和排风机，以使空气质量达到合理的要求。定时自动控制风机的启停可避免由于人员操作不及时产生的能源浪费；各风机运行状态信号在主机上集中显示可使管理人员在楼层平面图上方便地掌握各风机的工作状况。送排风机的监控如图 14.2.4 所示，风机盘管的监控如图 14.2.5 所示。

其他主要设备的监控图可参考本书第 12~13 章，其设计内容与自控策略类似。关于本案例的完整设计内容及其后附的设备选型清单，请扫码查看。

链接 14.1　完整楼宇自控系统设计方案

14.2 办公楼的应用案例

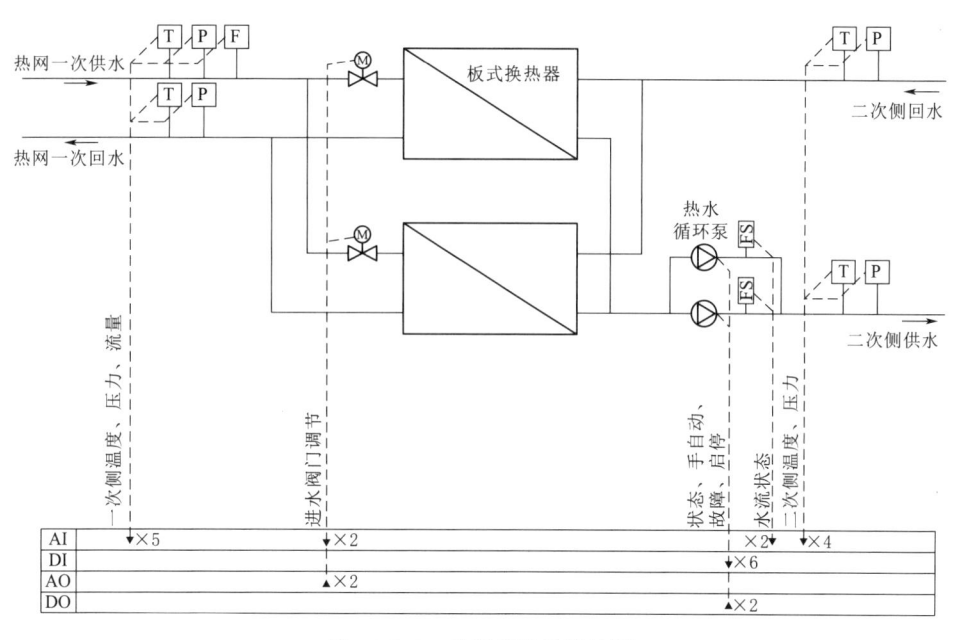

图 14.2.3 热源系统的监控图

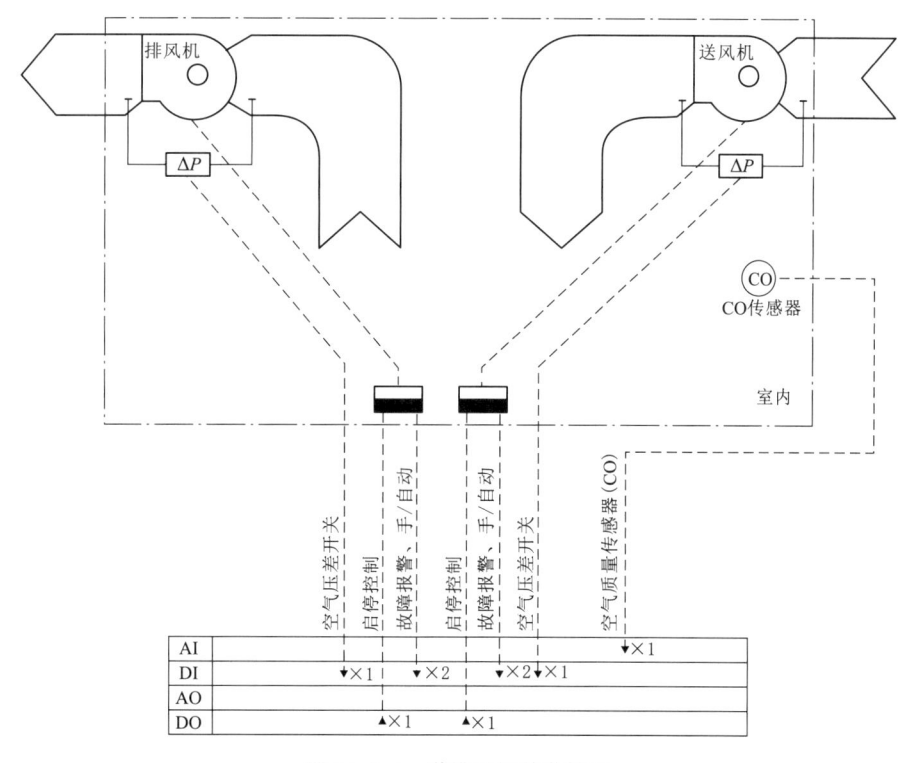

图 14.2.4 送排风机的监控图

第 14 章　建筑环境自控案例

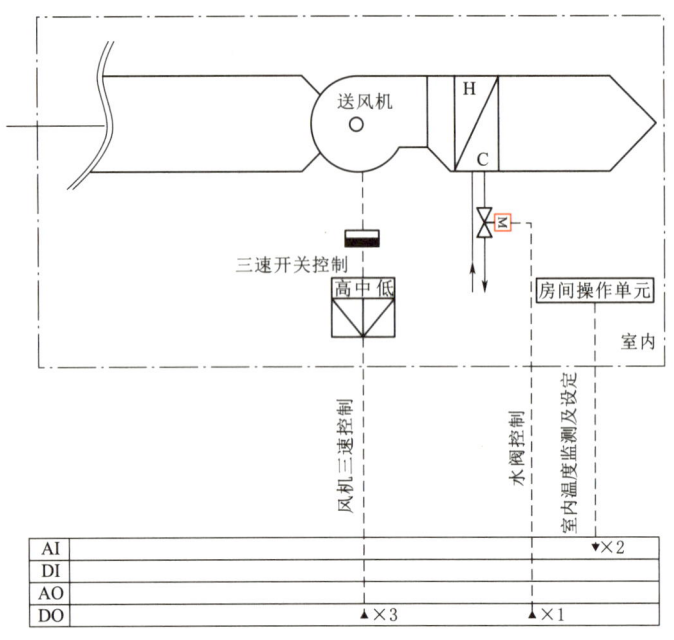

图 14.2.5　风机盘管的监控图

14.3　数据机房的应用案例

数据机房动力环境监控系统是一种针对数据中心、服务器机房等关键设施的综合性管理系统，用于实时监测和控制机房内的各类动力设备（如 UPS、配电柜、发电机等）、环境条件（如温湿度、空气质量、漏水、烟雾等）以及安防状况（如门禁、视频监控等），以确保机房内设备正常运行，保障数据安全及业务连续性。

温湿度监控：通过温湿度传感器，实时采集机房各区域的温度和湿度数据，当超出预设阈值时立即报警，防止高温导致设备过热故障或湿度过高引发的电子元器件锈蚀。温湿度传感器布局和监测网络如图 14.3.1 和图 14.3.2 所示。

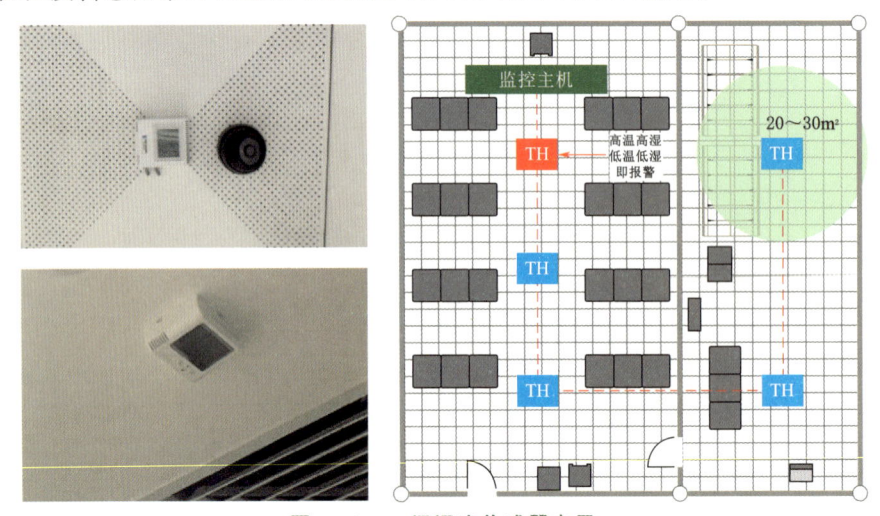

图 14.3.1　温湿度传感器布局

14.3 数据机房的应用案例

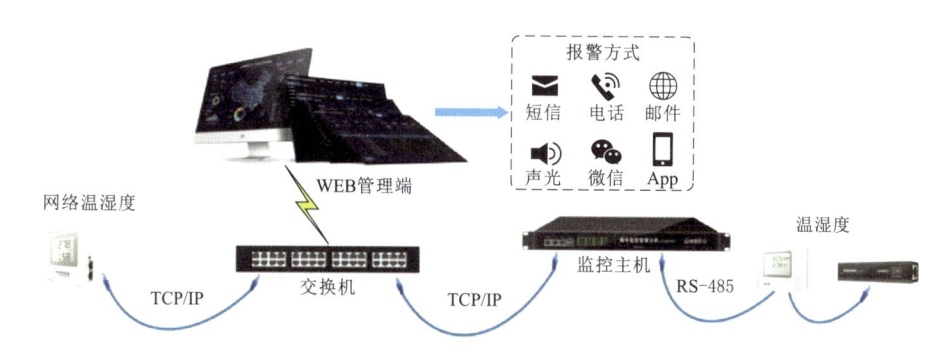

图 14.3.2　温湿度监测网络图

空调监控：监测精密空调的运行状态，对环境重要参数进行监测，包括回风温湿度、送风温湿度、设定温湿度等参数，以及空调部件状态、空调运行模式（制冷/制热/加湿/除湿/送风）、空调开关机控制等，实现精密空调的在线监测，实时掌握精密空调的发展趋势及当前状态。空调设备监控网络和远程界面显示如图 14.3.3 和图 14.3.4 所示。机房环境自控如图 14.3.5 所示。

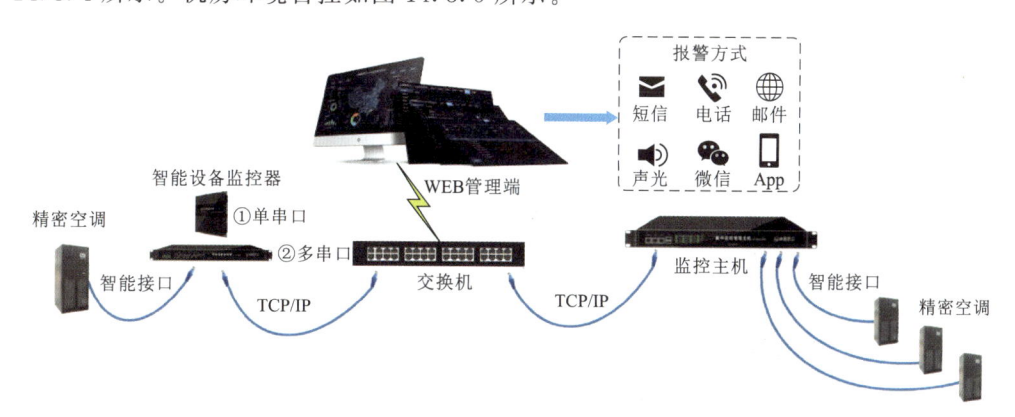

图 14.3.3　空调设备监控网络图

图 14.3.4　远程界面显示

217

第 14 章 建筑环境自控案例

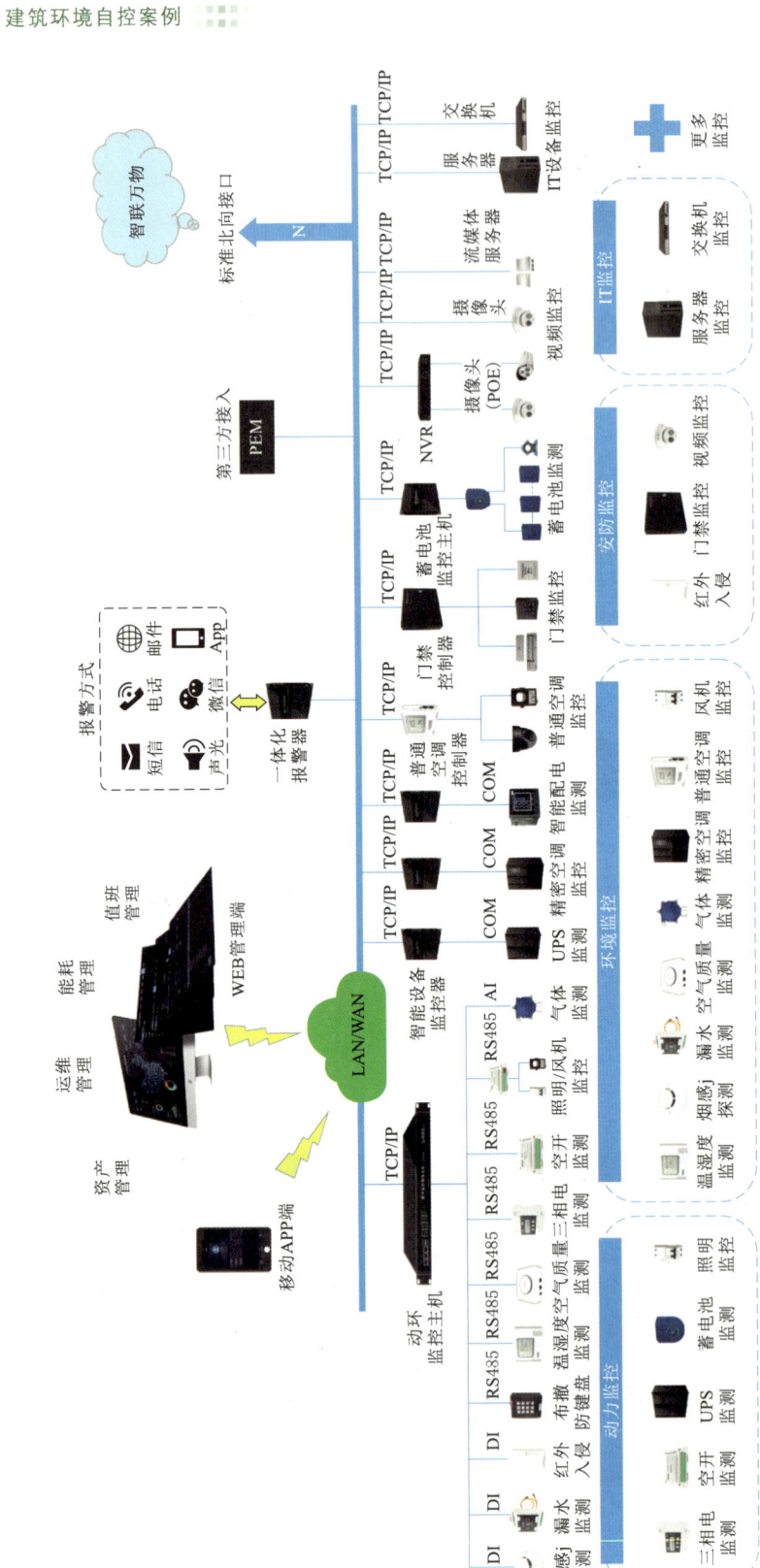

图 14.3.5 机房环境自控示意图

14.4 智慧农业应用案例

14.4.1 智慧农业示范园环境监控

环境监控在智慧农业解决方案中的背景源于人们对食品安全问题日益密切的关注以及现代农业向绿色化、科技化转型的需求。智慧农业示范园区则被寄予厚望，要求通过物联网、大数据等先进技术手段改善农业生产管理水平，确保农产品从源头到餐桌的全程质量可控。在这样的背景下，环境监控系统成为智慧农业的核心组成部分之一，它覆盖了种植基地、水源地、度假区等多种场景，通过部署一体化气象站、各类传感器以及视频监控设备，实现对农业生产现场的全面监测。智慧农业示范园区布置见表14.4.1，自控示意图如图14.4.1所示。

表 14.4.1　　　　　　　　　　智慧农业示范园区布置

位置	规 划 建 设 内 容
制高点	在各制高点部署一体式气象站，监测气象情况
种植基地	环境监测：$PM_{2.5}$颗粒物监测仪、温度传感器、湿度传感器、光照度传感器、一体式小型气象站
种植基地	土壤监测：土壤pH值传感器、二氧化碳传感器、温湿度传感器等
种植基地	灌溉控制：水压监测、流量监测与控制、电子阀门等
种植基地	供电及网络系统：太阳能取电、蓄电、供电系统，路由器、交换机、无线RP
水源基地	环境监测：$PM_{2.5}$颗粒物监测仪、温度传感器、湿度传感器、光照度传感器、一体式小型气象站
水源基地	水质监测：pH值传感器、余氯传感器、溶解氧分析仪、电导分析仪
度假别墅酒店区	$PM_{2.5}$颗粒物监测仪、温度传感器、湿度传感器、光照度传感器、一体式小型气象站

具体自控策略包括以下几个方面：

（1）实时监测。系统实时收集空气温度、湿度、光照、降雨量、风速风向、土壤温度湿度、pH值、EC值等气象和土壤参数，以及水质监测，如水的pH值、余氯、溶解氧和电导率等指标，确保环境适宜农作物生长。

（2）防灾预警。通过对长期数据的记录和分析，可以根据气象变化趋势预测自然灾害，制定预防措施，避免损失。

（3）自动调控。根据监测数据自动调整农田灌溉、施肥、遮阳等操作。例如，当土壤湿度低于预设阈值时，系统可远程启动灌溉系统，并在土壤湿度满足需求后自动停止灌溉，节约水资源的同时优化作物生长环境。

（4）远程监控。利用视频监控设备，不仅可以观察作物生长情况，防止人为破坏、病虫害和火灾等意外，还能够通过信息发布系统与农户、消费者等互动，展示生产过程透明度，提升信任度。

（5）智能决策。结合数据分析，农技人员可获得精准的执行力分析报告，通过自

图 14.4.1　智慧农业示范园区自控示意图

动流程管理功能优化作业流程，并基于标准流程管理确保各项农事活动按时高效完成。

（6）种植自动化。根据实时监测的土壤湿度和气象数据，通过智能灌溉系统自动控制灌溉的时间、频率和水量，实现按需灌溉，既能保持土壤适宜的湿度，又能节约水资源。当监测到光照不足时，可以启动补光灯。当温湿度过高或过低时，通过通风、降温或加湿装置调整室内或大棚环境。农药与肥料施用，根据作物生长阶段和环境监测结果，自动或半自动施放适量的肥料和农药，确保用药安全和营养供应恰到好处。

14.4.2　养猪场环境监控

养猪场环境监控与自控策略是智慧养猪解决方案的核心组成部分，旨在通过高科技手段优化猪场环境条件，确保生猪健康生长，降低疾病风险，提高养殖效率，同时减少人力投入和成本，需要实现的功能如图 14.4.2 所示。

首先，在环境监控方面，智慧养猪解决方案利用物联网技术部署了一系列智能感知设备，如温湿度传感器、光照强度探测器、氨气浓度监测仪以及供电状态监控设备，这些设备实时监测猪舍内部的空气温湿度、光照、有害气体浓度以及电力供应状况。一旦发现不利于猪只生长的环境因素超标，系统将自动发出预警通知，以便管理人员及时采取调控措施，维持猪舍环境处于适宜生猪健康生长的最佳状态。

其次，在自控策略上，智慧养猪系统集成了智能环控系统，能够根据预设的标准阈值和实际监测到的数据，自动调节猪舍的通风、加热、降温、除湿等功能，保证猪

14.4 智慧农业应用案例

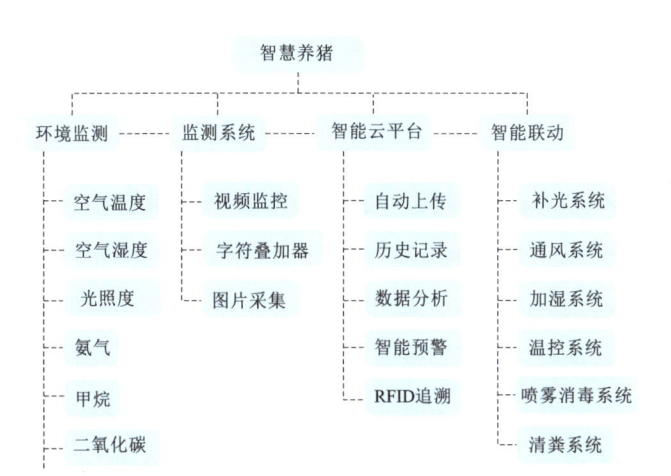

图 14.4.2 智慧养猪场的功能示意图

舍内的微气候稳定。例如，通过联动控制系统，当室内温度过高或过低时，空调或加热设备会自动启动或关闭；而当氨气浓度过高时，通风设施会增强换气功能。

此外，通过视频监控与 AI 图像分析技术，不仅实现了猪舍的可视化管理，还能够借助视频画面智能识别猪只的活动行为和饮食状态，如图 14.4.3 所示，进而实现按需精确饲喂，避免浪费饲料，同时也能够通过视频数据估计猪只的体重，帮助农场主准确判断出栏时机。

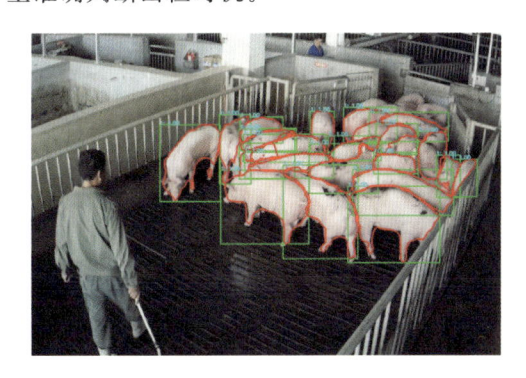

图 14.4.3 智慧养猪场的监控分析和热成像测温

在猪瘟防控方面，该方案还特别强调了对猪体测温和外来人员、车辆的严格管理。通过热成像设备实时监测猪体体温，如图 14.4.3 所示，出现异常时立即通知管理员，防止疫情扩散；同时采用人脸识别和车牌识别技术，结合严格的车辆清洗消毒流程，确保进出猪场的人员和车辆符合生物安全要求，杜绝非洲猪瘟等疾病的入侵。

关于更多智慧养猪厂的内容，请扫码查看。

链接 14.2
智慧养猪厂设计方案

第 15 章 人工智能与建筑环境

人工智能与物联网技术在建筑环境中的集成应用正积极推动建筑智能化进程,尤其在空调负荷预测、供暖系统优化调度等方面展现出了巨大潜力。通过机器学习算法如神经网络,可精准预测建筑物空调所需冷热量,助力节能降耗和优化用户体验。同时,AIoT 技术通过整合智能设备与大数据分析,不仅实现空调系统实时监控与智能调控,还在综合能源管理上发挥了重要作用,例如针对机场供暖系统建立多目标优化模型,平衡运行成本与碳排放,实现资源高效配置。此外,智能视觉系统实时监测人员分布和热舒适状态,动态调整 HVAC 系统,实现个性化舒适度管理与节能环保。随着 AIoT 技术的深入发展,智能建筑正在逐步走向更高能效、更绿色环保的未来。

15.1 机器学习预测空调负荷

空调负荷是指空调系统在某一时间段内为维持室内舒适温度所需的冷热量,它受多种因素影响,包括但不限于室外气候条件(如温度、湿度、太阳辐射)、室内人员活动、照明、设备散热以及建筑本身的特性(如保温性能、窗户面积等)。为了优化空调系统的运行效率、节能降耗并保证用户舒适度,精准预测空调负荷显得至关重要。

利用人工智能(artificial intelligence,AI)预测空调负荷,通常会采取机器学习(machine learning,ML)方法,尤其是人工神经网络(artificial neural networks,ANNs),如径向基函数(radial basis function,RBF)神经网络和误差反向传播(backpropagation,BP)神经网络等。

15.1.1 机器学习介绍

机器学习是一种让计算机自己"学习"和"进步"的技术,就像人类通过经验积累知识一样。通俗地说,想象你教一个小孩认识动物,并不是每种动物都一一列出规则告诉他这是什么动物,而是给他看许多不同动物的图片和例子,让他自己总结规律,下次看到新动物时,根据之前的经验就能猜出大概属于哪种类型。

在机器学习中,计算机系统不是通过明确编程来执行特定任务,而是通过分析大量数据(如图像、文本、声音等)来找寻隐藏的规律和模式。一旦计算机学会了这些规律,它就能做出预测、分类、识别或决策,即使面对从未遇到过的数据,也能灵活应对。机器学习过程示意图如图 15.1.1 所示。如果你想训练电脑学习下围棋,你不需要给它写几千条关于如何下围棋规则和技巧的代码指令,而是给它展示成千上万套棋谱的数据集。机器学习算法会通过这个数据集自我学习和调整，最终形成一个模型，这个模型能用来下围棋。

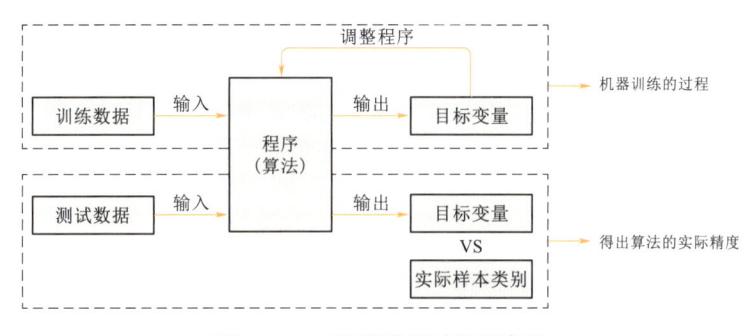

图 15.1.1　机器学习过程示意图

机器学习的几个关键要素如下：

数据与特征：数据是机器学习的基础，包括训练集和验证集，用于模型学习和性能评估。特征工程是提炼和转化原始数据为有意义的输入形式的过程。训练集是模型直接学习的数据集，模型会根据这些数据来调整和优化其内部的参数。简单说，训练集的作用就是让模型学会如何根据输入（特征）来预测输出（标签或目标变量）。模型通过学习这些训练数据，摸索出输入和输出之间的内在规律，调整自己的参数，力求在训练集上表现得越来越好，就如同运动员通过反复练习和纠正动作，提高运动技能一样。

模型与算法：模型是学习和推断的结构，如线性模型、决策树、神经网络等。算法则是训练模型的方法，如监督学习算法（如逻辑回归、支持向量机、神经网络训练等）和无监督学习算法（如聚类、降维等）。

优化过程：包括训练过程和参数更新机制，如通过反向传播调整神经网络权重，使用优化器（如梯度下降法及其变体）最小化损失函数以改善模型性能。

评估与验证：通过定义合适的损失函数和性能指标，利用验证集或交叉验证进行模型评估，以检验模型的泛化能力和选择最佳模型参数。

15.1.2　空调负荷预测过程

在空调负荷预测中，机器学习的应用分为以下几个部分：

首先是数据收集。收集历史空调负荷数据，包括但不限于每日/小时级别的负荷数值、室内外温度、湿度、太阳辐射、建筑使用情况（如入住率、用电设备使用情况）等。对收集到的数据进行预处理，包括清洗异常值、填充缺失值、标准化、归一化等，以便于后续模型训练。从原始数据中提取或创建有意义的特征，比如根据气象数据计算舒适度指数、考虑节假日和季节效应等。

然后是选择合适的模型与训练，根据问题特点选择合适的机器学习模型，可能是线性回归、决策树、随机森林、支持向量机、循环神经网络（如 LSTM）或深度学习模型等。使用训练集数据训练模型，通过优化算法（如梯度下降）更新模型参数，使得模型预测的空调负荷与实际负荷的误差最小化。假设我们使用一个基于 LSTM（长短时记忆网络）的模型来预测一栋办公楼的次日空调负荷。首先收集过去一年的逐时空

调负荷数据，以及相关的气象信息和办公楼使用情况数据。在预处理阶段，将数据进行填充缺失值和归一化处理，并生成连续时间窗口内的历史负荷作为输入特征。然后搭建 LSTM 模型，通过训练集数据训练模型，让模型学习到负荷随时间和气象条件的变化规律。

最后是模型验证与评估，使用验证集或交叉验证来评估模型的预测准确性，常用指标包括均方误差、平均绝对误差等。根据验证集上的表现，可能还需要进一步优化模型参数或重新训练模型。

某地铁车站空调负荷预测

地铁车站因其高密度的人流活动、复杂的空间布局和严格的环境控制需求，使得其空调系统的能耗相当可观，占整个车站总能耗的 30%～50%，节能潜力巨大。为了有效降低能耗并实现空调系统的智能优化运行，准确预测地铁车站的空调负荷至关重要。

数据来源：选取广州某换乘地铁车站作为研究对象，数据来源于该车站的能耗监测平台，该平台提供了空调系统运行数据、室外气象参数以及多点 CO_2 浓度监测数据。该车站具备较大规模的设计客流量，并且对各种参数进行了长期实时监测。由于原始数据缺失客流量等关键参数，研究人员通过间接方式解决，例如用 CO_2 浓度数据替代反映客流量变化。对于缺失值和异常数据，采取统计学方法和机器学习算法（如 k 近邻算法）进行填充和处理。

关键影响因素识别：通过对历史数据进行分析，确认客流量、室外气象参数和列车行车对数是影响地铁车站空调负荷的主要因素，其中客流量尤为重要。同时 CO_2 浓度可以有效代表地铁车站的动态客流量。

空调负荷预测模型：研究人员采用了两种主流的机器学习算法——误差反向传播神经网络（back propagation neural network，BPNN）和支持向量机（support vector machine，SVM）算法进行预测。分别使用不同时间尺度的历史数据（如过去 1～4 个月的数据）训练 BPNN 和 SVM 模型，并在一个典型周（包括工作日和非工作日）的测试集中进行预测效果对比。结果显示，两种算法在不同时间尺度下的预测精度都很高，R^2 均大于 0.95，表明预测效果良好。虽然两种算法预测精度相近，但 SVM 算法的计算时间是 BPNN 算法的 3～4 倍。因此当面对大数据量时，推荐使用 BPNN 算法进行地铁车站空调负荷预测。

15.2 机器视觉调控室内环境

15.2.1 视觉识别人员分布

传统智能空调系统往往受限于热惯性（与室内空间与围护结构相关）、温度传感器响应滞后等问题，导致无法实时适应室内人员数量变化带来的负荷波动，进而影响室内环境的舒适度和能源效率。

基于机器视觉的室内环境控制系统的基本思想是利用智能摄像头捕捉和识别室内

人员的数量和分布情况，这种技术能够在短时间内精确统计出入室人数，并将数据实时传输至工控机。工控机根据预设的理论公式和算法，快速计算出由于人员增减引起的冷负荷变化和新风需求，进而及时调整空调系统的送风量、新风阀开度以及其他相关设备的运行参数，实现对空调系统的按需智能调节。视觉识别人员分布原理示意图如图 15.2.1 所示。

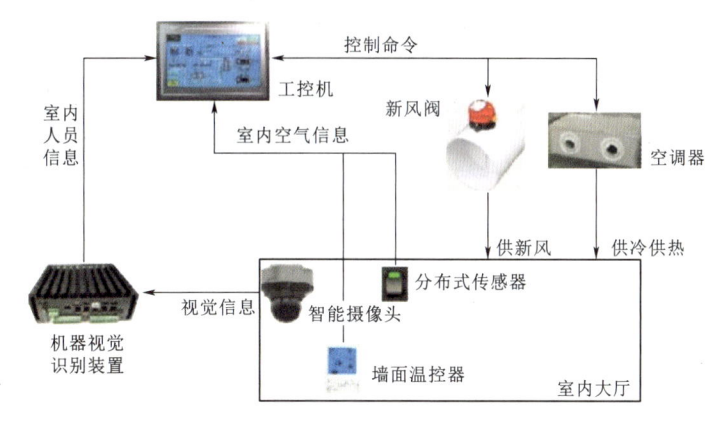

图 15.2.1 视觉识别人员分布原理示意图

具体实现步骤包括以下几个方面：

系统框架设计：通过智能摄像头进行人员计数，系统架构连接智能摄像头与工控机，将人员数据转换为室内负荷的动态变化信息。

智能控制策略：在原有变风量空调系统控制策略的基础上，引入人员数量作为控制变量，将人数变化与送风量调节直接关联，利用 PID 控制器的改进形式，将人数影响因子加入控制模型中，从而使空调系统能够更快地响应室内负荷变化，避免过度供冷或供热量不足。

核心设备：采用双目摄像头等机器视觉设备进行精准的人流量监测，通过头肩检测和双目测距原理实时追踪人员进出情况，收集的数据不仅包括人数，还包括人员在室内的活动规律、负荷分布等信息，用于指导空调系统精细化调节。

通过这样的系统设计，基于机器视觉的室内环境控制系统可以大幅缩短空调系统的响应时间，减少室内环境质量的波动，确保在不同人数状态下维持适宜的温度、湿度和风速，提高室内人员的舒适度，并且在人数减少时及时降低空调供冷量，从而显著提升空调系统的节能效果。实证研究表明，该系统在特定场合下能够实现约 16% 的节能率。

双目视觉传感器利用仿生学原理，模仿人眼的工作方式，通过两个摄像头同步拍摄并分析同一场景下的图像差异，构建深度图以获取三维空间信息，从而实现对室内环境及其中人物的精细感知和分析。双目视觉传感器及识别效果如图 15.2.2 所示。

在计算房间内人数及其分布的过程中，双目视觉传感器首先会对捕获的立体图像进行深度解析，通过复杂的图像处理算法识别并分离出具有人体特征的区域，包括身高、轮廓、动作模式等要素。对于多人场景，传感器能通过密集匹配和目标分割技

图 15.2.2　双目视觉传感器及识别效果

术，精确区分并跟踪每个独立的人体目标。进一步地，通过对连续图像序列进行智能分析，传感器不仅能实时更新房间内人数的变化，还能记录每个人的位置变动情况，进而描绘出人群在室内的分布状况。比如，当人员进出房间或在房间内移动时，系统能实时反映这种位置变化，生成动态的人群分布热力图或其他形式的空间布局数据。因此，双目视觉传感器不仅能够高效准确地计算房间内的总人数，还能够基于其强大的三维空间感知和实时跟踪能力，详细描绘出人员在室内的具体分布情况，为智慧管理、安全监控等多种应用场景提供有力的数据支持。

15.2.2　红外视觉识别人员热感觉

红外识别热舒适技术对热环境控制带来了诸多益处，其中包括实现了精细化、个性化的舒适度管理。通过捕捉和分析人体红外热图像，系统能够实时监测个体在不同环境和活动状态下的热舒适状态，而非依赖单一的环境参数或固定的人体热舒适模型。这种方法允许 HVAC 系统实时、精准地根据个体的实际需求调整温度、湿度等环境参数，确保每个用户的热舒适需求得到满足，系统提高了热环境控制的智能化程度，有助于节省能源、提升能效，同时确保了用户在各类环境中的舒适、安全与健康。

利用红外视频识别热感觉主要是通过捕捉人体发出的红外辐射，转化为热图像，再结合深度学习技术进行特征提取和分析，从而精准识别并预测人体在不同环境和活动状态下的热舒适程度及其健康状况。比如人员在轿车内，可见光和红外摄像头实时捕获人脸信息，并深度学习，只提取其关键特征信息来判断驾驶员的冷热状态，从而进行温度优化，其流程如图 15.2.3 所示。有研究表明，在"冷"热舒适状态下，面部皮肤温度通常较低（18～25℃），只有额头和眼角的温度相对较高（30～32℃）。在"中性"热舒适状态下，不同区域的面部皮肤温度在 29～32℃ 范围内。在"热"热舒适状态下，整个面部的温度相对相似，通常超过 32℃。而不同热状态下，其面部的热成像图形的强度分布也不同，如图 15.2.4 所示。

基于训练好的模型，无论是车厢内还是飞机舱、会议室还是电影院，该系统能够通过输入实时的红外热成像和可见光图像，输出人体当前的热舒适状态。据模型预测结果，智能 HVAC 系统可根据个人或群体的热舒适需求动态调整室内环境参数，如

15.2 机器视觉调控室内环境

图 15.2.3　识别人员热感觉流程

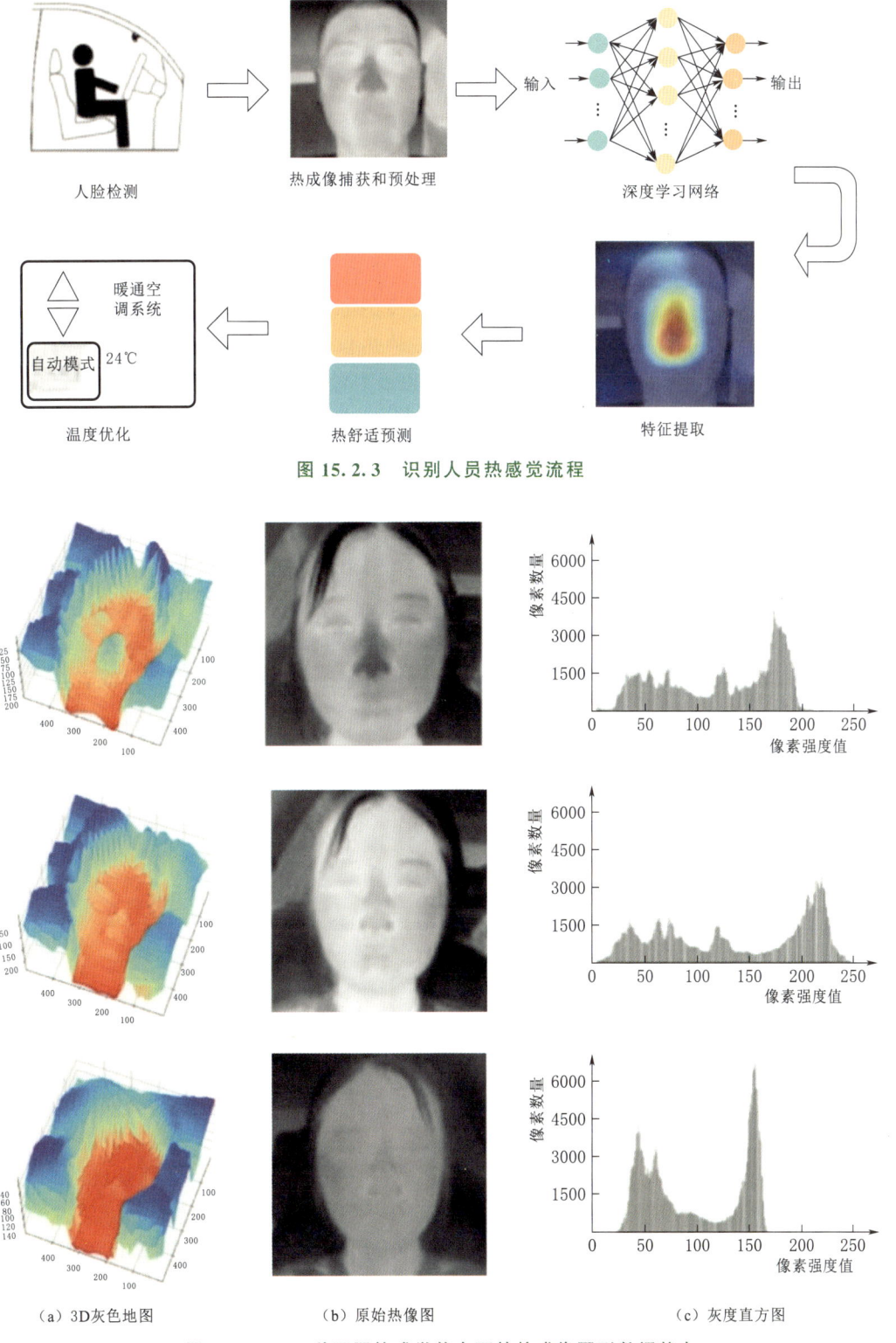

人脸检测　→　热成像捕获和预处理　→　深度学习网络

温度优化　←　热舒适预测　←　特征提取

（a）3D灰色地图　　（b）原始热像图　　（c）灰度直方图

图 15.2.4　三种不同热感觉状态下的热成像图形数据状态

227

空气温度、湿度、风速等，实现个性化和动态化的热舒适控制，确保空间内环境始终处于令用户感到舒适的状态。

15.2.3 行为姿势识别人员热感觉

热自适应是指个体在面临过热或过冷的室内环境时，通过自身主动采取的一系列生理或行为措施，以适应周围环境温度变化，使自身保持在一个相对舒适的热状态的过程。在办公建筑中，当办公人员感到热不适或冷不适时，他们会采取不同的自适应行为以缓解这种不适感。研究表明，在冬季的办公环境中，室内温度低至23℃左右时，预计超过80%的办公人员会采取加衣服、搓手等行为来适应寒冷环境。加衣服行为的发生概率要高于搓手等其他行为。在夏季的办公环境中，当室内空气温度达到约28℃时，大约一半的办公人员会出现这三种热自适应行为：随着温度继续升高，热自适应行为的发生顺序发生变化，擦汗行为最为敏感，其次是用手/文件扇风，最后是与服装相关的抖上衣等行为。这是因为随着温度升高，办公人员不再有多余的衣物可供增减，所以与服装相关的热自适应行为的发生概率逐渐减少。不同性别的办公人员在热自适应行为上也有差异。例如，在寒冷环境中，女性相对于男性更容易增加衣物。而在炎热环境中，女性擦汗和抖上衣等行为的发生概率低于男性。此外，男性开始产生热自适应行为的温度比女性更低（约22℃），这可能是由于男性相对于女性在同等办公室环境下更容易感到热。

通过部署摄像头记录办公人员在不同热环境下的行为，通过计算机视觉技术和深度学习模型识别特定的热自适应行为，如在寒冷环境下穿衣、搓手取暖，或者在炎热环境下脱衣、扇风等。这些行为反映了办公人员对热环境的直接响应，通过识别这些行为及其频率，可以推测出人员当前的热感觉状态。并进一步优化办公环境的空调系统设定，以确保办公人员的热舒适性，同时也为节能减排提供了依据。

15.3 人工智能优化调度综合能源

15.3.1 综合能源系统介绍

综合能源系统（integrated energy systems，IES）是指将电力、热能、冷能、天然气等多种能源形式进行有效整合的系统。这种系统通过优化配置和调度，能够提高能源利用效率，降低能源消耗和环境排放，增强能源供应的安全性和可靠性。

随着全球能源需求的增长和可再生能源的广泛应用，综合能源系统成为实现能源转型和构建可持续能源系统的关键技术之一。在这样的背景下，人工智能技术的引入为综合能源系统的优化调度带来了革命性的变化。AI技术，特别是机器学习、深度学习和强化学习等子领域，提供了处理复杂系统和大量数据的能力，使得综合能源系统的调度更加智能化和自动化。某工业园区内的综合能源示意图如图15.3.1所示。

AI可以用于预测系统的负荷需求和可再生能源的产出，如风能和太阳能。通过准确地预测，系统可以更好地平衡供需，减少过剩或短缺的情况。例如，使用深度学

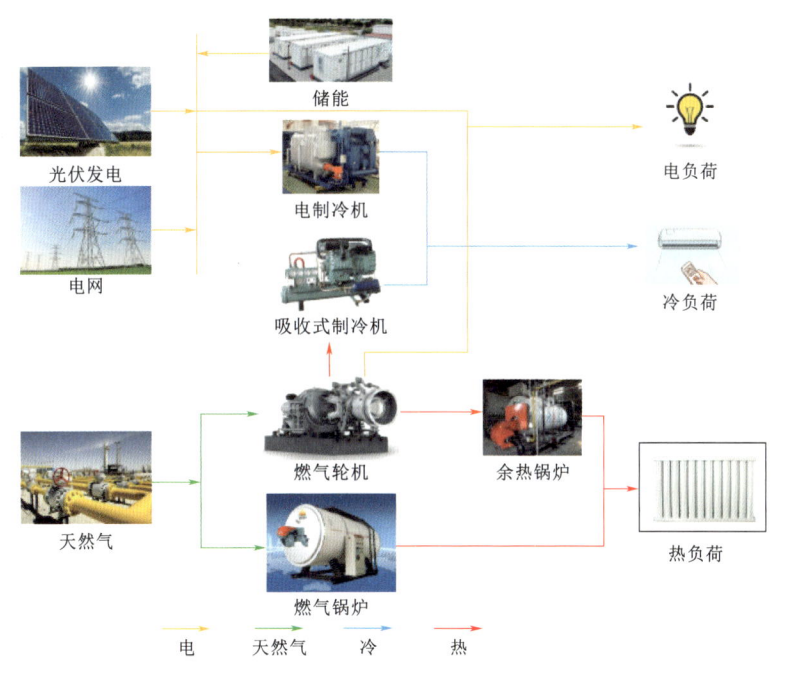

图 15.3.1　某工业园区内的综合能源示意图

习网络对负荷需求进行预测可以帮助调整发电计划，优化储能设备的使用。同时人工智能可以通过算法多目标寻优，优化能源交易和定价策略。通过分析市场数据和用户行为，AI 可以帮助制定成本更低的综合能源使用计划，并提高整个系统的经济效益。同理也可以制定最低碳的综合能源使用计划。

15.3.2　机场综合能源调控

机场的供暖系统采用三种热源，三种热源的使用比例随时间有变化，如图 15.3.2 所示。市政供暖（大唐热力）系统的运行费用包括循环水泵的运行电费和市政供暖的资源费用；中深层地热系统的运行费用包括热泵机组和循环水泵的运行电费，以及地热的资源费用；燃气锅炉系统的运行费用为循环水泵和燃气锅炉的运行电费，以及燃气费用。

实现运行费用最低的方案，需要建立一个多目标优化模型，该模型同时考虑了运行费用和碳排放量两个目标，大致步骤如下：

负荷预测：首先，通过收集机场供暖系统相关的多种影响因素数据，利用统计方法（如套索回归）进行相关性分析，挑选出对热负荷预测最为关键的影响变量。然后，采用数学形态学对历史热负荷数据进行聚类分析，找出与预测日相似的历史样本用于模型训练。接着，构建改进的树种算法优化的广义回归神经网络（MMC - ITSA - GRNN）模型来预测未来一段时间内的热负荷。

优化模型的建立：定义了一个以运行费用为目标函数的优化模型，该模型包括设备电费和热源资源费用。其中，设备电费根据峰平谷电价进行计算，热源资源费

229

第 15 章 人工智能与建筑环境

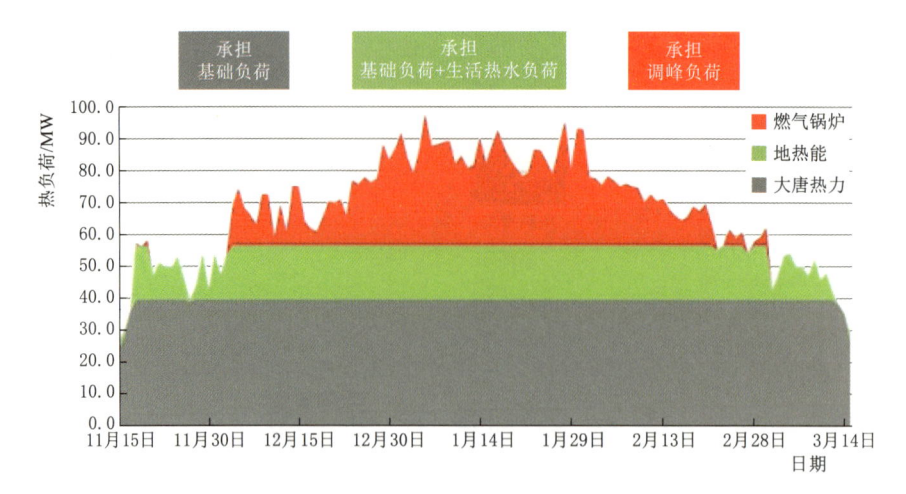

图 15.3.2 某机场供暖的综合热源最初方案

用则根据不同类型的热源（如市政供暖、中深层地热、燃气锅炉）进行具体的费用分配。

权重分配：在使用权重分析法时，为运行费用和碳排放量两个目标函数分配权重，以平衡两者在优化过程中的重要性。

算法求解：对优化模型进行求解，该算法能够有效地找到最优解，即在运行费用和碳排放量之间找到一个最佳的平衡点。得到运行费用最低的方案，其重新规划的每日的能源形式分配方案如图 15.3.3 所示，其效果见表 15.3.1。

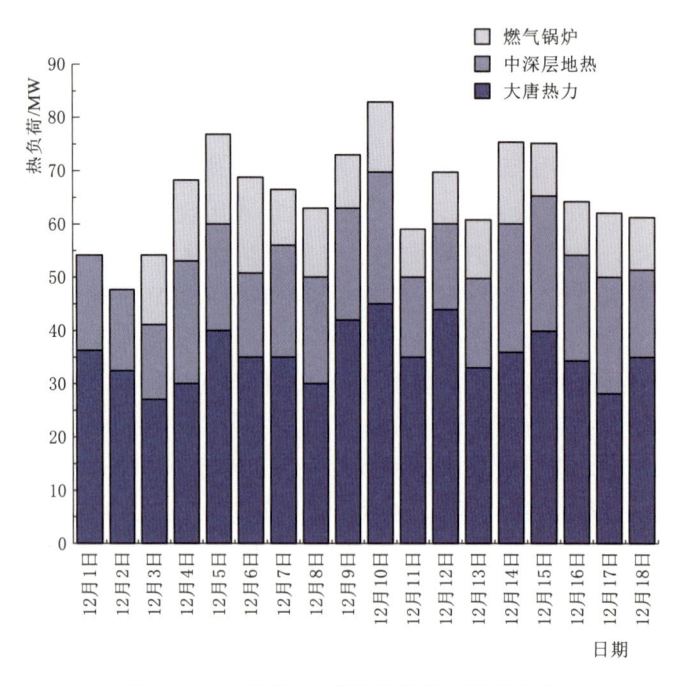

图 15.3.3 利用 AI 优化后的综合能源方案

表 15.3.1　　　　　　　　　优化前后的综合能源方案

日期	逐时热负荷/MW	优化前 运行费用/万元	优化前 碳排放量/t	优化后 运行费用/万元	优化后 碳排放量/t
12月1日	54.3	21.65	102.35	14.36	115.24
12月2日	47.6	18.51	99.48	10.21	86.85
12月3日	54.1	21.17	101.43	13.57	113.24
12月4日	23.0	9.18	47.55	4.58	36.57
12月5日	74.9	30.82	154.89	23.26	144.28
12月6日	68.8	28.78	142.67	19.93	136.34
12月7日	27.0	10.25	52.82	5.87	66.25
12月8日	63.3	26.07	130.64	19.28	125.52
12月9日	73.0	30.54	153.92	22.24	146.74
12月10日	72.9	30.21	150.38	22.54	136.41
12月11日	59.1	24.56	122.85	14.26	127.28
12月12日	69.9	28.73	145.61	21.46	158.25
12月13日	60.8	25.86	125.19	16.27	145.88
12月14日	75.5	31.73	158.82	23.61	173.25
12月15日	75.4	31.15	158.34	24.24	136.54
12月16日	64.4	26.74	134.52	18.32	102.83
12月17日	62.2	25.53	128.98	19.03	142.97
12月18日	61.3	25.14	125.76	17.22	106.28

15.4　人工智能与物联网的融合

15.4.1　AIoT 简介

AIoT（AI 和 IoT 的合并写法），即人工智能与物联网的结合，是一种融合了人工智能（AI）技术和物联网（Internet of Things，IoT）的技术体系。这种结合利用了物联网设备的广泛连接能力和数据收集特性，以及人工智能在数据分析、模式识别和智能决策方面的强大能力。在 AIoT 系统中，各种传感器和智能设备不断地从环境中收集数据，并将这些数据传输到云端或其他处理中心。人工智能算法随后对这些数据进行分析，以识别模式、预测趋势、优化操作和自动化决策。这种技术融合使得设备不仅仅是被动地收集数据，而是能够主动地提供智能解决方案，提高效率和效果。

具体来说，在建筑中，AIoT 技术可以通过智能安防系统提高安全性，利用智能家居设备提升居住体验，通过室内定位和导航技术优化服务和互动，以及通过智能照明和环境监测系统改善室内环境。此外，AIoT 还能够实现建筑能效的智能管理，通过预测性维护减少设备故障和维护成本，并通过数字化运营平台实现建筑管理的高效化。这些技术的综合应用，不仅提升了建筑的智能化水平，还为建筑管理者和使用者带来了更高的效率和舒适度，同时也推动了建筑行业向更加绿色和可持续的方向发展。随着 AIoT 技术的不断进步，其在建筑领域的应用前景将更加广阔，为建筑行业带来更多创新和变革的可能性。

15.4.2 AIoT 空调节能平台

基于人工智能（AI）与物联网（IoT）的空调系统节能平台被称为 AIoT 空调节能平台，结构示意图如图 15.4.1 所示。

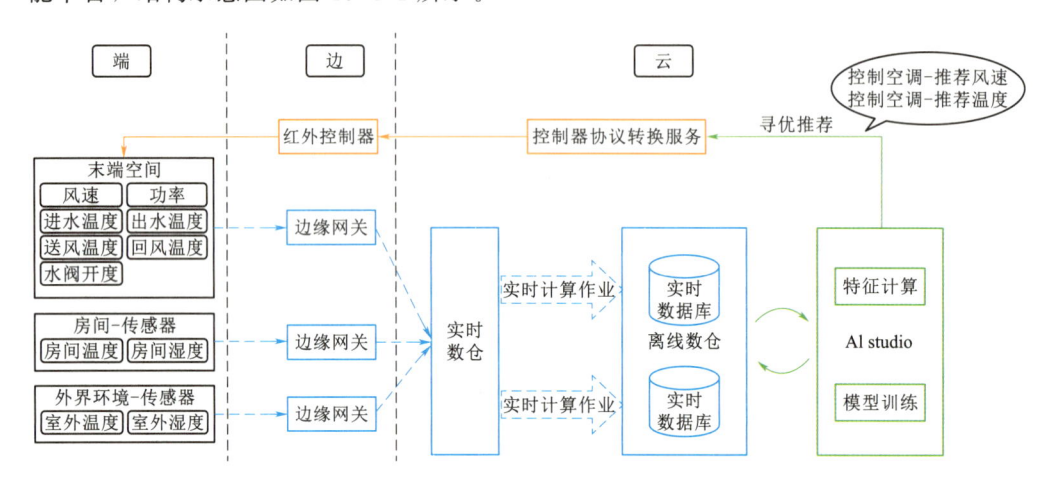

图 15.4.1 AIoT 空调节能平台结构示意图

AIoT 空调节能平台构成包括以下关键部分：

（1）物联网设备与传感器。包括室内温湿度传感器、人体移动感应器、电量监测模块等，它们负责实时收集医院空调系统运行和室内环境的数据。物联网技术使得这些设备能够互联互通，并将数据传输到中央处理系统。

（2）边缘计算与网关。边缘计算设备位于系统架构的"边缘"，负责初步处理和分析从传感器收集的数据，减少数据传输的延迟和带宽需求。边缘网关则负责适配不同设备的传感器协议，并将处理后的数据上传到云端。

（3）云平台与数据中心。云平台提供强大的数据存储、计算和分析能力，是系统的核心。数据中心基于云原生架构，实现数据汇集、清洗、分析、展示及物联网运维等功能。

（4）人工智能算法与模型。AI 模块位于系统的核心，负责关联物模型，进行特征计算和模型训练。通过机器学习算法，如树模型，系统能够实现制冷能耗的拟合预测、业务保障预测和综合参数寻优。

（5）控制系统与用户界面。控制系统根据 AI 模块的推荐和优化算法，自动调整空调末端的运行参数，如风速和温度。用户界面允许管理人员监控系统状态，调整设置，并接收节能建议。

该平台用于空调节能的实施步骤如下：

数据收集与准备：利用物联网设备，如温度、湿度和电力消耗传感器，收集医院空调系统运行的实时数据。这些数据包括室内外温度差异、人员流动模式、空调使用频率等，为模型训练提供基础数据。

特征工程：对收集到的数据进行预处理，包括数据清洗、归一化、特征选择等，以确保数据质量并提取对节能策略有用的特征。特征工程是模型训练的关键步骤，它决定了模型能够从数据中学到哪些信息。

模型构建与训练：使用机器学习算法，如回归分析、神经网络或强化学习等，构建能耗预测和控制策略的 AI 模型。通过将处理过的数据输入模型，模型学习识别能耗模式和环境变化之间的关系，从而能够预测未来的能耗趋势和制定节能措施。对训练好的模型进行评估，使用验证集和测试集来测试模型的准确性和泛化能力。根据评估结果，调整模型参数或选择不同的算法，以提高模型的预测精度和节能效果。

实时预测与控制：训练好的模型被部署到实际的医院空调系统中，实时分析传感器数据并预测能耗。基于模型的预测，AI 系统自动调整空调运行参数，实现更加精确和高效的能源管理。随着时间的推移，系统持续收集新的运行数据，并将其用于模型的持续训练和优化。通过不断迭代，模型能够适应环境变化和用户行为的变化，从而提高节能策略的长期有效性。

本节只介绍了利用人工智能与物联网构建空调节能平台。同时利用人工智能与物联网还可以用来监控能耗和碳排放，以及整个商业建筑的全面的智能化与可视化。请继续阅读资料。

链接 15.1 物联网技术的智慧楼宇运营管理平台

链接 15.2 智慧校园碳中和能耗管理平台解决方案

参考文献

[1] 苏醒，王磊，田少宸，等．基于动态客流量模型的地铁车站空调负荷预测 [J]．同济大学学报（自然科学版），2022，50（1）：114 - 120．

[2] 崔治国，曹勇，魏景姝，等．数据挖掘技术在建筑暖通空调领域的研究应用进展 [J]．建筑科学，2018，34（4）：85 - 97．

[3] 谢宜鑫．基于机器学习的建筑空调能耗数据挖掘和模式识别 [D]．北京：北京交通大学，2019．

[4] 李文强．基于空调系统数据预测的能耗优化策略及不确定性对其影响分析 [D]．长沙：湖南大学，2022．

[5] 唐明武，李果，刘盼龙，等．基于深度学习的红外图像人体参数识别研究 [J]．东北电力大学学报，2022，42（4）：18 - 27．

[6] 郑佩萍．办公建筑室内人员热自适应行为识别与热舒适性评价研究 [D]．广州：广州大学，2023．

[7] 明峥．基于柔性感知的人体运动热舒适检测及健康预警研究 [D]．南京：南京邮电大学，2023．

[8] 赵玥．基于机器视觉的室内环境控制系统研究 [D]．北京：北方工业大学，2023．

[9] MIAO Z H, TU R. A novel method based on thermal image to predict the personal thermal comfort in the vehicle [J]. Case Studies in Thermal Engineering，2023，45：102952．

[10] 惠蕾蕾．某机场多热源供暖系统负荷预测与优化调度研究 [D]．西安：西安建筑科技大学，2022．

[11] 柏馨柔．基于某含冷热电联供工业园区的区域综合能源系统优化调度策略研究 [D]．重庆：

重庆理工大学，2022.
- [12] 杨玉．考虑风光消纳的工业园区电-热-气优化调度模型研究 [D]．北京：华北电力大学，2022.
- [13] 单永新．基于人工智能与物联网的医院空调系统节能策略效果研究 [J]．中国医院建筑与装备，2023，24（12）：94-100.
- [14] 张永利，吴威．物联网与公共建筑的融合应用 [J]．绿色建造与智能建筑，2023（9）：55-58.